新版
測量学

森　忠次　校閲

田村正行・須﨑純一　著

丸善出版

まえがき

　本書は，旧版の『改訂版 測量学1 基礎編』（2001年）に基づいて，適宜『同2 応用編』（2002年）の内容を取り入れ，大学や高等専門学校などにおいて1学期（半年間）で測量学の基礎を習得できるように編集・改訂したものである．

　旧版の出版より10数年が経過し，この間，測量の分野ではいくつかの重要な出来事があった．その主なものは，① 2002年の測量法改正による世界測地系の導入とそれに伴う経緯度原点及び水準原点の数値改正，② GNSS (Global Navigation Satellite System) 衛星測位技術の進歩と普及，③ 2011年の東日本大震災により発生した地殻変動に対応する原点数値および国家基準点（電子基準点，三角点，水準点）成果の改正などである．旧版は，このような変化に十分には対応しておらず，また，現在ではほとんど使用されていない機器や方法の記述が所々に見受けられた．

　本書では，上記の重要な出来事に対応して記述を更新するとともに，古くなった機器や方法の説明は省略あるいは簡略化した．また，測量作業や用語の説明に当たっては，最新の「公共測量作業規程の準則」に則るように努め，観測方法や調整計算などの説明においては，基本的事項に重点をおき可能な限り理論的根拠を示すようにした．本書は，旧版の『1 基礎編』から多くの内容を踏襲している．大きな変更を加えたのは以下の2つの章である．①「第2章 誤差論および最小二乗法」，確率統計理論と線形代数学を前提知識として記述を整理し直した．②「第8章 GNSS測量」，GNSSの重要性が増していることを考慮し，章を別立てとし衛星測位の理論的根拠に重点を置いて説明した．なお，分量の制約により，新しい測量技術であるレーザ測量やUAV (Unmanned Aerial Vehicle, 無人航空機) を用いた測量などについては触れることができなかった．これらは，応用測量に属する路線測量，河川測量，用地測量などとともに，巻を改めて扱われるべきと考えている．

まえがき

　本書は，京都大学工学部土木工学教室の関係者によって長年にわたり編纂され続けてきた測量学教科書の最新版である．その歴史を可能な限り遡ると，1923年出版の袖珍型（ポケット版）『測量』に行き着く．その後，やはりポケット版として『測量学 一般篇』(1939年)，『同 應用篇』(1942年)，『最新測量学 一般篇』(1952年)，『新版測量学 一般編』(1962年)，『同 応用編』(1965年)が刊行された．現在と同じA5サイズとなったのは，『測量学 1 基礎編』(1979年)，『同 2 応用編』(1981年)からである．このように連綿たる測量学教科書の歴史に多少なりとも貢献できたことを光栄に感じている．ただし，著者の知識不足により誤りや不適切な記述が見られるかも知れない．そのような場合にはご意見，ご批判をいただければ幸いである．

　森忠次先生には，内容について多くのご助言を賜ったのみならず，校閲もお引受けいただいた．ここに厚く謝意を表する．

2016年7月

田　村　正　行

校閲にあたって

　2001年に『改訂版 測量学1 基礎編』を上梓することができ，その翌年には大学を退職した．学術の進歩の著しいことは分野を問わないが，測量の分野では，その直後から特別に大きな変化があった．それは，わが国の測地に関する基本事項の変更（2002年）と，公共測量の技術上の規範の改定（2008年）である．前記の書の内容が急速に古くなったため，田村正行先生が内容刷新の筆を走らされ，新しい内容に生まれ変わって出版されることになった．喜ばしい限りである．

　私の経験では，関係した本が出版された時には，新しい技術がすでに実用に移されているというのが常であった．今回もまたその感を持つ．ただし，本書には技術の基礎になる事項が要領よく示されているから，新技術を理解するのに参考となる事柄は多いだろう．なお，公共測量作業規程の準則の内容と根拠が判るから，それ以外の広狭・精粗など各種の測量を行う場合にも参考になることが見付かるだろう．

2016年7月

森　　忠　次

目　　次

第1章　測量学の内容と測量体系 ……………………………………………… 1
　　1．測量学の内容 ……………………………………………………………… 1
　　2．地球の大きさと形 ………………………………………………………… 4
　　3．測量の基準と位置の表示 ………………………………………………… 6
　　4．地図と座標系 ……………………………………………………………… 9
　　5．わが国における測量事業と基準点測量の成果 ……………………… 13
　　6．測量作業 ………………………………………………………………… 21
　　問　　題 …………………………………………………………………… 27

第2章　誤差論および最小二乗法 ……………………………………………… 29
　　1．観測と誤差 ……………………………………………………………… 29
　　2．誤差の法則 ……………………………………………………………… 31
　　3．誤差伝播の法則 ………………………………………………………… 35
　　4．複観測 …………………………………………………………………… 40
　　5．観測値の性質 …………………………………………………………… 42
　　6．最小二乗法の原理 ……………………………………………………… 46
　　7．独立直接観測の調整 …………………………………………………… 47
　　8．独立間接観測の調整 …………………………………………………… 52
　　9．条件付き独立直接観測の調整（独立間接観測への変換）………… 59
　　10．条件付き独立直接観測の調整（未定乗数法）……………………… 60
　　問　　題 …………………………………………………………………… 66

第3章　距離測量の器械と測量方法 …………………………………………… 69
　　1．概　　説 ………………………………………………………………… 69
　　2．巻　　尺 ………………………………………………………………… 71

3．巻尺による距離測量の実行法……………………………………73
　　4．距離測量のみによる小規模平面測量……………………………80
　　5．光波測距儀による距離測量………………………………………82
　　6．距離の略測と間接距離測量………………………………………92
　　問　　　題……………………………………………………………93

第4章　水準測量の器械と測量方法…………………………………95
　　1．概　　　説…………………………………………………………95
　　2．直接水準測量の器械………………………………………………97
　　3．レベルの構造要素………………………………………………103
　　4．器械の検査と調整………………………………………………107
　　5．直接水準測量の方法と用途……………………………………112
　　6．直接水準測量における誤差……………………………………118
　　7．1つの路線の直接水準測量の調整……………………………120
　　8．直接水準測量網の調整──図形調整法と座標調整法………121
　　9．交互水準測量……………………………………………………125
　　10．三角水準測量……………………………………………………127
　　問　　　題…………………………………………………………129

第5章　角測量の器械と測量方法……………………………………133
　　1．概　　　説………………………………………………………133
　　2．セオドライト……………………………………………………135
　　3．セオドライトによる角観測作業の原則………………………142
　　4．セオドライトによる水平角の測量方法………………………143
　　5．セオドライトによる高低角（天頂角）の測量方法…………149
　　6．セオドライトの検査と調整……………………………………152
　　7．セオドライトによる水平角観測誤差とその消去法…………157
　　8．偏　心　補　正…………………………………………………165
　　9．方　位　角　観　測……………………………………………166
　　10．セオドライトによるスタジア測量……………………………169
　　11．直線の延長と角の測設…………………………………………173

問　　題……………………………………………………………………174

第6章　多　角　測　量……………………………………………………177
　1．多角測量［トラバース測量］………………………………………177
　2．測量計画と観測の準備………………………………………………179
　3．観　　　測……………………………………………………………181
　4．成　立　条　件………………………………………………………183
　5．近似的図形調整法……………………………………………………188
　6．精度と測量方法………………………………………………………193
　　問　　題………………………………………………………………195

第7章　三角測量および三辺測量…………………………………………197
　1．三角測量概説…………………………………………………………197
　2．測量計画と観測………………………………………………………201
　3．交　　会　　法………………………………………………………203
　4．三角図形と単列三角鎖の誤差………………………………………208
　5．三角測量の図形調整法の概要………………………………………211
　6．四辺形の調整…………………………………………………………216
　7．2基線間の単列三角鎖の調整………………………………………219
　8．三　辺　測　量………………………………………………………224
　　問　　題………………………………………………………………227

第8章　GNSS 測量…………………………………………………………229
　1．概　　　説……………………………………………………………229
　2．衛星から受信機までの距離の観測（GPS の場合）………………232
　3．単独測位とディファレンシャル測位（DGPS）……………………235
　4．干　渉　測　位………………………………………………………238
　5．GNSS による基準点測量……………………………………………245
　　問　　題………………………………………………………………248

第9章 平板測量と地形測量 ……………………………… 251
1. 概　　　説 …………………………………………… 251
2. 平　　　板 …………………………………………… 252
3. 平板の据付け方 ……………………………………… 256
4. 平板による測量方法 ………………………………… 257
5. 平板の備えるべき条件 ……………………………… 263
6. 平板測量の誤差（視準板付きアリダードの場合）… 264
7. 平板測量作業 ………………………………………… 268
8. 地　形　測　量 ……………………………………… 270
問　　　題 …………………………………………… 278

第10章 写　真　測　量 ……………………………………… 281
1. 概　　　説 …………………………………………… 281
2. 写真による位置の決定 ……………………………… 283
3. 写真の位置ずれの修正 ……………………………… 289
4. 実　　体　　視 ……………………………………… 291
5. 実　体　測　定 ……………………………………… 298
6. 図化機とディジタル写真測量 ……………………… 299
7. 空中写真測量——写真の標定 ……………………… 303
8. 空中写真測量作業 …………………………………… 310
9. 地上写真測量と近接写真測量 ……………………… 317
問　　　題 …………………………………………… 320

付録Ⅰ．ベクトルによるスカラー関数の偏微分 …………… 323
付録Ⅱ．重み付き残差二乗和の期待値 ……………………… 323
付録Ⅲ．共　線　条　件　式 ………………………………… 325
付　　　表 …………………………………………………… 327
問　題　解　答 ……………………………………………… 329
参　考　書　籍 ……………………………………………… 341
索　　　引 …………………………………………………… 343

第1章　測量学の内容と測量体系

　測量といえば，野外における観測作業や日常利用している地図が頭に浮ぶであろう．これらは確かに測量における重要部分を占めているが，観測を実行し，地図を描く前段階において決めておかなければならない基本事項が多数存在する．標高や経緯度といったものは厳密な定義のもとに定められた基準から導かれるものである．本章では，このような基本事項に関する概要，測量学の取り扱う内容，測量の順序などについて解説し，測量体系の概要を示す．

1. 測量学の内容

(1) 測量学とその領域

　測量学とは，地表の諸点の位置を測定するとともに，地表に存在する自然的および人工的な諸物体の状態を調査することによって，それらの存在を正しく表現する地図を作り，自然の利用・開発・制御をはかる諸種の事業に基礎資料を与え，さらに，それらの事業計画を遂行するのに必要な形状・面積・体積などを求める技術の理論および応用を論ずる学問である．この目的に必要な，野外で行われる測定ならびに調査と，それに関連する計算・製図などの作業を測量という．ここに地表というのは，真の地球表面のみでなく，水中・地中・空中など，われわれが観測できるすべての部分を含むものであって，人工衛星による広域観測や海底に関連する観測が近年盛んになってきたが，これらも測量の分野に含まれるものである．

　したがって，測量学として研究ならびに修得すべき事項は，次のように大別できる．
1. 測量に用いる機器の開発・構造・使用法・検査法・調整法．
2. 野外での測量作業の方法および観測値の検査法・記録法・調整法．
3. 観測値より目的とする諸量（距離・面積・体積・形など）を計算する方法．
4. 地表に存在する各種の物体の特性の調査法．
5. 地図作成法および地図利用法．

測量学は広範囲の内容を含んでいて，天文学・地球物理学・地質学・海洋学・地理学・農学・林学などと関連を有し，土木工学・環境工学・鉱山学・建築学・情報工学・計測工学などの各種工学分野の基礎部分を占めている．

後述のように，各種の目的を持って一定地域の測量が行われる．このとき，種々の機器を用いて最も合理的に目的にかなう測量をしなければならない．そのために常に考慮すべき主要項目を挙げると，①測量の目的，②必要精度，③広さおよび土地の状態，④使用すべき機器および測量方法，⑤誤差の原因と防止法，⑥外業および内業に費やし得る日数と人員数，⑦測量費，などである．これらは相互に関連しているから，目的にかなう測量を適切に実施するには，測量技術者の修得した学理および判断力と，経験によって得た技術とによらなければならない．

（2） 分　　　類

測量学は諸種の観点から分類され，それに応じて各種の名称が用いられるので，主要なものを記しておく．

1. 内容による分類：位置測定を主とするときと，地域の状態や特性の観察・解釈を主内容とするときとがある．前者は狭い意味で測量といわれ，後者に対しては調査という語が用いられる．本書では主として前者を取り扱う．

2. 区域の広さと精度による分類：測量区域が狭くて精度から考えても地球の曲率を無視できる場合には平面測量学という．これに反して地球表面を曲面として取り扱う場合には測地学という．本書では主として前者を取り扱う．

両者の適用範囲に判然とした境界はないが，たとえば，距離 20 km または面積 40 km² 以下であれば平面測量として取り扱うのも1つの考え方である．この値は，距離の相対誤差が $1/10^6$，多角形の内角の和の増加量が $1/10^6$ rad を超えない範囲であることを示そう．

地球を半径 $R=6,370$ km の球と考える．図 1・1 において球面上の点 P を半径方向に投影した位置が点 O に接する平面上で P′ であるとき，平面距離 $\overline{\mathrm{OP'}}=s$ と球面

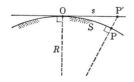

図 1・1　球面距離と平面距離

距離 $\widehat{\mathrm{OP}}=S$ との差 Δs を計算すると，

$$\Delta s = s - S = R\tan\left(\frac{S}{R}\right) - S = R\left\{\frac{S}{R} + \frac{1}{3}\left(\frac{S}{R}\right)^3 + \cdots\cdots\right\} - S \fallingdotseq \frac{S^3}{3R^2}$$

$$\therefore \quad \frac{\Delta s}{S} \fallingdotseq \frac{1}{3}\left(\frac{S}{R}\right)^2 \tag{1・1}$$

一方，球面上にある表面積 F の三角形の内角の和 A は，

$$A = \pi + E \quad [\mathrm{rad}], \quad \text{ただし} \quad E = \frac{F}{R^2} \tag{1・2}$$

となる．ここに，E は球面過剰といわれる値である（説明省略）．表1・1および1・2はこれらの数値を示したものである．ただし，表1・2には表面積が F に等しい円を考えたときの半径 r も示してある．

表 1・1 距離の相対誤差

$\Delta s/S$	S(km)
$1/10^4$	110
$1/10^5$	35
$1/10^6$	11

表 1・2 球面過剰

E	F(km²)	r(km)
$1/10^6$ rad	40	3.6
$1''$	200	8.0

3．法律による分類：わが国の測量法（昭和24年，法律第188号）は，土地に関する測量に対して正確さの確保，重複の排除，成果の公共利用などを期しているものである．この法律の適用をうける測量を責任を持って計画および実施するためには測量士という資格が必要であり，測量作業を担当する者にも測量士補の資格が要求されている．測量法によれば測量は次の4つに分類されている．

（ⅰ）基本測量：国土地理院の行う測量で，全国的に統一された基準に基づいて実施され，他で行われる測量の基礎となる．その成果は国家基準点と呼ばれ，平面位置については一等〜四等三角点，標高については一等〜三等水準点として整備されている．

（ⅱ）公共測量：公共工事を行うためには，国家基準点を既知点とし，新たに基準となる点を追加するための測量を行う必要がある．国または公共団体が費用の全部または一部を出して行う測量の中で主要なものを公共測量と呼ぶ．

（ⅲ）基本測量および公共測量以外の測量：国または公共団体が費用を出していないが主要な測量．

（ⅳ）測量法の適用をうけない測量．

4. 作業工程による分類：踏査，基準点測量，細部測量，製図など．
5. 使用機器による分類：平板測量，写真測量，レーザ測量など．
6. 方法による分類：三角測量，三辺測量，多角測量，平板測量，GNSS（Global Navigation Satellite System，汎地球航法衛星システム）測量，写真測量，直接測量，間接測量など．
7. 目的による分類：（ⅰ）観測目的とする量によって，距離測量・水準測量・角測量・地形測量など．（ⅱ）事業目的に応じて，地籍測量・水路測量・土木測量・建築測量・農地測量・市街地測量・路線測量・港湾測量・トンネル測量・設置測量など．

2. 地球の大きさと形

(1) ジオイド

地球の形を論ずる場合に，固体の表面は凹凸が大きいので，表面全部が水で覆われていると仮定したときの静水面の形をもって地球の形としようという考え方がある．現実の地球上で水面といえば海面であり，海水は常に流動・昇降している．そこで平均海面を想定して，大洋においては平均海面に合致し，陸地においては大洋の水を導入したときの自由水面の作る形をジオイドと名付け，これを地球の形の基準としている（図1・2）．自由水面は重力と直交するから，ジオイドは重力の等ポテンシャル面の1つであって，その中で平均海面に一致するものであると定義できる．

地形，地殻構造などによって場所的に質量分布に差があるから，ジオイドは不整形である．地球全体にわたるジオイドの決定は非常に困難なことであるが，重力観測，人工衛星観測などの資料によりほぼその形と大きさが明らかになっていて，次項に示

図1・2 ジオイドと鉛直線偏差

す地球楕円体はジオイドを滑らかにした形となるようにしている．

　海岸においてジオイドの高さを知るには，永年観測した海面の平均値をとればよいわけであるが，観測場所は潮汐・風などによる複雑な影響のある場所を避けなければならない．実際に各地の海岸における平均海面は，海流・潮汐・気圧・風・密度などの影響で地点ごとに固有の特性を持っていて，観測平均海面はジオイドと幾分高さに差がある．

（2）　地球楕円体

　地球表面の凹凸をならして滑らかな表面とした場合の地球の形と大きさを知るための観測が古くから実施されてきて，得られたものを地球楕円体という．近年ではジオイドの形が明らかになってきたので，図1・2のようにそれを滑らかにした形状寸法を地球楕円体として用いるようになった．ここで，重力方向（ジオイド面の法線）と地球楕円体面の法線は一致するとは限らないことに注意が必要である．両者の差を鉛直線偏差というが，実用上その差は無視できる．地球楕円体の例を表1・3に示す．

表 1・3　地球楕円体

名　　称	長軸半径 a(m)	短軸半径 b(m)	扁平率 $\left(\dfrac{a-b}{a}\right)$
Bessel 1841	6,377,397.155	6,356,078.963	1/299.152 8128
Clarke 1880	6,378,249.145	6,356,514.870	1/293.465
Hayford 1909	6,378,388	6,356,911.946	1/297
GRS 80	6,378,137	6,356,752.3141	1/298.257 222 101
WGS 84	6,378,137	6,356,752.3142	1/298.257 223 563

　近代的な測量を始めたのが早い国ほど古くに発表された地球楕円体を国の測量基準として用いていた（日本では明治時代より Bessel 1841 の値を用いてきた）から，隣国間あるいは地球規模の測量問題には不便を生じていた．そこで IUGG（International Union of Geodesy and Geophysics, 国際測地学および地球物理学連合）では 1924 年に Hayford 1909 を国際楕円体に用いることを決め，その後 GRS 80（Geodetic Reference System 1980, 測地基準系 1980）を用いることが決議された．この形状寸法は GPS（Global Positioning System, 汎地球測位システム，第8章参照）に用いられている WGS 84（World Geodetic System 1984, 世界測地系 1984）の地球楕円体とほとんど等しく，世界各国で採用されている．わが国でも 2002 年 4 月 1 日の改正測量法の施行により GRS 80 に切り替えられた．

3. 測量の基準と位置の表示

　地球上の点の位置を示すためには，地球重心を原点とし地球とともに回転する三次元直交座標系で表現するのが1つの方法である．この方法は，2点間を結ぶ線分の距離や2直線間の角などを算出するのは容易であるが，座標値を知ってもその地点の海面からの高さは直ちに判明しない．この欠点を避ける方法は，高さは海面から測り，水平方向の位置は経度・緯度で指定することである．ただし，この方法では距離や角度がわかり難いことになる．以下に地球的規模で用いられる測量の基準とわが国の基準を示す．

(1) 地心直交座標系

　地心直交座標系を導入するためには座標原点と軸の方向を正確に定義しなければならない．IUGG が行っている IERS (International Earth Rotation and Reference Systems Service, 国際地球回転観測事業) では，世界各国に存在する VLBI[*1] (very long baseline interferometry, 超長基線電波干渉法), GPS, SLR (satellite lasar ranging, 人工衛星レーザ測距) および LLR[*2] (lunar lasar ranging, 月レーザ測距) による観測データに基づいて，地球重心を原点とし回転軸の北向きを Z 軸，グリニッジ子午線と赤道との交点の方向を X 軸，赤道面内で東経 90° の方向を Y 軸とする三次元直交座標系を定めた．この座標系は ITRF (International Terrestrial Reference Frame, 国際地球基準座標系) と呼ばれていて，各国で基準に用いる傾向にあり，わが国でも 2002 年 4 月 1 日の改正測量法の施行により，基準点位置表示に ITRF 94 が採用された．

(2) 準拠楕円体，経緯度および楕円体高

　地心直交座標が (X, Y, Z) である点の位置を（経度，緯度，高さ）で表すには，基準となる地球楕円体（準拠楕円体と呼ぶ）を定める必要がある．図1・3に示すように，ある点の経度（測地経度，地理経度）はグリニッジ子午面とその点を通る子午

[*1] VLBI：はるか遠方の電波星から到達する電波を長距離隔てた諸点において受信し，諸点間の到達時刻差を測ることによって諸点間の位置関係を知る方法である．各国が協力して観測しており，わが国では国土地理院が北海道から小笠原までの4箇所に固定観測局をもうけている．
[*2] SLR および LLR：人工衛星および月に反射プリズムを設置し，地表の点からこれらにレーザ光を往復させることによって距離測量を行っている．これにより地球の回転，観測点の位置や移動を知ることができる．

3. 測量の基準と位置の表示

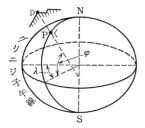

φ：緯度, λ：経度

図 1・3 緯度, 経度, 楕円体高

面のなす角 (λ), 緯度 (測地緯度, 地理緯度) はその点から準拠楕円体面に降ろした垂線が赤道面となす角 (φ), 高さ (楕円体高) はその点から準拠楕円体面までの距離 ($\overline{pP}$) である. 次項で述べるように, 楕円体高は一般には標高とは一致しないので注意が必要である. 地心直交座標 (X, Y, Z) と (経度, 緯度, 高さ) は互いに関係式を用いて変換することができる. 詳しくは, 公共測量作業規程の準則「付録6：計算式集」を参照せよ.

日本では明治時代より準拠楕円体として Bessel 1841 を使用してきたが, 国ごとに準拠楕円体が異なるのは不便であるので, 2002 年 4 月 1 日の改正測量法の施行により, ITRF 94 座標系の原点を中心とする GRS 80 楕円体に切り替えられた. 新旧の準拠楕円体に基づく測地系をそれぞれ日本測地系, 世界測地系と呼ぶ. 世界測地系の経緯度原点は表 1・4 に示すとおりである. 日本経緯度原点の経度と緯度は, VLBI や GNSS 等の宇宙測地技術を用いて観測した ITRF 座標から GRS 80 楕円体を基準として計算した値である. 原点方位角は, 経緯度原点において真北から右回りに測定した国土地理院 VLBI 観測点金属標の十字の交点の方位角と定められている. なお, 準拠

表 1・4 日本測量原点の地点および原点数値（測量法施行令，平成 23 年改正）

名　　称	地　　点	原点数値
日本経緯度原点	東京都港区麻布台 2 丁目 18 番地内 日本経緯度原点金属標の十字の交点	東経 139° 44′ 28″.8869 北緯 35° 39′ 29″.1572 原点方位角：32° 20′ 46″.209 （つくば市の国土地理院 VLBI 観測点金属標に対する方位角）
日本水準原点	東京都千代田区永田町 1 丁目 1 番地内 水準点標石の水晶板の零分画線の中点	東京湾平均海面上 24.3900 m

楕円体の要素，経緯度原点の緯度と経度，原点方位角および楕円体高は，国の測量の基準となるものであって，これらを総称して測地原子という．わが国では経緯度原点および次項に述べる水準原点の値は測量法施行令で定められている．

ITRF 94 座標系によれば，日本の旧準拠楕円体は座標軸がほんのわずかに傾いているとともに，重心が次の位置にあった．

$$X \fallingdotseq -146 \text{ m}, \quad Y \fallingdotseq 507 \text{ m}, \quad Z \fallingdotseq 681 \text{ m}$$

また世界測地系と日本測地系の座標値の差（世界測地系－日本測地系）は場所により異なるが，東京近辺で緯度が約 $+12''$，経度が約 $-12''$ である．

（3） ジオイドと標高

ジオイドが平均海面を意味するから，この面をもって標高の基準とする．ただし，ジオイド面と現実の平均海面とは場所ごとに差があるから，国ごとに一定の験潮場で永年観測した平均海面を通るジオイドを標高の基準として採用している．ある地点の標高とは，その地点からジオイド面に下した鉛直線の長さのことをいう．標高と前項で述べた楕円体高の関係を図1・4に示す．なおジオイドの準拠楕円体面からの高さをジオイド高と呼ぶ．

わが国では，図1・5に示すように東京湾平均海面（東京湾霊岸島験潮場における値）を基準にとっている．ただし，現在では三浦半島端の油壺験潮所で潮位を観測している．全国各所の平均海面は，東京湾平均海面とわずかな差（$+25 \sim -10$ cm 程度）

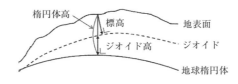

図 1・4 標高と楕円体高

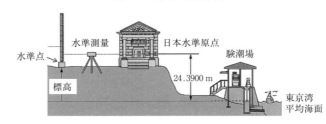

図 1・5 標高の基準（国土地理院ウェブサイト（http://www.gsi.go.jp/kikakuchousei/kikakuchousei40182.html）「水準点の測量」を加工して作成）

がある.水準原点は東京の国会議事堂近くの尾崎記念公園内に設けられており,その標高は東京湾平均海面上 24.3900 m と定められている(表 1・4).任意の地点の標高は水準原点からの高低差[比高]の観測値から求められる.

(4) 特殊な基準面

港湾・河川・水路など各所で行われる事業に対しては,その地域の状況に適した基準面を採用するのが便利なこともあり,歴史的な経過もあって,地域特有の局所的な基準面を採用していることがある.この場合には東京湾平均海面との関係を知っておくことが大切である(表 1・5).

表 1・5 特殊基準面の例

名称	適用河川など	東京湾平均海面からの高さ(m)	備考
A. P.	荒川,多摩川,東京都	−1.1344	霊岸島量水標を基準
Y. P.	江戸川,利根川	−0.8402	堀江量水標を基準
O. P.	淀川,大阪港	−1.3000	昭和 42 年改定.それ以前は −1.0455 m
K. P.	北上川	−0.8745	
A. P.	吉野川(四国)	−0.8333	

海図の水深は,船の航行安全を考えると潮位の低いときを基準にした方がよいので,国の基準とは関係なく,国際的に地域ごとにその付近のほぼ最低水面を基準にすることになっている.なお,水路測量の基準を定めた水路業務施行令では,地球楕円体としては国際水路機関(IHO:International Hydrographic Organization)の決定に基づいて WGS 84 を用いることにしている.

4. 地図と座標系

(1) 地図投影法

地球上の諸点の位置の表示法は前節で定まったとしても,緯度・経度・標高から地表での距離・角度・面積などを求めるのが面倒であり,もともと二重曲率を持った回転楕円体面を平面に展開することは不可能であるから,地表の位置を地図として平面上に表現することもできない.そこで,地域の広さや目的に応じて所定の近似度を保つように,回転楕円体面上の位置を平面座標系で表す方法が研究されてきた.これが地図投影法である.

距離・角度・面積のすべてを正しく平面上に表現することはできないから,これら

いずれに重点を置いて目的に合う正確さで表現しようとするかに応じて，多くの地図投影法が提案されている．数学的には，回転楕円体面上の経緯度座標系を平面直角座標系に写像するときに，どのような条件を主要と考えて写像関数を決定するかということである．

（2） Gauß-Krüger 投影法

地球全体を表現するのではなく，緯度が極端に高くなくかつ 1 つの国程度の広さの地域において地図を作る場合，あるいは縮尺 1：50,000 とか 1：5,000 という程度の中縮尺ないしは大縮尺の地形図を作る場合などでは，横軸等角円筒図法というものが標準的な方法として採用されている．この図法の中でも，座標原点を通る子午線の長さが正しくて等角条件も成立させた Gauß-Krüger 投影法が広く用いられている．

Gauß-Krüger 投影法の概念は，図 1・6 に示すようにまず区域の中央に座標原点 O を定め，原点を通る基準子午線に接する横軸の筒面で覆い，準拠楕円体面上の点 P をこの筒面上の点 P′ に投影し，筒面を軸方向に切開して平面とする方法である．平

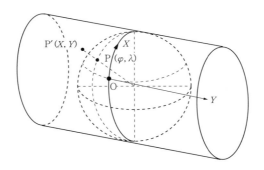

図 1・6 Gauß-Krüger 投影法

図 1・7 Gauß-Krüger 投影法による平面上の緯線と経線

面座標は，筒面上で原点を通る子午線を X 軸（縦軸）とし，これに直角に Y 軸をとる．この結果は，図 1・7 のように子午線（経線）と平行圏（緯線）とが平面直角座標系で直線とはならない．距離が正しいのは X 軸上だけであり，方向が正しいのは X 軸上と赤道上だけである．図において，子午線の北方向と X 軸方向とのなす角（子午線を基準として右回りに測る）を子午線収差という．

（3） 日本の平面直角座標系

Gauß-Krüger 投影法によれば，X 軸方向から眺めると図 1・1 の状態であるから東西にわたって広い範囲で使用できない．そこでわが国の平面直角座標では，相対的な距離誤差が ±1/10,000 以内に収まるようにするため，座標原点において地表面より半径が 1/10,000 小さい筒面を用い，原点より東西にそれぞれ 130 km 以内（中心角は東西各 1°10′ くらい）の範囲で使用することにしている（図 1・8）．この範囲を超えると原点を別に定めて新たな座標を用いるので，図 1・9 に示すように全国で 19 の座標系が設けられている．なお，平面座標における距離 s と準拠楕円体面での距離 S との比を縮尺係数と呼んでいる．わが国の平面直角座標は，縮尺係数が 1±0.0001 の範囲にあるようにしているわけである．

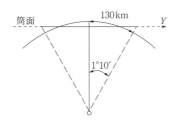

図 1・8 平面直角座標系と使用範囲

わが国の国土基本図（縮尺 1:2,500 または 1:5,000）は，平面直角座標系によって描かれている．ただし，世界測地系と日本測地系の座標値の差（世界測地系−日本測地系）は，東京近辺で X 座標が約 +350 m，Y 座標が約 −290 m 程度あるので，旧来の日本測地系で作成された地図を用いるときには注意が必要である．

（4） 国際横メルカトル座標系（Universal Transverse Mercator grid system）

UTM 座標系と略称されている．これは上と同じく Gauß-Krüger 投影法を用い，図 1・10 のように経度を 6° ごとに区分し，北緯 84°〜南緯 80° までの全世界を 60 枚のゾーンに分けて表示する．各ゾーンには西経 180°〜174° 帯から東回りに番号がふら

12　第1章　測量学の内容と測量体系

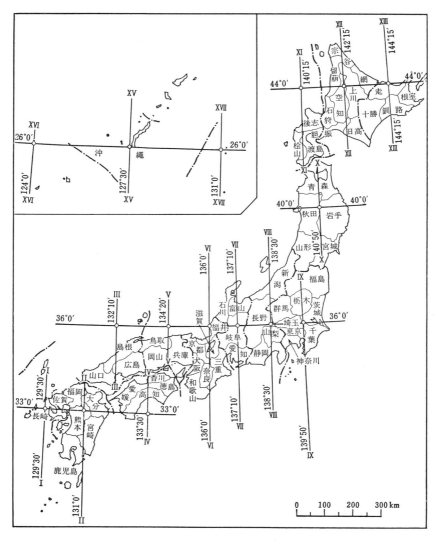

図 1・9　平面直角座標系（XIV，XVIII および XIX 系は省略）

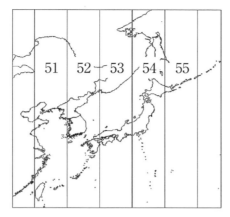

図 1・10　日本近辺における UTM ゾーン番号

れ，日本はゾーン番号 51～55 の範囲に入る．原点における縮尺係数は 0.9996 とし，相対的な距離誤差が ±4/10,000 以内の範囲を直角座標で表す．

　近年における日本の 1：10,000 以下の地形図には，この座標系が採用されている．なお，わが国の 1：25,000 地形図の図幅内に描かれている部分のみであれば，この座標と平面直角座標とのいずれを用いても図上で区別できるほどの差は生じない．

5．わが国における測量事業と基準点測量の成果

（1）　近現代の測量事業

　日本全土の組織的な地図作成は豊臣秀吉・徳川家康の時代（1600 年頃）からであり，最も組織的な測量は伊能忠敬による全国の測量である．1800～1817 年にわたる測量成果から 3 種の縮尺の地図（1：36,000，1：216,000，1：432,000）が作られ，大日本沿海輿地全図と称されている．この基本的な測量方法はコンパスを用いた多角測量であり，交会法および恒星の天頂角観測による緯度測定（したがって距離測定）によって累積した誤差の補正を行っている．

　明治時代に入ってからは，西欧の技術をとり入れて近代的測量が行われるようになった．まず 1871 年（明治 4 年）に内務省が英国人技師の指導で三角測量を行い，翌年には治水・利水事業のためにオランダの技師による測量と河川・港湾の工事が行われ，北海道ではアメリカ人技師による鉱山測量および地形測量が始められた．なお

陸軍では1873年（明治6年）にフランス人技師の指導による地形図作成を始めた．したがってこの時期に急速に各種各様の地図が作成されるようになったわけであり，基準点測量関係の例を挙げると，東京湾霊岸島量水標設置（1873年），那須野原基線測量（1878年，現存せず），相模原基線測量（1882年，関東大震災後に改測），経緯度原点および原点方位角の観測（1883年，旧東京天文台）などがある．

日本における近代的な測量の基礎はこの頃に確立したわけであるが，地形図の縮尺・図式などは統一されていなかった．その後，わが国の基本図は陸軍が担当して作成することになり，ドイツ人技師の採用，長期ドイツ留学を終えた者の帰国などの事情もあって，基本図の作成はドイツ流によって行われることになった．わが国の基本図の縮尺を1：50,000とすることに決まったのは1892年（明治25年）であり，1926年（大正15年）に全国の地形図を実質上完成することができた．

第二次世界大戦後は，測量法（1949年），水路業務法（1950年），土地家屋調査士法（1950年），国土調査法（1951年）などが相次いで公布され，測量に関して新しく法律的な位置づけが明確にされた．測量法では，重要な測量の技術水準が確保できるように，従事する者には測量士という国家資格を必要としている．現在使用している平面直角座標系が定められたのは1954年である．

戦後における最も大きい変更は，基本図の縮尺が1：50,000から1：25,000に改定されたことであろう（1953年）．縮尺が2倍になれば図面数が約4倍，手数や経費も約4倍と考えられるが，これが早期に完成できるという見通しは，空中写真測量の全面的利用が可能であるという技術的な根拠によるものであった．大戦前の1：50,000地形図は平板測量によるものであって，1,249面を作成するのに34年を要したが，今回は30年間を経た1978年に，無人島の一部を除いた全国約4,400面の縮尺1：25,000地形図を完成させることができた（1983年に日本の行政権の及ぶ全域4,430面が完成した）．

また，写真測量に続いて基準点測量に関する技術が急速に進んだ．旧来の基準点測量はセオドライトによる三角測量であったが，その後，光波測距儀を用いた三辺測量またはトータル＝ステーションを用いた多角測量に移行し，さらに現在では，国の主要な基準点の座標はGNSS測量もしくは多角測量によって求めることになった．これは，国際協力のもとで宇宙規模の観測値が利用できるようになった成果の一部である．なお，基準点の平面位置および標高の測定が正確さを増すに応じて，地殻変動観測に役立つことも認められるようになった．さらにGNSS測量は，航行時や建設工

事などにおける位置決定にも広く利用されている．

　測量の全分野の進展に多大な影響を及ぼしたのは，電磁波計測技術の進歩と電子計算機およびその関連分野の発達である．これらによって数値計算が容易・迅速になったのみならず，数値情報の取得と伝達が便利になったことから，さまざまな技術革新が行われている．GNSSがその一例である．他の例が数値地図であり，より総合されたものとしては地理情報システムがある．これは多種多量な国土の調査資料（たとえば，人口・資源・環境・土地利用・交通網など）を座標値とともにディジタル＝データとして情報提供するものであって，通信網を利用すれば任意の場所で地理データ等の電子計算機処理が可能となった．利用例は枚挙にいとまがなく，たとえば，地方自治体における都市計画・防災計画・下水道管理などのシステム，民間企業における都市ガス施設管理・マーケティング計画などのシステムが挙げられる．

（2）　基準点測量と国家基準点

　国家基準点・空中写真および地図などは，公共的な測量の成果として誰でも利用できるものである．ここでは，わが国の基準点測量の概要とその成果である，国家基準点ならびに利用法についての要点を挙げておく（なお基準点測量とは，既知点に基づき未知点である基準点の位置を定める作業と定義されるので，基本測量と公共測量において共通に用いられる用語である）．以下に記す成果は国土地理院に集録されていて，インターネットを通じて閲覧したり，文書として交付をうけることができるので，それらを利用すれば付近の測量を行うのに便利である．

　2002年に導入された世界測地系では，ITRF 94直交座標系とGRS 80楕円体を基準とし，その測量成果を測地成果2000と称していた．しかし2011年の東日本大震災により大規模な地殻変動が発生したため，東日本については直交座標系をITRF 2008に更新し，日本経緯度原点を含めて三角点や電子基準点の経度・緯度を改正した．また標高についても，日本水準原点を含めて水準点の標高を改正した．表1・4に示すのは改正後の原点数値である．改正後の測量成果を，変更のない北海道と西日本の成果も合わせて測地成果2011と呼ぶ．

　　（a）　平面位置の基準点

　明治以来，前述の測地原子に基づいて三角測量が行われ，一等三角網は図1・11に示すように配置されている．これらの三角測量の結果は全国を一括して調整計算を行っていたのではなく，図1・11記載の数号のように多くの系に分け，それぞれについて基線測量を行って調整をしていた．そしてこれらの一等三角点を基準にして全国

16　第1章　測量学の内容と測量体系

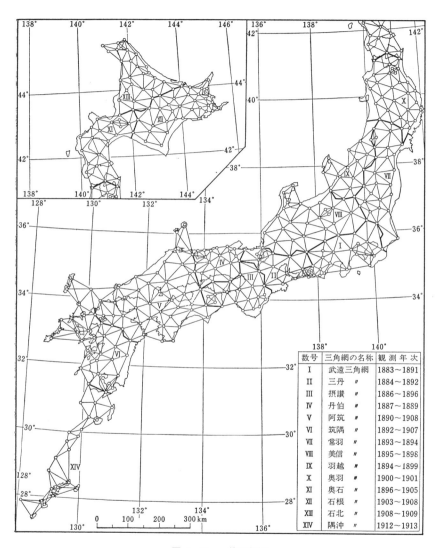

数号	三角網の名称	観測年次
I	武遠三角網	1883〜1891
II	三丹　〃	1884〜1892
III	摂讃　〃	1886〜1896
IV	丹伯　〃	1887〜1889
V	阿筑　〃	1890〜1908
VI	筑隅　〃	1892〜1907
VII	常羽　〃	1893〜1894
VIII	美信　〃	1895〜1898
IX	羽越　〃	1894〜1899
X	奥羽　〃	1900〜1901
XI	奥石　〃	1896〜1905
XII	石根　〃	1903〜1908
XIII	石北　〃	1908〜1909
XIV	隅沖　〃	1912〜1913

図 1・11　一等三角網

5. わが国における測量事業と基準点測量の成果

表 1・6 国家基準点の測量と配置

名称	新測量網 名称	新測量網 測量方法	旧測量方法	平均間隔	点数
一等三角本点 一等三角補点 二等三角点	精密測地網 高度基準点 測量	GNSS 測量	三角測量	45 km 25 km 8 km	}約 1,000 点 約 5,100 点
三等三角点	精密測地網 地域基準点 測量	GNSS 測量 または多角 測量	三角測量	4 km	約 32,100 点
四等三角点	基準点測量 (狭義)			2 km	約 71,200 点
一等水準点 二等水準点 三等水準点			直接水準測量	2 km 2 km 2 km	国道,主要地方道沿い,約 14,400 点 同上,約 3,300 点 地方道沿い,約 600 点
電子基準点	電子基準点 網測量	GNSS 測量		20 km	約 1,300 点

に一等から四等までの三角点を設置してきた．それらの状況を表1・6に示す．

このような明治以来の成果によることなく，新しい精密測地網を作る計画が1977年から始まった．このときには，従来行われていた三角測量に代わって，主として光波測距儀による三辺測量を実施していた．ところが技術の進歩が目覚しく，GPSあるいはGNSSによる精密測量などが導入され，わが国の基準点測量体系は現在，表1・6のようにGNSS測量と多角測量を使用することになっている．

三角点の成果は表1・7のような内容を持つ．平面直角座標が示されているから，距離の相対誤差が1/10,000まで許されるときには同一座標系で示される区域内では平面と考えてよいので，測量成果の利用にはなはだ好都合である．ただし，たとえ小区域であってもその区域が2つの座標系にまたがる場合には，それぞれの点の座標値から直ちに相互の位置関係を知ることができない．このような場合には一度経緯度座標に換算し，再び平面座標に変換しなければならない．

(b) 標高の基準点

標高の基準点としては，全国の主要道路沿い約2kmごとに水準点（記号BM）が設けられている（三角点の標高は略値である）．これは表1・4の水準原点から出発し，直接水準測量によって高低差を観測し，その結果を調整して標高を確立した点であって，東京湾平均海面を通るジオイドからの高さが与えられているものと考えればよい．図1・12は一等水準路線を示すもので，水準点の配置などは表1・6に記載した

表 1・7　三角点成果表

	一等三角点（比叡山）	三等三角点（吉田山）
基準点コード	TR15235467601	TR35235462201
等級種別	一等三角点	三等三角点
冠字選点番号		冬 3 1
基準点名	比叡山	吉田山
5万分の1地形図名	京都東北部	京都東北部
測地系	世界測地系	世界測地系
北緯	35° 03′ 56″.9897	35° 01′ 29″.7732
東経	135° 50′ 04″.0163	135° 47′ 09″.5010
標高(m)	848.1	105.02
ジオイド高(m)	37.26	37.3
平面直角座標系	6系	6系
平面直角座標 X(m)	−103,623.560	−108,151.484
平面直角座標 Y(m)	−15,099.234	−19,530.312
真北方向角(計算値)	0° 05′ 42″.40	0° 07′ 22″.21
縮尺係数(計算値)	0.999903	0.999905
所在地	滋賀県大津市 坂本本町 4220 番	京都府京都市左京区 吉田神楽岡町 30 番地
地目	山林	境内地
状態	正常	正常

（注）

　標高：直接水準測量の結果でないから，一般に水準点より誤差が大きい．

　真北方向角：平面直角座標の X 軸方向を基準としたときの子午線の北方向の方向角．子午線収差と大きさが等しく，符号が逆．

　「点の記」という別の記載事項がある．これには，三角点所在地の略図，到達方法，測量者，測量時期，標識の種類と状況などが記されている．

とおりである．

　水準測量の成果は表 1・8 に示すような形でまとめられている．

（c）　電子基準点

　GNSS 測量に使用しやすい新しい精密基準点である（図 1・13）．国土地理院が全国に約 1,300 点（約 20 km 間隔）の基準点を配置し，この点で GNSS の常時観測を行っていて，観測データや衛星軌道情報は，インターネット等を通じて公開されたフォーマット（RINEX 形式など）で入手することができる．したがって，任意の地点で GNSS 測量を行うのに便利に使用できる．各点の座標（ITRF 地心直交座標）が

5. わが国における測量事業と基準点測量の成果

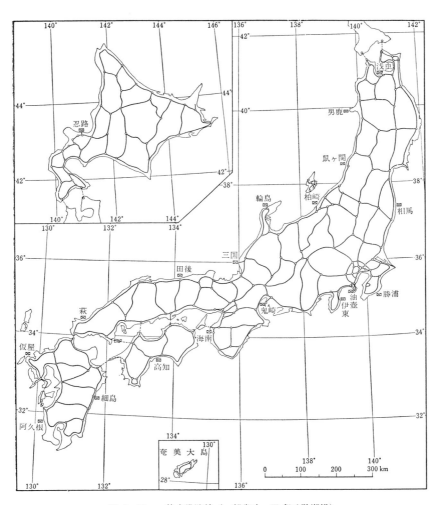

図 1・12 一等水準路線（一部省略，⊠印は験潮場）

表 1・8 水準点成果表（京都市内の3点）

基準点コード	L010000000241	L0100000215-1	L010000000215
等級種別	交点	交点	一等水準点
路線番号	444	442	442
基準点名	交 241	交 215-1	215
5万分の1地形図名	京都東北部	京都東北部	京都東南部
平均成果	2000年度平均成果	2000年度平均成果	2000年度平均成果
北緯	35°01′48″.2979	35°00′33″.4087	34°59′50″.4335
東経	135°46′14″.0747	135°47′21″.5569	135°47′57″.5959
標高(m)	53.5797	61.808	64.0886
所在地	京都府京都市上京区青龍町266番3地先	京都府京都市東山区三条通東入ル西小物座町39番地先	京都府京都市山科区日ノ岡堤谷町61番42地先
地目	公衆用道路	公衆用道路	公衆用道路
状態	正常	正常	正常

（注）「点の記」という別の記載事項がある．これには，水準点の略図，測量者，測量時期，標識の状況とともに，隣接水準点間の距離が記されている．表示した3点間の距離は，4.1 km，1.8 km である．

図 1・13 電子基準点（国土地理院）

6. 測　量　作　業　　　　　　　　　　21

表 1・9　電子基準点諸元

基準点コード	EL05235358302
基準点名	京都西京
所在地	京都府京都市西京区御陵大枝山町二丁目 1-91
受信機名	TRIMBLE NETRS
アンテナ名	TRM29659.00 GSI
アンテナ高(m)	0.11
X(m)	$-3,741,822.7481$
Y(m)	$3,655,901.1724$
Z(m)	$3,636,953.9811$
北緯(度)	34.988571720
東経(度)	135.66543742
楕円体高(m)	219.23720175

(注) X, Y, Z は ITRF 94 による座標値．

常時精密に求められているので，地殻変動観測に大いに役立っている．電子基準点の諸元情報に関しては表 1・9 に例を示す．

6.　測　量　作　業

(1)　公共測量における基準点測量

　公共測量における必要な精度を確保するために，標準的な作業方法を定め，その規格を統一する作業規程の準則が測量法に基づき定められている．準則によれば，基準点測量とは，既知点に基づき新点である基準点の位置または標高を定める作業のことであり，水準測量を除く狭義の基準点測量と水準測量に区別される．ただし一般的には，狭義の基準点測量を，単に基準点測量ということが多い．

　基準点測量には，距離と角観測による多角測量と，基線ベクトル観測による GNSS 測量が用いられる．公共測量作業規程の準則においては，基準点測量の基本方式は多角測量と GNSS 測量と定められており，三角測量と三辺測量は基本方式からは除外されている．

　基準点は，既知点の種類，既知点間の距離および新点間の距離に応じて，表 1・10 のように，1 級〜4 級基準点測量に区分される．1 級基準点測量は国土地理院の行う四等三角測量に準ずるものである．2〜3 級基準点測量は，土木工事のための基準点，

表 1・10 公共測量における基準点の種類と観測方法

基準点測量の区分	1級基準点測量	2級基準点測量	3級基準点測量	4級基準点測量
既知点の種類	電子基準点 一〜四等三角点 1級基準点	電子基準点 一〜四等三角点 1〜2級基準点	電子基準点 一〜四等三角点 1〜2級基準点	電子基準点 一〜四等三角点 1〜3級基準点
既知点間距離(m)	4,000	2,000	1,500	500
新点間距離(m)	1,000	500	200	50
測量方式	多角測量またはGNSS測量			

1：500地形図作成に際する平板測量用の基準点，写真測量用の標定基準点などを設置する測量に用いられる．各級の基準点測量では観測の方法や観測値の許容範囲が細かく定められており，遵守する必要がある．

（2） 測量作業の順序

測量の目的に応じて，観測すべき量の内容・正確さなどはさまざまであるが，作業順序の大綱には著しい差がない．地形測量の場合を例にとって示すと次の順序を踏むことになる．

1. 踏査［踏査・選点・計画］：測量に先立って，あらかじめ測量区域の様子を知り得る資料を収集して予備知識を得るとともに，現地調査によって地勢・地物の状態に通じ，効率的な測量を実施するための資料を収集し，それらに基づいて測量実施計画を立て，基準点の設置を行う作業をいう．基準点は，以後の測量のために座標を確定する点であって，その位置選定結果は以後の測量作業および成果に重大な影響を及ぼすものであるから，熟練者の慎重な判断が必要である．

2. 基準点測量［骨組測量］：配置された基準点同士の測量を行い，測量結果の調整計算を実施して，以後の測量の基準にできるように各基準点の座標を確立することである．これには平面位置と標高の決定とを個別に行う場合と，三次元座標を一度に定める場合とがある．

基準点座標の誤差は，以後の従続する測量に影響を与えるため精度の高い測量が要求されるが，広大な地域に大量の基準点が散在する場合には，これらを同一精度で観測し，一斉に調整計算を行うのは効率が悪いので，以下の方法によるのが通例である．まず地域全体に点在する最も重要な少数の基準点のみについて長大な基準点網を形成し，これを極めて高精度に観測して座標を確定してしまう．次に重要ないくつかの基準点を配置し，これらとすでに座標の確定した基準点とを結合する測量網を編成し，

すでに得られた基準点の座標は正しいものと仮定して観測結果の調整をし，新しい点の座標を確定する．このときの観測は少し精度を低下させてもよいことになる．さらに適当な数の基準点を配置し，同様の測量を行い，順次基準点の密度を大きくしていく．このような場合には，測量の重要なものから順に1次，2次，……基準点測量，あるいは，1級，2級，……基準点測量と呼ぶ．

3. **細部測量〔測図〕**：基準点の座標に準拠して付近の地形および地物の詳細を測定し，一定の縮尺・図式に従って図示する作業である．

(3) 位置の測量方式と誤差

地表諸点の位置は，座標既知の基準点に基づいてそれに対する相対的位置を観測することによって定める．その方式は，現地の状態，目的とする正確さ，使用機器の種類に応じて諸種であるが，大別すると二次元空間であれば図1・14のような方式が用いられる．図における点Oは座標既知点（基準点），$\overrightarrow{OQ}$は既知方向，点Pは新しく位置を求める点，二重線は距離を観測した測線，図示した角は観測を行ったものを意味する．

図1・14の測量方式において，観測される量は距離・角度・高低差である．これらの量をそれぞれ個別に観測する機器を用いてきたが，近年はトータル＝ステーションのように1つの器械で多種類の量を観測できる便利なものが多用されるようになってきた．ただし，他の量の観測値から間接的に所要量を算出することもある．

上述の測量方式において，観測値の誤差と未知点の位置誤差との関係の概要を説明しよう．図1・14(a)のように測線の方向と距離Sとによって位置を定める場合に，距離誤差$\pm\varepsilon$，方向誤差$\pm\gamma$が生ずると，図1・15(a)に示すように点Pの位置は測線方向に$\pm\varepsilon$，これに直角に$\pm\delta\fallingdotseq\pm\gamma S$だけずれる．このとき$\varepsilon$と$\delta$の一方が大きければ他方が小さくても点の位置誤差は激減しないから，$\delta=\varepsilon$となって点の位置がおおよそ図の円内に収まるようなときが最も効率のよい測量だといえる．すなわち，

$$\varepsilon=\gamma S \quad \text{あるいは} \quad \gamma=\frac{\varepsilon}{S} \tag{1・3}$$

ここに，γは角をラジアンで表した数であって，式(1・3)の後の式は角の誤差と距離の相対誤差（第2章，5節(1)）とを同じくらいにすれば効率のよいことを示している．

図1・14(b)のように方向線の交点として位置を決定する場合について考える．方向線の方向に等量の誤差があるときについて示した図1・15(b)の2例でわかるよう

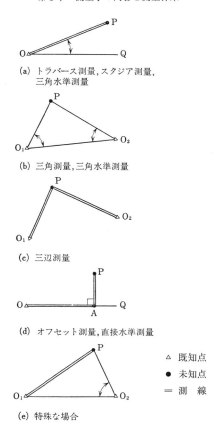

図 1・14 位置の測量方式

に，点 P の位置誤差が最も減ずるのは方向線が 90°で交会するときである．次に図 1・14(c) のように距離観測値のみで点 P の位置を決定する場合を考えよう．この場合でも，図 1・15(c) に示す状態となって，やはり交会角が 90°のときに点 P の位置誤差が最小となる．したがってこれらの方式をとるときには，交会角 θ が 90°近くになるように心掛け，少なくとも 30°〜150°の範囲にとどめるようにする．

(4) 座標決定のための観測と拘束条件

測量の目的は次の 2 つに大別され，そのために行う観測について記しておく．

1. 地物の大きさや形を知る．そのためには必要な長さ，高さ，角などを測る．

6. 測　量　作　業　　　　　　　　　　　　　25

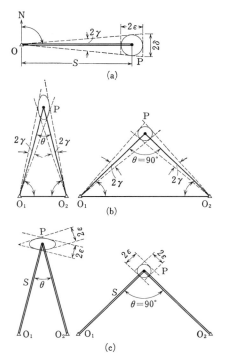

図 1・15　位置決定方式と誤差

2. 地表での点の位置（座標）を知る．ところが地表に座標目盛が記されていないから，座標を直接観測することができない．そこで，図 1・14 のように座標既知点から距離を測ったり既知方向線からの角を測って，それらの値から未知点の座標を算出する．

　図 1・14 によれば，点 P の未知の二次元座標 (X, Y) を求めるのに 2 つの量を測ればよいことに注意されたい．図 1・14(b)，(c) において，図 1・16(a)，(b) に余剰と記した量をさらに観測したとする．(a) においては 3 つの内角の和が 180°にならなければならない（平面の場合）．(b) の場合には，確定した三角形から計算した角 P および角 O_2 が余分に測った角と一致しなければならない．

　このように，未知量の個数と同個数の量を観測すれば一意に未知量が定まり，それよりも観測量を増やすと余剰観測個数だけ幾何学的な拘束条件が生じる．測量作業

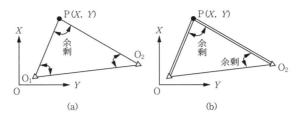

図 1・16 二次元の未知点と余剰観測

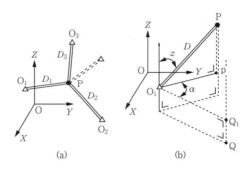

図 1・17 三次元の未知点座標の観測

は，野外の悪条件下で行うにもかかわらず正確・精密な観測結果が要求されることから，必ず余剰観測を行い，成立条件と観測値のくい違い（閉合差という）の大きさによって観測の良否を判断し，許容される場合には拘束条件が成立するように観測値を合理的に調整する（第 2 章参照）．

三次元空間における未知点座標を求める例を示そう．図 1・17(a) は，既知の 3 点から 3 つの距離を測った場合である．破線で示す第 4 の距離を測れば拘束条件が 1 つできる．図 1・17(b) は，XY 面を水平面とする直角座標系において水平角 α，天頂角 z および斜距離 D を測った場合である．たとえば，さらに第 4 の量として高低差 $\overline{pP}$ を測れば，その観測値が先に測った 3 つの量から計算される高低差に一致しなければならないという条件が発生する．

以上によって次の関係の成立することが理解できるであろう．

　　　［条件式の個数］＝［余剰観測量の個数］＝［観測量の個数］－［未知量の個数］

(1・4)

余剰観測個数を増やすということは，観測手間を増やすということである．そうす

れば式(1・4)によってわかるように条件式個数が増加する．条件式個数が増加することは，観測値を補正するための条件式個数の増加を意味するから，結果の信頼性を高めることになる．

問　題

(1) 地球を球と仮定し，その半径を表1・3のGRS80楕円体の長，短軸半径の平均値としたとき，子午線1象限の弧長を計算してみよ．

(2) ジオイドとは異なった値のポテンシャルをもった重力の等ポテンシャル面は同一の標高の面かどうか．

(3) 中央スパン1kmの吊橋の2本の主塔（高さ300 m）を鉛直に立てた．主塔間の角度および主塔の上面間隔と下面間隔の差はどのくらいになるか．ただし地球は半径6,370 kmの球であり，重力の方向は球面の法線方向と一致するものと仮定せよ．

(4) 富士山が噴火して山頂が200 m鉛直に沈んだとすれば，エベレストと富士山との山頂距離の変化はいくらか．

(5) 自分の所有地が傾斜している（水平より30°，幅50 m，斜面沿い長さ50 m）のでほぼ水平な地面に直したとすれば，面積の増減はいくらか．

(6) 三角点成果表および水準点成果表の利用法を種々考えてみよ．

(7) 次の場所で緯度差1秒の2点間の距離，経度差1秒の2点間の距離の概数はいくらか．
(a) 赤道上，(b) 北緯35°，(c) 北緯65°．

(8) UTM座標系では，西経180°を始線にして東回りにゾーン番号を1から順に付けることになっている．東京を含む地域のゾーン番号はいくらか．

(9) 平面直角座標系を用いて，富山県の劔岳山頂から富士山頂に向かう測線の方位角を算出した．正しい方位角は計算値より大きいか小さいか（地図も参照せよ）．

(10) 瀬戸大橋（倉敷市）から明石大橋（明石市）までの距離を平面直角座標を用いて算出した．このようなことを行っても，誤差は通常許される程度以内にあると思うか．また，許される程度であるとすれば，求めた距離は正しい距離より大きいか小さいか（地図および図3・25を参照せよ）．東京駅から静岡駅までの距離についても同様の考察を行え．

第2章　誤差論および最小二乗法

　測量学における観測は，有効数字5桁以上を求めるような精密観測を必要とすることが多い．このような観測では十分注意しても観測値にばらつきがあるから，観測値から真値を推定するためには，観測機器の特性，観測条件ならびに観測値の性質を知り，観測値に含まれる誤差の特性とその取扱い方を熟知しておかなければならない．これらの事項について，古くはC.F. Gauß（1777～1855）が著名な業績を残しており，近年になって統計学的な考察が加えられ，華麗な学問体系が形成されている．以下に述べる事項は，単に測量学のみならず，科学の諸分野における観測値の整理に広く適用されているものである．

　本章の前半では，観測に伴う誤差の性質とその大きさの推定法を取り扱う誤差論を取り上げ，誤差伝播の法則を用いることで，精度のわかっている観測値から未知の変量を求める際の推定精度を計算できることを示す．後半では，最小二乗法を提示する．最小二乗法は確率統計理論に基づき，誤差を伴う観測値から最も確からしい値ならびにその誤差の程度を推定する方法である．

1.　観測と誤差

(1)　観測の分類
　(a)　未知量と観測量との関係による分類
　1.　直接観測：所要の未知量そのものを直接に観測すること．例：2点間の距離を巻尺で測定する．
　2.　間接観測：所要の未知量と一定の関係を有する他の量を観測すること．したがって，観測量と未知量とを結びつける関係式から未知量を求めることになる．例：①$y=ax+b$という直線の式の係数 a, b を知るために，その直線上の点の座標 x, y を測る．②平面上の1点の座標を求めたいために，座標既知の2点から未知点へ向かう線の方向をそれぞれ観測する．

(b) 条件の有無による分類

1. 条件付き観測：観測量の間に理論上成立すべき条件の存在する観測．例：三角形の3つの内角を観測した場合．

2. 独立観測：観測量の間に理論上成立すべき条件のない観測．例：三角形の2つの内角を個別に観測した場合．

(2) 誤差とその原因および性質

ある任意の量を観測する場合を考えると，使用機器の正確さに限度があり，そのうえ観測時の環境条件の影響をうけるので，得られた観測値は真値であるとはいえない．十分注意して観測しても，得られた観測値 l は真値 X にわずかな誤差 ε が加わっていると考えるべきである．したがって次式のように表現される．

$$観測値：\quad l = X + \varepsilon \qquad (2 \cdot 1)$$

$$誤\ 差：\quad \varepsilon = l - X \qquad (2 \cdot 2)$$

誤差の原因を分類すると次の3つになる．

1. 系統誤差：一定条件のもとでは一定量の誤差が生じるという関係のわかっているもの．これを細分すると，器械的誤差（機器の特性や目盛の不正），物理的誤差（温度・湿度など測定時の条件によるもの）および個人誤差（熟練者に一定の傾向の現れることがある）の3つになる．なお，目盛不正のように，一定量に対して必ず一定の大きさの誤差を生じるときにのみ定誤差という語を用いることがある．

機器の検定と観測時の状態を調査しておけば，これらに応じる系統誤差を算出できて，そのほとんどの部分を補正することができる．ところが補正が不完全であったとしよう．測る量が大きすぎるために分割観測し，それらの合計を所要量とするときには比例的に系統誤差が増大することを知っておかなければならない（[例 2・6] 参照）．この性質のために累積誤差ということがある．

2. 偶然誤差：誤差の大きさならびに正負が不定不規則で，その原因が十分判明しないもの．これを検定や計算によって除去することはできないが，十分な注意と熟練によって多少その量を減少させることはできる．偶然誤差は観測時の不時の変動（機器や空気の動揺，温度変動など）や目盛読取りの際の判断などによって生じることが多い．この誤差は観測値の平均をとればかなり小さくなり，上記のように観測値を合計して所要量とするときでも，誤差が比例的には増大しない（[例 2・6] 参照）．

3. 錯誤［過誤］：観測者の不注意・錯覚・未熟などによる誤り．機器操作・目盛読取り・記帳・計算機入力・整理の各段階で起こり得る．これを便宜上誤差の中に含

めているが，本来誤差とは異質の誤りであって，このような誤りがあれば，観測値を補正することはできない．

われわれが十分信頼のおける観測値を得るためには，まず第1に錯誤を避け，第2に種々な方法で系統誤差を消去し，そのうえでまだ残っている偶然誤差を合理的に処理して，多くの観測値から最も真値に近い値を求めなければならない．偶然誤差は確率変量として取り扱えるので統計的な推定論に基づいて処理され，真値を推定して誤差の程度を評価するのに最小二乗法が考えられている．本章で誤差といえば，断りのない限り偶然誤差を指すものとする．

2. 誤差の法則

(1) 正規分布

偶然誤差の一般的性質として次の公理が挙げられる．
1. 小さい誤差の起こる確率は大きい誤差の起こる確率より大きい．
2. 一定の大きさをもつ正負の誤差の起こる確率は等しい．
3. 非常に大きい誤差の起こる確率は極めて小さい．

以上の公理に基づいて，1つの量の観測回数を無限に増加させたときの誤差 ε とその出現の確率密度関数 $p_\varepsilon(\varepsilon)$（確率そのものではないことに注意）との関係を求めれば，次式で示す正規分布となることが知られている．

$$p_\varepsilon(\varepsilon) = \frac{1}{\sqrt{2\pi}\,\sigma} \exp\left(-\frac{\varepsilon^2}{2\sigma^2}\right) \qquad (2\cdot3)$$

上式に式(2・2)を代入すると，観測値 l に対する確率密度関数が得られる．

$$p_l(l) = p_\varepsilon(l-X) = \frac{1}{\sqrt{2\pi}\,\sigma} \exp\left\{-\frac{(l-X)^2}{2\sigma^2}\right\} \qquad (2\cdot4)$$

ここで σ は，観測値のばらつきの程度を表すパラメータであって標準偏差と呼ばれる．図2・1に示した確率密度曲線より，σ が大きくなるとばらつきが増大することがわかる．

式(2・4)によれば，確率密度関数の形，すなわちある観測値の出現する確率は，X と σ^2 とによって規定されるので，これらを母数［パラメータ］と称し，正規分布を $N(X, \sigma^2)$ と書く．確率統計学において，X は母平均値，σ^2 は母分散といわれ，観測値と二乗誤差の期待値としてそれぞれ次のように定義される．

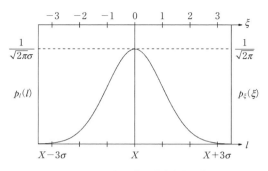

図 2・1 正規分布の確率密度曲線

$$X = E[l] = \int_{-\infty}^{\infty} l p_l(l) dl \tag{2・5}$$

$$\sigma^2 = E[(l-X)^2] = \int_{-\infty}^{\infty} (l-X)^2 p_l(l) dl \tag{2・6}$$

ここで確率変数の変換を行う.

$$\xi = \varepsilon/\sigma = (l-X)/\sigma \tag{2・7}$$

とおけば，ξ は誤差を標準偏差 σ という尺度で正規化した変数であり，式(2・3)あるいは式(2・4)を ξ によって表せば，確率密度関数は次のようになる（図2・1の上および右目盛）.

$$p_\xi(\xi) = \frac{1}{\sqrt{2\pi}} \exp\left(-\frac{\xi^2}{2}\right) \tag{2・8}$$

これを標準正規分布と呼び，母数が $X=0$, $\sigma^2=1$ のときに相当するので，$N(0,1)$ と書く．数値は巻末の付表1に示すとおりである．

(2) 標本平均値と標本標準偏差

確率統計学によれば，数多くの個体よりなる母集団から n 個の個体を標本として取り出したとき，個々の観測値が $l_1, l_2, \cdots, l_n$ であれば，その観測値のばらつきを表す量として，標本分散あるいは標本標準偏差がよく用いられる．

$$\text{標本分散：} \quad s_B^2 = \sum_{i=1}^{n} (l_i - \bar{x})^2 / n \tag{2・9}$$

$$\text{標本標準偏差：} \quad s_B = \sqrt{\sum_{i=1}^{n} (l_i - \bar{x})^2 / n} \tag{2・10}$$

ここに，

$$\text{標本平均値：} \quad \bar{x} = \sum_{i=1}^{n} l_i / n \tag{2・11}$$

ただし，s_B^2 は期待値が σ^2 と一致せず，母分散の不偏推定値ではない．

（3） 母平均値と母分散の推定値

観測値のばらつきの様子を示すのに上記の値を利用することはできるが，われわれは，幾つかの観測値からこれらの観測値の出現を促した元の法則を推定しようという立場に立つ．一定の機器と観測方法によれば，ある一定のばらついた観測値が得られるはずであると考える．観測は何回でも繰り返し行えるから，幾つかの観測値が得られたということは，もともと極めて多数の観測値が無限母集団として存在しており，これから無作為かつ独立に多数抽出した標本が観測値であると考えればよい．こうして得られた観測値から母集団の性質を推定し，これによって実施した観測法および観測値の確からしさを判断しようとするのである．

この場合に，確率統計学によれば，n 個の観測値から母集団の特性の中で平均値 X と分散 σ^2 を推定するには次式を用いればよいことが知られている．

$$\text{母平均の推定値：} \quad \bar{x} = \sum_{i=1}^{n} l_i / n \quad (\text{標本平均値と同じ}) \tag{2・12}$$

$$\text{母分散の不偏推定値 [不偏分散]：} \quad s^2 = \sum_{i=1}^{n} (l_i - \bar{x})^2 / (n-1) \tag{2・13}$$

s^2 は本章第 7 節（式(2・66) 参照）で述べるように母分散の不偏推定値であり，s_B^2 よりも望ましい．不偏分散は観測値の二乗の単位を持っているので実用に不便であるから，観測のばらつきの程度，すなわち偶然誤差の大きさを示すには，その正の平方根 s が用いられることが多い．s は式(2・10) の s_B とは値が異なるので，厳密には補正済み標本標準偏差と呼ぶべき量であるが，通常は s_B と同様に標本標準偏差あるいは単に標準偏差と呼ばれることが多い．

$$\text{（補正済み）標本標準偏差：} \quad s = \sqrt{\sum_{i=1}^{n} (l_i - \bar{x})^2 / (n-1)} \tag{2・14}$$

本書では断りのない限り，観測値のばらつき（偶然誤差）の大きさを表すのに式(2・13) あるいは (2・14) を用い，s^2 を（不偏）分散，s を標準偏差と記すことにする．観測値は確率変数の 1 組の出現値であって，観測値の関数である式(2・9)〜(2・14) も確率変数であることに注意しなければならない．

（4） 正規分布における誤差と分散

誤差の確率密度関数 $p_\xi(\xi)$ が与えられたとき，観測値の誤差が ξ_1 から $\xi_2 (\xi_1 < \xi_2)$

の間にある確率は，

$$P_\xi(\xi_1 \leq \xi \leq \xi_2) = \int_{\xi_1}^{\xi_2} p_\xi(\xi) d\xi \qquad (2\cdot15)$$

で与えられる．$(\xi_1, \xi_2) = (-\infty, \xi_2), (0, \xi_2), (\xi_1, 0)$ の3通りの場合について，標準正規分布に対する P_ξ の曲線を図 $2\cdot2$ に示した．正規分布の場合には確率密度関数が対称であるから，$P_\xi(0 \leq \xi \leq \xi_2)$ がわかっていればよい．標準正規分布の場合の値を巻末の付表2に示す．

偶然誤差の大きさあるいは観測値のばらつきの程度を表すのには，標準偏差 σ（実際はその推定値 s）が用いられる．正規分布において，標準偏差の大きさを指定したときにその標準偏差を超えない観測値の得られる確率は付表2より表 $2\cdot1$ のようになる．

表 $2\cdot1$ 誤差の限界と観測値の出現確率

誤　差	左の誤差内にある確率
$\pm\sigma$	0.683
$\pm2\sigma$	0.954
$\pm3\sigma$	0.997

［**例 $2\cdot1$**］ 偶然誤差は正規分布と仮定．(a) 標準偏差より絶対値の大きい誤差の出現する確率は，図 $2\cdot2$ における「$-\infty$ からの確率」の曲線の $\xi=-1$ の値の2倍であり，付表2を用いる場合には，$2\times\{0.5-[\xi=1 \text{の値}]\}=0.318$ と求められる．(b) 大きい誤差と小さい誤差の現れる確率が等しくなる境目の誤差（確率誤差という）は，$P_\xi(0 \leq \xi \leq \xi_2)=0.25$ のときであるから，付表2より $\xi_2=0.674$ となる．すなわち，確率誤差$=0.674\sigma$．

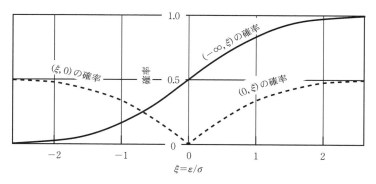

図 $2\cdot2$ 標準正規分布の確率

3. 誤差伝播の法則

(1) 線形関数の場合

　観測した量に偶然誤差があるとき，それらの量を変数とする関数に含まれる誤差の大きさを推定するときに有用な公式（誤差伝播の法則）を示そう．偶然誤差のみを含む n 個の観測値 $l_1, l_2, \cdots, l_n$ を変数とする次の線形関数

$$f = a_0 + a_1 l_1 + a_2 l_2 \cdots + a_n l_n \tag{2・16}$$

$(a_0, a_1, \cdots, a_n$ は定数) を例にとって説明する．それぞれの観測値の真値を $X_1, X_2, \cdots, X_n$，誤差を $\varepsilon_1, \varepsilon_2, \cdots, \varepsilon_n$ とすると f の観測誤差は次のように表される．

$$\begin{aligned}\varepsilon_f &= a_1(l_1 - X_1) + a_2(l_2 - X_2) + \cdots + a_n(l_n - X_n) \\ &= a_1 \varepsilon_1 + a_2 \varepsilon_2 + \cdots + a_n \varepsilon_n\end{aligned} \tag{2・17}$$

式(2・6)と期待値の線形性より f の分散は次式で与えられる．

$$\sigma_f^2 = E[\varepsilon_f^2] = E\left[\sum_{i=1}^n a_i^2 \varepsilon_i^2 + 2\sum_{i<j} a_i a_j \varepsilon_i \varepsilon_j\right] = \sum_{i=1}^n a_i^2 \sigma_i^2 + 2\sum_{i<j} a_i a_j \sigma_{ij} \tag{2・18}$$

ここに $\sigma_i^2 = E[\varepsilon_i^2]$ は観測値 l_i の分散，$\sigma_{ij} = E[\varepsilon_i \varepsilon_j]$ は観測値 l_i と l_j 間の共分散である．観測値が互いに独立のとき共分散は 0 であるので，f の分散は次のように簡単化される．

$$\sigma_f^2 = a_1^2 \sigma_1^2 + a_2^2 \sigma_2^2 + \cdots + a_n^2 \sigma_n^2 \tag{2・19}$$

(2) 非線形関数の場合

　観測値 $l_1, l_2, \cdots, l_n$ を変数とする1つの非線形関数を考える．

$$f(l_1, l_2, \cdots, l_n) \tag{2・20}$$

この関数の観測誤差は，式(2・17)と同様にして次のように表される．

$$\begin{aligned}\varepsilon_f &= f(l_1, l_2, \cdots, l_n) - f(X_1, X_2, \cdots, X_n) \\ &= f(X_1 + \varepsilon_1, X_2 + \varepsilon_2, \cdots, X_n + \varepsilon_n) - f(X_1, X_2, \cdots, X_n)\end{aligned} \tag{2・21}$$

誤差 $\varepsilon_1, \varepsilon_2, \cdots, \varepsilon_n$ は微小であるから，右辺第1項を真値 $X_1, X_2, \cdots, X_n$（実際上は平均値）のまわりに Taylor 展開し高次項を省略すると，次のようになる．

$$\varepsilon_f = \frac{\partial f}{\partial X_1} \varepsilon_1 + \frac{\partial f}{\partial X_2} \varepsilon_2 + \cdots + \frac{\partial f}{\partial X_n} \varepsilon_n \tag{2・22}$$

ここで，$\frac{\partial f}{\partial X_i}$，$i = 1, 2, \cdots, n$ は定数とみなしてよい．したがって，上式は式(2・17)と同様な式である．ゆえに，前と同じようにして f の分散を求めることができる．

$$\sigma_f^2 = \sum_{i=1}^{n} \left(\frac{\partial f}{\partial X_i}\right)^2 \sigma_i^2 + 2\sum_{i<j} \frac{\partial f}{\partial X_i} \frac{\partial f}{\partial X_j} \sigma_{ij} \qquad (2\cdot 23)$$

とくに観測値が互いに独立のときには次のようになる．

$$\sigma_f^2 = \left(\frac{\partial f}{\partial X_1}\right)^2 \sigma_1^2 + \left(\frac{\partial f}{\partial X_2}\right)^2 \sigma_2^2 + \cdots + \left(\frac{\partial f}{\partial X_n}\right)^2 \sigma_n^2 \qquad (2\cdot 24)$$

これが非線形関数に対する誤差伝播の法則である．

[例 2・2] 観測値 $l_1, l_2, \cdots, l_n$ が互いに独立であって偶然誤差のみが存在するとすれば，次のようになる．

$f = l_1 \pm l_2 \pm \cdots \pm l_n$，かつ $\sigma_i = \sigma$，$i=1,2,\cdots,n$ のとき，$\sigma_f^2 = n\sigma^2$ (a)

平均値：$f = \sum_{i=1}^{n} l_i/n$，かつ $\sigma_i = \sigma$，$i=1,2,\cdots,n$ のとき，$\sigma_f^2 = \sigma^2/n$ (b)

$f = a l_1 l_2 l_3$ のとき，$\sigma_f^2 = f^2(\sigma_1^2/l_1^2 + \sigma_2^2/l_2^2 + \sigma_3^2/l_3^2)$ (c)

$f = a l_1/(l_2 l_3)$ のとき，$\sigma_f^2 = f^2(\sigma_1^2/l_1^2 + \sigma_2^2/l_2^2 + \sigma_3^2/l_3^2)$ (d)

[例 2・3] 長方形の土地の 2 辺 a，b $(a>b)$ の距離を測って面積を求めようとする．最も効率のよい測量とするための指針を示せ．

（解）観測値を l_a，l_b，面積を F とし，l_a，l_b，F の標準偏差をそれぞれ σ_a，σ_b，σ_F とすると，$F = l_a l_b$ であるから，

$$\sigma_F^2 = l_b^2 \sigma_a^2 + l_a^2 \sigma_b^2 \qquad (a)$$

$$= F^2 \left(\frac{\sigma_a^2}{l_a^2} + \frac{\sigma_b^2}{l_b^2}\right) \qquad (b)$$

式 (a) によれば，短辺の距離誤差にかかる係数の方が長辺の距離誤差にかかる係数より大きいので，面積誤差を小さくするには短辺の誤差を小さくしなければならないことがわかる．そうかといって，極端に誤差を小さくするのは困難であるのみならずもう 1 つの項も影響するから，右辺の各項が同程度の大きさになるのを目標とすればよかろう．このことは，式 (b) をみれば各辺の相対誤差（本章 5 節 (1) 参照）を等しくすることである．

(3) 重　み

観測値同士の相対的な精度を表す量として，分散に反比例する量を重みと名付け，p で表す．n 個の観測値 $l_1, l_2, \cdots, l_n$ の分散が $\sigma_1^2, \sigma_2^2, \cdots, \sigma_n^2$ であれば，

$$p_i = \sigma_0^2/\sigma_i^2, \qquad i=1,2,\cdots,n \qquad (2\cdot 25)$$

がそれぞれの観測値の重みである．式 (2・25) における定数 σ_0^2 は，重み 1 の分散，または基準とする分散と呼ばれる．重みは相対的なものであるから，重み 1 に対する分散が不明のときでも重みという量を用いることができ，大変便利なものである．その例を以下に示す．

1 つの量 X を n 回観測し，各回の分散がすべて等しいとし，これを σ^2 で表す．平

均値の分散を σ_μ^2 で表すと，［例 2・2］の式(b)より $\sigma_\mu^2 = \sigma^2/n$ である．

これより $\sigma_\mu^2 : \sigma^2 = 1/n : 1$ であるから，平均値と各観測値との重みの比は $n : 1$ である．したがって，次のように表現できる．「同じ大きさの誤差を含む n 個の観測値の平均値の重みは，それぞれの観測の重みの n 倍である．」

なお，$\sigma_\mu = \sigma/\sqrt{n}$ というように，平均値の標準偏差は観測値の標準偏差の $1/\sqrt{n}$ にしかならないから，むやみに観測数を増しても標準偏差を減ずる効果の少ないことがわかる．精密観測では 5～6 回，超精密観測でも 10～12 回の測定にとどめることが多い．

（4） 分散共分散行列，cofactor 行列，重み行列

（a） 観測値について

観測値，真値，誤差を要素とする n 項列ベクトルを，それぞれ次のように表す．

$$\boldsymbol{l} = (l_1, l_2, \cdots, l_n)^T, \quad \boldsymbol{X} = (X_1, X_2, \cdots, X_n)^T, \quad \boldsymbol{\varepsilon} = \boldsymbol{l} - \boldsymbol{X} \quad (2 \cdot 26)$$

ただし，T はベクトルの転置を表す．ベクトル表示を用いると，観測値 $l_1, l_2, \cdots, l_n$ に対する分散共分散行列は次のように定義される．

$$\boldsymbol{\Sigma} = E[\boldsymbol{\varepsilon}\boldsymbol{\varepsilon}^T] = \begin{pmatrix} \sigma_1^2 & \sigma_{12} & \cdots & \sigma_{1n} \\ \sigma_{21} & \sigma_2^2 & \cdots & \sigma_{2n} \\ \vdots & \vdots & \ddots & \vdots \\ \sigma_{n1} & \sigma_{n2} & \cdots & \sigma_n^2 \end{pmatrix} \quad (2 \cdot 27)$$

これらの分散と共分散の値自体は未知であっても，重み 1 の分散 σ_0^2 に対する相対的な比率は推定できると考え，その比率を次のように書く．

$$\left. \begin{array}{l} q_{ii} = \sigma_i^2/\sigma_0^2, \quad i = 1, 2, \cdots, n \\ q_{ij} = \sigma_{ij}/\sigma_0^2, \quad i \neq j \mid j = 1, 2, \cdots, n \end{array} \right\} \quad (2 \cdot 28)$$

このような比率を cofactor［重み係数］，cofactor を要素とする行列を cofactor 行列と呼ぶ．分散共分散行列は cofactor 行列を用いて次のように記すことができる．

$$\boldsymbol{\Sigma} = \boldsymbol{Q}\sigma_0^2 \quad (2 \cdot 29)$$

cofactor 行列 $\boldsymbol{Q}$ の逆行列は重み行列と呼ばれている．すなわち，

$$\boldsymbol{P} = \boldsymbol{Q}^{-1} \quad (2 \cdot 30)$$

重み行列を用いると分散共分散行列は次のように表すことができる．

$$\boldsymbol{\Sigma} = \boldsymbol{P}^{-1}\sigma_0^2 \quad (2 \cdot 31)$$

観測値が互いに独立のときには，分散共分散行列の対角要素以外はすべて 0 であるので，

$$\boldsymbol{\Sigma} = \begin{pmatrix} \sigma_1^2 & & & 0 \\ & \sigma_2^2 & & \\ & & \ddots & \\ 0 & & & \sigma_n^2 \end{pmatrix} = \begin{pmatrix} q_{11} & & & 0 \\ & q_{22} & & \\ & & \ddots & \\ 0 & & & q_{nn} \end{pmatrix} \sigma_0^2 = \begin{pmatrix} p_1^{-1} & & & 0 \\ & p_2^{-1} & & \\ & & \ddots & \\ 0 & & & p_n^{-1} \end{pmatrix} \sigma_0^2$$

(2・32)

となる．cofactor 行列の対角要素は重みの逆数に等しい．すなわち，

$$q_{ii} = 1/p_i, \quad i = 1, 2, \cdots, n \tag{2・33}$$

（b） 観測値の関数について

本章で後ほど解説する間接観測や条件付き観測においては，観測値の関数間の分散共分散行列や cofactor 行列が必要なこともあるので，その準備をしておく．本節(2)項で述べたように，非線形関数は線形化して扱えるので，線形関数の場合のみを考える．

互いに独立な観測値 $l_1, l_2, \cdots, l_n$（重みを $p_1, p_2, \cdots, p_n$ とする）に関して線形である m 個の関数 $f_1, f_2, \cdots, f_m$ を考える．

$$\left. \begin{aligned} f_1 &= a_{10} + a_{11}l_1 + a_{12}l_2 + \cdots + a_{1n}l_n \\ f_2 &= a_{20} + a_{21}l_1 + a_{22}l_2 + \cdots + a_{2n}l_n \\ &\cdots\cdots\cdots \\ f_m &= a_{m0} + a_{m1}l_1 + a_{m2}l_2 + \cdots + a_{mn}l_n \end{aligned} \right\} \tag{2・34}$$

上式をベクトルと行列を用いて書くと次のようになる．

$$\left. \begin{aligned} \boldsymbol{f} &= \boldsymbol{a}_0 + \boldsymbol{A}\boldsymbol{l} \\ \boldsymbol{f} &= \begin{pmatrix} f_1 \\ f_2 \\ \vdots \\ f_m \end{pmatrix}, \quad \boldsymbol{a}_0 = \begin{pmatrix} a_{10} \\ a_{20} \\ \vdots \\ a_{m0} \end{pmatrix}, \quad \boldsymbol{A} = \begin{pmatrix} a_{11} & a_{12} & \cdots\cdots & a_{1n} \\ a_{21} & a_{2} & \cdots\cdots & a_{n} \\ \vdots & \vdots & & \vdots \\ a_{m1} & a_{m2} & \cdots\cdots & a_{mn} \end{pmatrix} \end{aligned} \right\} \tag{2・35}$$

ただし，l は式(2・26)で与えられている．f の誤差ベクトル（$\varepsilon_f = \boldsymbol{f} - E[\boldsymbol{f}]$）を，式(2・26)で定義した観測値 l の誤差ベクトル ε を用いて表すと次のようになる．

$$\varepsilon_f = \boldsymbol{f} - E[\boldsymbol{f}] = \boldsymbol{A}\varepsilon \tag{2・36}$$

上式と式(2・27)より，f の分散共分散行列は観測値 l の分散共分散行列 $\boldsymbol{\Sigma}$ と以下のように関係づけられる．

$$\boldsymbol{\Sigma}_{ff} = E[\varepsilon_f \varepsilon_f^{\mathrm{T}}] = \boldsymbol{A} E[\varepsilon \varepsilon^{\mathrm{T}}] \boldsymbol{A}^{\mathrm{T}} = \boldsymbol{A} \boldsymbol{\Sigma} \boldsymbol{A}^{\mathrm{T}} \tag{2・37}$$

上式に式(2・29)と(2・31)を代入すると次式が得られる．

$$\boldsymbol{\Sigma}_{ff} = \sigma_0^2 \boldsymbol{A} \boldsymbol{Q} \boldsymbol{A}^{\mathrm{T}} = \sigma_0^2 \boldsymbol{A} \boldsymbol{P}^{-1} \boldsymbol{A}^{\mathrm{T}} \tag{2・38}$$

3. 誤差伝播の法則

上式と式(2・29)より，f の cofactor 行列は次のようになる．

$$Q_{ff} = AQA^T = AP^{-1}A^T \tag{2・39}$$

式(2・37)において Σ は対角行列であるが，関数 $f_1, f_2, \cdots, f_m$ の間には相関があるので，一般に Σ_{ff} は対角行列ではない．ここでは，Σ_{ff} の対角要素のみを具体的に書くと次のようになる．

$$\sigma_{f_j}^2 = \sum_{i=1}^n a_{ji}^2 \sigma_i^2, \qquad j=1, 2, \cdots, m \tag{2・40}$$

上式は，式(2・34)の f_j に誤差伝播の法則を適用して導くこともできる．すなわち，上式を特定の f_j について見ると，式(2・19)に一致する．また，式(2・38)より Σ_{ff} の対角要素は次のようにも書ける．

$$\sigma_{f_j}^2 = \sigma_0^2 \sum_{i=1}^n a_{ji}^2 q_{ii} = \sigma_0^2 \sum_{i=1}^n a_{ji}^2 / p_i, \qquad j=1, 2, \cdots, m \tag{2・41}$$

[例2・4] 図2・3の三角形の2辺を観測して $l_a \pm \sigma_a$, $l_b \pm \sigma_b$ という値を得た．さらに3つの内角を測って $l_A \pm \sigma$, $l_B \pm \sigma$, $l_C \pm \sigma$ (σ は同じ値) を得た．ただし，内角の和の条件を満足しなくて，

$$\text{閉合差}: \quad w = 180° - (l_A + l_B + l_C) \tag{a}$$

を生じたため，w の 1/3 を各角に加えたものを最も良い推定値と考えて以後の計算に用いることにした ([例2・13] の式(1)参照)．辺および角の観測値は互いに独立であるとして，以上の値を使用したときの三角形の面積の分散を求めてみよう．

(解) 三角形の面積は次式で算出することになる．

$$F = \frac{1}{2} l_a l_b \sin C \tag{b}$$

ここに，

$$C = l_C + \frac{w}{3} = 60° - \frac{1}{3} l_A - \frac{1}{3} l_B + \frac{2}{3} l_C \tag{c}$$

(i) 面積を独立な観測値で表し，誤差伝播の法則を適用しよう．

$$F = \frac{1}{2} l_a l_b \sin\left(60° - \frac{1}{3} l_A - \frac{1}{3} l_B + \frac{2}{3} l_C\right) \tag{d}$$

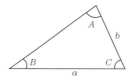

図 2・3 三角形の観測

$$\therefore \sigma_F^2 = \left(\frac{\partial F}{\partial l_a}\right)^2 \sigma_a^2 + \left(\frac{\partial F}{\partial l_b}\right)^2 \sigma_b^2 + \left(\frac{\partial F}{\partial l_A}\right)^2 \sigma^2 + \left(\frac{\partial F}{\partial l_B}\right)^2 \sigma^2 + \left(\frac{\partial F}{\partial l_C}\right)^2 \sigma^2 \tag{e}$$

$$= F^2 \left[\frac{\sigma_a^2}{l_a^2} + \frac{\sigma_b^2}{l_b^2} + \frac{\sigma^2}{\tan^2 C} \left\{ \left(\frac{1}{3}\right)^2 + \left(\frac{1}{3}\right)^2 + \left(\frac{2}{3}\right)^2 \right\} \right]$$

(ii) l_a, l_b, C は互いに独立であるから,式(b)に式(2・24)を適用してみよう.

$$\sigma_F^2 = \left(\frac{\partial F}{\partial l_a}\right)^2 \sigma_a^2 + \left(\frac{\partial F}{\partial l_b}\right)^2 \sigma_b^2 + \left(\frac{\partial F}{\partial C}\right)^2 \sigma_C^2 \tag{f}$$

ここで,C は式(c)で与えられる観測値の関数であるから,σ_C^2 は式(c)に誤差伝播の法則を適用して求めなければならない.そうすると,

$$\sigma_C^2 = (1/3)^2 \sigma^2 + (1/3)^2 \sigma^2 + (2/3)^2 \sigma^2 = (2/3)\sigma^2 \tag{g}$$

となるから式(f)は式(e)に一致する.

式(g)によれば,条件に合うように調整した角の誤差 σ_C は,元の観測値の誤差 σ よりも小さくなっている.これが拘束条件の存在する観測の意義である.言い換えると,内角条件を用いて調整した後の角の重みは,調整前の重みの1.5倍であるということもできる.

4. 複 観 測

(1) 較 差

測量作業においては,同一量を2回1組として観測を行うことによりこのような組が多数得られる場合がある.たとえば,距離測量や水準測量において長区間を多数の短区間に分割し,各区間において往復あるいは2回の観測を行う場合である.1つの量を2回観測することを複観測と名付けよう.

1つの量 X を同一精度で2回観測したときを考える.2つの観測値 l_1,l_2 に含まれる偶然誤差は異なるが,系統誤差 δ は同じであるとすると,2つの観測値は,

$$l_1 = X + \delta + \varepsilon_1, \qquad l_2 = X + \delta + \varepsilon_2 \tag{2・42}$$

と表せる.そこで,2つの観測値の差を d で表すと,

$$|d| = |l_1 - l_2| = |\varepsilon_1 - \varepsilon_2| \tag{2・43}$$

となる.$|d|$ は較差と呼ばれており,偶然誤差のみに関係する量であるから,観測の精粗を表すのに較差または較差の1/2を使用することがある.

(2) 複観測における標準偏差

似通った未知量 X_j,$j = 1, 2, \cdots, m$ のそれぞれを,独立に同一精度で測った2回1組の観測値 (l_{j1}, l_{j2}) が m 組得られたときの偶然誤差の推定法を示そう.

各組について,$d_j = l_{j1} - l_{j2} = \varepsilon_{j1} - \varepsilon_{j2}$ であるから,d_j の二乗平均を求めると,

4. 複 観 測

$$\frac{1}{m}\sum_{j=1}^{m} d_j^2 = \frac{1}{m}\sum_{j=1}^{m} \varepsilon_{j1}^2 + \frac{1}{m}\sum_{j=1}^{m} \varepsilon_{j2}^2 - \frac{2}{m}\sum_{j=1}^{m} \varepsilon_{j1}\varepsilon_{j2} \qquad (2\cdot 44)$$

この式の右辺における ε_{j1}, ε_{j2} はそれぞれ偶然誤差であるから，両辺の期待値を取ると右辺第1項，第2項はそれぞれ観測値の分散に等しい値になるはずであり，これを σ^2 と書く．右辺第3項は ε_{j1} と ε_{j2} が独立であるから0となる．そうすると1観測の分散 σ^2 は次のように表される．

$$\sigma^2 = \frac{1}{2} E\left[\frac{1}{m}\sum_{j=1}^{m} d_j^2\right] \qquad (2\cdot 45)$$

実際の観測の場合に得られるのは推定値であるので，母分散 σ^2 を不偏分散 s^2 に置き換えて次のようになる．

$$s^2 = \frac{1}{2m}\sum_{j=1}^{m} d_j^2 \qquad (2\cdot 46)$$

したがって，l_{j1} と l_{j2} の平均値の標準偏差を s_μ で表すと，

$$s_\mu^2 = \frac{s^2}{2} = \frac{1}{4m}\sum_{j=1}^{m} d_j^2 \qquad (2\cdot 47)$$

もし X_j の観測ごとに誤差 ε_j が異なるときは，観測の重みを p_j とし，重み1の観測の誤差を ε_0 で表すと，X_j の各観測誤差は $\varepsilon_j = \varepsilon_0/\sqrt{p_j}$ と書ける．そこで，式(2・44)の代わりに $\sqrt{p_j}\,d_j$ の二乗平均を求めてみよう．

$$\frac{1}{m}\sum_{j=1}^{m} p_j d_j^2 = \frac{1}{m}\sum_{j=1}^{m} p_j \varepsilon_{j1}^2 + \frac{1}{m}\sum_{j=1}^{m} p_j \varepsilon_{j2}^2 - \frac{2}{m}\sum_{j=1}^{m} p_j \varepsilon_{j1}\varepsilon_{j2} \qquad (2\cdot 48)$$

両辺の期待値を取ると次のようになる．

$$E\left[\frac{1}{m}\sum_{j=1}^{m} p_j d_j^2\right] = \frac{1}{m}\sum_{j=1}^{m} p_j \sigma_j^2 + \frac{1}{m}\sum_{j=1}^{m} p_j \sigma_j^2 = 2\sigma_0^2 \qquad (2\cdot 49)$$

ここに，σ_0^2 は重み1のときの分散である．以上より次式が得られる．

重み1の1観測の不偏分散：$s_0^2 = \dfrac{1}{2m}\sum_{j=1}^{m} p_j d_j^2 \qquad (2\cdot 50)$

重み p_j の1観測の不偏分散：$s_j^2 = \dfrac{s_0^2}{p_j} = \dfrac{1}{2mp_j}\sum_{j=1}^{m} p_j d_j^2 \qquad (2\cdot 51)$

l_{j1} と l_{j2} の平均値の不偏分散：$s_{\mu j}^2 = \dfrac{s_j^2}{2} = \dfrac{1}{4mp_j}\sum_{j=1}^{m} p_j d_j^2 \qquad (2\cdot 52)$

［**例2・5**］ 約300 m の距離を測量するのに6区間に分け，それぞれを鋼製巻尺で往復観測して表2・2の値を得たとする．この場合に1区間観測値の標準偏差と全長の標準偏差を求めよ．

表 2・2

区間	観測値 (mm)	
	往	復
1	49.914	49.916
2	49.926	49.922
3	50.002	50.000
4	50.013	50.012
5	49.997	49.998
6	49.975	49.978

（解） 各区間観測値の重みは等しいとする．観測値の標準偏差 $s=\pm 1.71$ mm，1 区間の平均値の標準偏差は ± 1.2 mm，全長 300 m の標準偏差は ± 3.0 mm．

5. 観測値の性質

（1） 確度と精度

確度とは観測値が真値に対して偏りの小さい程度をいう．したがって系統誤差の小さい場合のことに相当する．確度は，同じものの観測値同士を比較するのであれば，系統誤差の値自身によればよい．しかしながら，異なったものの観測値の正確度を比較するためには，次の無次元量によって表すのがよい．

[確度]＝[系統誤差]／[真値の推定値または観測値]

精度とは観測値のばらつきの小さい程度をいう．したがって偶然誤差の小さいことである．精度は，上記と同様に，標準偏差の値自身によるか，次の無次元量によって表す．

[精度]＝[偶然誤差]／[真値の推定値または観測値]

系統誤差と偶然誤差の両者を含めて，誤差を真値の推定値または観測値で割って無次元としたものを相対誤差と呼ぶことがある．

確度と精度の 2 つは，概念上明確に分けられるが，観測値から両者を分離することは困難である．一般的には，系統誤差を除くのが極めて困難であるから，正確さを必要とする観測においては機器の検定と観測時の環境条件の測定に留意して観測値を補正することが重要である．目盛誤差のある巻尺でいくら精密に測量しても必ず正しい値とは異なった結果となる．ところが，偶然誤差の大きさは，観測回数を増して平均値を採用すればかなり小さくすることができる．だが一方では次のような場合もあ

る．すでに正確に距離のわかっているものを分割するときを考えると，目盛誤差のある巻尺を用いたために全長に差があっても，各区間ごとの値が精密に測られていれば，全長における差を区間長に応じて比例配分して系統誤差を除くことができる．

（2） 系統誤差の影響

観測値 $l_1, l_2, \cdots, l_m$ に系統誤差 $\delta_1, \delta_2, \cdots, \delta_m$ のみが存在する場合を考える．真値は，$X_j = l_j - \delta_j,\ j=1, 2, \cdots, m$ と表されるから，系統誤差による関数 $f(X_1, X_2, \cdots, X_m)$ の変化（誤差）は次式で表されることは明らかであろう．

$$df = f(l_1, l_2, \cdots, l_m) - f(X_1, X_2, \cdots, X_m)$$
$$= \left(\frac{\partial f}{\partial X_1}\right)\delta_1 + \left(\frac{\partial f}{\partial X_2}\right)\delta_2 + \cdots + \left(\frac{\partial f}{\partial X_m}\right)\delta_m \tag{2・53}$$

［例2・6］ 偶然誤差と系統誤差の性質の違いが明瞭に表れる例を示そう．たとえば，巻尺で長距離を観測するとき，あるいは遠く離れた2点間を水準測量するときなどでは，全長を m 個の小区間に分けて観測して総和を求めることになる．すなわち，

$$f = l_1 + l_2 + \cdots + l_m$$

このとき，どの区間でも観測値に同じ偶然誤差 σ（標準偏差）と系統誤差 δ とがあるとすると，［例2・2］式(a) および (2・53) より

$$\sigma_f = \sqrt{m}\,\sigma, \quad df = m\delta$$

という結果が得られ，m が大きくなれば全長誤差に及ぼす影響は，δ によるものが著しくなることがわかる．この例により誤差と相対誤差との両方を示すと表2・3のようになる．

表 2・3 誤差と相対誤差の比較（$l_1 = l_2 = \cdots l_m = l$ とする）

種　類	1区間の誤差	m 区間の誤差	1区間の相対誤差	m 区間の相対誤差
偶然誤差	σ	$\sqrt{m}\cdot\sigma$	σ/l	$\sigma/(\sqrt{m}\cdot l)$
系統誤差	δ	$m\cdot\delta$	δ/l	δ/l

（3） 観測値の棄却

慎重に観測すれば偶然誤差がむやみに大きくなることはないから，非常にかけ離れた観測値はなんらかの欠陥を有するものと考えて使用しない方がよい．ただし，棄却すべき観測値は，系統誤差を含むものおよび過誤によるものであって，単なる偶然誤差のみを含んだ観測値をいたずらに除外すべきではない．理想的には，観測値の中で偶然誤差のみを含むものを利用すればよいのであるが，これは非常に困難なことである．古くから棄却すべき観測値を見出す方法が数多く提案されているが，その中で代表的な考え方を示すとともに注意事項を記す．

1. 観測方法に応じて誤差の最大許容限度を指定する方法： 頻繁に実施されてい

る測量においては，使用機器と測定方法に応じて理論上ならびに経験上から観測値のばらつきの程度がかなりわかっており，一方では目標精度を得るためにはばらつきに一定の限度が必要である．これらのことから，観測値が平均値からはずれてもよい最大許容限度，または観測値の最大値と最小値との差の最大許容限度などがあらかじめ指定される．

2. 標準偏差の何倍かを超える観測値を放棄する方法： 正規母集団からの標本であれば，標準偏差 σ の 3 倍を超える誤差の出現する確率は 0.27% にすぎないので，平均値から $\pm 3\sigma$ 以上離れた観測値を棄却することが多い．多数の観測例から σ があらかじめ推定できればその値を用いればよい．σ が不明であれば，当面実施した観測値の中から最もかけ離れた観測値を除いたものについて平均値と観測値の標準偏差 s を計算し，平均値から最も離れた観測値の誤差が $\pm 3s$ 以内にあるかどうかを判断すればよい．

3. 統計的棄却検定の考え方を適用する方法： 一団の観測値が同じ正規母集団に属するという仮説を立てて，適当な有意水準（たとえば確率 1%）以下の確率でしか得られないような観測値を放棄する．

4. 適用されている方法と考察事項： 通常実施されるような組織的な測量では 1. の方式で許容値が規定されていることが多い．この規定がなければ 2. の方法によるのが実際的であるとして利用されている．3. の方法を採用するときには，有意水準をいくらにするかということをそれぞれの場合について熟慮しなければならない．

1 つの量 X を観測して，図 2・4 に示すような A，B，C という 3 群の観測値が得られたとする．真値 X が図示の値であるとわかっていれば A が最も正確かつ高精度の観測といえるが，X が不明であればいずれが最も良い観測値かを判断するのは非常に難しいことがわかるだろう．統計的検定を行えば，A と B とは同一母集団のものでない，すなわち A と B とのいずれかに，あるいは両方に系統誤差や過誤などが存在すると判断されるにすぎず，採否に関する判断は得られない．ところが一方では A と C，B と C とは，それぞれ棄て難い（系統誤差や過誤のない）観測値であると判断されるであろう．したがって A，B，C の採否については別な面から検討する必要がある．たとえば，器械の故障，経時変化（測点の移動など），環境条件の変化（日光の直射，昼夜の区別など），錯誤（測点の見誤りなど）などについて調査するのがよかろう．もともと観測計画立案に際して条件付き観測となるように心掛けておくべきである．

(4) 有 効 数 字

観測値のばらつきの程度を表現する際に,たとえばある長さを $x=5.3210\pm0.0052$ m のように,最確値の後に誤差をつけることがある(最確値の定義は本章第6節で説明).この時の誤差は観測精度あるいは単に精度とも呼ばれ,通常,標準偏差が用いられる.

測量学では誤差(標準偏差)を有効数字2桁で表現するのが通例である.また,上記の観測値で標準偏差が 0.15 m の場合,0.0010 の部分には実質的に意味がないので,$x=5.32\pm0.15$ m と最確値の方を丸める.つまり最確値は,有効数字の最終桁と誤差の最終桁が同じ位置になるように表す.

[例 2・7] A,B 両君が1つの距離 x を測って表 2・4 のような値を得た.距離の平均値と標準偏差を推定せよ.

表 2・4

A 君	B 君
100.147 m	100.155 m
100.140	100.147
100.142	100.161
100.150	100.156
100.144	100.162
	100.151
	100.173

(解) B君の最下欄の観測値を除外して計算する.なお問題に明記していないが,同一精度の観測と考える.

(i) A,B 両君の観測値を1組のものと考え,11 個の観測値の算術平均を採用とすると次の結果が得られる.

$$x=100.1505\text{ m}\pm 2.2\text{ mm}\quad(1\text{ 観測の標準偏差は }\pm 7.4\text{ mm}) \tag{a}$$

(ii) A と B の平均値が異なることに気付くであろう.ばらつきの程度も違うようだから,両者の観測を分けて考えてみると次のようになる.

$$x_\text{A}=100.1446\text{ m}\pm 1.8\text{ mm}\quad(1\text{ 観測の標準偏差は }\pm 4.0\text{ mm}) \tag{b}$$
$$x_\text{B}=100.1553\text{ m}\pm 2.3\text{ mm}\quad(1\text{ 観測の標準偏差は }\pm 5.8\text{ mm}) \tag{c}$$

両者の標準偏差が ±2 mm 程度にすぎないのに,平均値が $x_\text{A}-x_\text{B}=-10.7$ mm も離れているから,観測に過失があったかあるいは系統誤差が含まれているのではないかと疑ってみなければならない(図 2・4 の A,B に相当する).

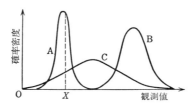

図 2・4 3種類の観測値の比較

6. 最小二乗法の原理

　最小二乗法は，偶然誤差の特性を基礎に置き，確率論および統計学の知識を適用して，観測値から必要とする量の真値の推定値（最確値）と最確値の精密さの程度を推定することを目的としている．

　いまある1つの量 X を極めて多数回観測し，観測値 $l_1, l_2, \cdots, l_n$ を得たとし，各観測が互いに独立で，分散は $\sigma_1^2, \sigma_2^2, \cdots, \sigma_n^2$ であったとする．このとき各観測の偶然誤差

$$\varepsilon_i = l_i - X, \qquad i=1, 2, \cdots, n$$

は正規分布をすると仮定すれば，各観測値に含まれる誤差の生じる確率密度は，

$$p_{\varepsilon i}(\varepsilon_i) = \frac{1}{\sqrt{2\pi}\,\sigma_i} \exp\left(-\frac{\varepsilon_i^2}{2\sigma_i^2}\right)$$

したがって，n 個の独立な誤差が一団となって生じる場合の確率密度は，

$$L = \prod_{i=1}^{n} p_{\varepsilon i}(\varepsilon_i) = \frac{1}{(2\pi)^{n/2}} \frac{1}{\sigma_1 \sigma_2 \cdots \sigma_n} \exp\left(-\frac{1}{2}\sum_{i=1}^{n} \frac{\varepsilon_i^2}{\sigma_i^2}\right) \qquad (2 \cdot 54)$$

ここに，記号 Π は順次掛け算を行うという意味であり，また L は尤度関数と呼ばれるもので，最小二乗法による推定値は L を最大にする最尤推定値である．

　さて，一団の観測値が得られたということは，最も出現しやすい条件のものが得られたと考えるのは妥当であろう．この条件は L が最大になることである．L が最大となるためには，式 (2・54) は X の関数であるから，この式を最大とするような X を求めてこれを最確値とすればよい．この条件を記すと，

$$\sum_{i=1}^{n} \frac{\varepsilon_i^2}{\sigma_i^2} \Rightarrow 最小 \qquad (2 \cdot 55)$$

　ゆえに式 (2・55) を満足させる X の値を x と記し，誤差 $\varepsilon_i = l_i - X$ の代わりに

と書いて，次の条件により最確値 x を求めればよい．

$$\sum_{i=1}^{n} \frac{v_i^2}{\sigma_i^2} \Rightarrow 最小 \quad (2\cdot57)$$

すなわち，最小二乗法は，観測値の標準偏差によって基準化された残差の二乗和を最小とするような値を最確値とする方法である．

もし σ_i^2 の代わりに重み $p_i = \sigma_0^2/\sigma_i^2$ を用いれば，

$$\sum_{i=1}^{n} p_i v_i^2 \Rightarrow 最小 \quad (2\cdot58)$$

したがって最小二乗法は，重み付き残差二乗和を最小とするような値を最確値として採用する方法であるといえる．誤差または重みがすべて同一の観測の場合には次のように簡単化される．

$$\sum_{i=1}^{n} v_i^2 \Rightarrow 最小 \quad (2\cdot59)$$

7. 独立直接観測の調整

(1) 等精度の場合

(a) 最 確 値

各観測の標準偏差の等しい場合である．ある1つの量を，同じ度器を用い等しい注意を払って，独立に幾回か観測した場合に相当する．1つの量を X，それの観測値を $l_1, l_2, \cdots, l_n$ とすれば，X と l_i との間に次の関係が成立すべきである．

$$X = l_i, \quad i = 1, 2, \cdots, n \quad (2\cdot60)$$

ところが l_i には誤差が含まれているから上式は成立しない．たとえ X の最確値 x がわかったとしても，

$$x = l_i, \quad i = 1, 2, \cdots, n \quad (2\cdot61)$$

は成立しない．しかしながら式(2·61)を観測方程式と呼んでいる．そこで各回ごとに異なった残差 v_i を導入すると，$x = l_i - v_i$ と書けるから，次の n 個の関係式が得られる．

$$v_i = l_i - x, \quad i = 1, 2, \cdots, n \quad (2\cdot62)$$

これらの式を残差方程式という．

上式中の最確値 x は式(2・59)を満足するものであるから，その値は

$$\frac{d}{dx}(\sum_{i=1}^{n} v_i^2) = -2\sum_{i=1}^{n} v_i = 0 \qquad (2 \cdot 63)$$

より求められる．その結果は，

$$x = \frac{1}{n}\sum_{i=1}^{n} l_i \qquad (2 \cdot 64)$$

すなわち，観測値の算術平均（平均値）を最確値とすればよい．また最確値選定の条件は，式(2・63)に示されるように残差の総和を0とすることであり，この事実は計算結果の検査に用いられる．

（b）最確値の精度

最確値は式(2・64)で与えられるから，誤差伝播の法則を用いることにより最確値の分散 σ_x^2 は次のようになる（［例2・2］式(b)参照）．

$$\sigma_x^2 = \frac{\sigma_0^2}{n} \qquad (2 \cdot 65)$$

ここに σ_0^2 は重み1の分散，すなわち元の観測値 l_i，$(i=1, 2, \cdots, n)$ の分散であり，その不偏推定値 s_0^2 は以下のように残差の二乗和から求められる（導出については異精度の場合の式(2・83)の導出を参照）．

元の（重み1の）観測値の不偏分散： $s_0^2 = \frac{1}{n-1}\sum_{i=1}^{n} v_i^2 \qquad (2 \cdot 66)$

式(2・65)の σ_0^2 を式(2・66)の s_0^2 で置き換えることにより，最確値の不偏分散が得られる．

最確値の不偏分散： $s_x^2 = \frac{s_0^2}{n} \qquad (2 \cdot 67)$

1つの量を直接観測して n 個の観測値を得たとき，元の観測の不偏分散は式(2・66)で計算できる．このときの未知数は1つであって，その未知数 x を定めるために式(2・64)という観測値よりなる1つの関係式を用いた．n 個の観測値はそれぞれ独立であるから n 次元の自由度があるが，残差については観測値の間に式(2・64)という1つの関係があってはじめて定まるものであるから，n 個の残差があっても $n-1$ 次元の自由度しか持っていないとみなせばよい．この $n-1$ を残差の自由度と呼んでおり，式(2・66)の分母は自由度を示している．もともと，母分散の不偏推定式(2・13)はこのことを表現したものである．

（2） 計算の簡易化

式 $(2 \cdot 64)$, $(2 \cdot 66)$, $(2 \cdot 67)$ の計算は非常に有効数字桁数の多い計算となることが多いから，有効数字桁数の少ない計算になるように工夫をするとよい．最確値の近似値は容易にわかるので，最確値の近似値 $\bar{x}$ と微小な補正 δx を用いて，

$$x = \bar{x} + \delta x \tag{2・68}$$

と表し，上式を式 $(2 \cdot 62)$ に代入すると，

$$v_i = (l_i - \bar{x}) - \delta x \tag{2・69}$$

したがって，δx を新しい未知数，$l_i - \bar{x}$ を観測値として取り扱えば，δx と $l_i - \bar{x}$ とが微小量であるから，計算が容易になる．δx の最確値が式 $(2 \cdot 64)$ より $\delta x = \sum (l_i - \bar{x})/n$ として計算できると，正しい最確値は式 $(2 \cdot 68)$ より直ちに求められる．このような工夫は以下のすべての場合に実行できる．

（3） 精度の異なる場合

（a） 最 確 値

ある1つの量を幾回か観測する間に，機器の変更，注意の仕方の相違，観測者の交代などがあった場合に相当する．1つの量 X の観測値 $l_1, l_2, \cdots, l_n$ に対して，それぞれの重み p_i が既知であり，かつ観測値は互いに独立であるとする．X の最確値を x とすると，残差方程式は次のようになる．

$$v_i = l_i - x \quad (\text{重み } p_i, \ i = 1, 2, \cdots, n) \tag{2・70}$$

このとき式 $(2 \cdot 58)$ の条件を適用すれば，

$$\frac{d}{dx}\left(\sum_{i=1}^{n} p_i v_i^2\right) = -2 \sum_{i=1}^{n} p_i v_i = 0 \tag{2・71}$$

$$\therefore \quad x = \sum_{i=1}^{n} p_i l_i \Big/ \sum_{i=1}^{n} p_i \tag{2・72}$$

すなわち，重みつき平均をもって最確値とすればよい．

もしあらかじめ分散 $\sigma_1^2, \sigma_2^2, \cdots, \sigma_n^2$ がわかっているときには，式 $(2 \cdot 57)$ より次のように書ける．

$$\frac{d}{dx}\left(\sum_{i=1}^{n} \frac{v_i^2}{\sigma_i^2}\right) = -2 \sum_{i=1}^{n} \frac{v_i}{\sigma_i^2} = 0 \tag{2・73}$$

$$\therefore \quad x = \sum_{i=1}^{n} \frac{l_i}{\sigma_i^2} \Big/ \sum_{i=1}^{n} \frac{1}{\sigma_i^2} \tag{2・74}$$

式 $(2 \cdot 71)$ または $(2 \cdot 73)$ が計算結果の検査に用いられることは等精度の場合と同様である．

(b) 最確値の精度

式 (2・72) に誤差伝播の法則を適用し，式 (2・25) $p_i = \sigma_0^2/\sigma_i^2$ を用いることにより，最確値の分散 σ_x^2 は次のように表される．

$$\sigma_x^2 = \frac{1}{\left(\sum_{i=1}^{n} p_i\right)^2} \sum_{i=1}^{n} p_i^2 \sigma_i^2 = \frac{\sigma_0^2}{\sum_{i=1}^{n} p_i} \tag{2・75}$$

上式は，最確値の重みが $\sum p_i$ であることを示している．

重み1の分散 σ_0^2 の不偏推定値は，式 (2・58) で表される重み付き残差二乗和から求められることを示そう．まず，式 (2・70) の残差を真値 X を用いて次のように書き換える．

$$v_i = (l_i - X) - (x - X) \tag{2・76}$$

これを式 (2・58) の重み付き残差二乗和に代入し展開すると次式が得られる．

$$\sum_{i=1}^{n} p_i v_i^2 = \sum_{i=1}^{n} p_i (l_i - X)^2 - (x - X)^2 \sum_{i=1}^{n} p_i \tag{2・77}$$

上式の第2項の最確値に (2・72) を代入すると，次のように変形できる．

$$\sum_{i=1}^{n} p_i v_i^2 = \sum_{i=1}^{n} p_i (l_i - X)^2 - \left\{\sum_{i=1}^{n} p_i (l_i - X)\right\}^2 / \sum_{i=1}^{n} p_i \tag{2・78}$$

両辺の期待値をとると，右辺第1項は，$p_i = \sigma_0^2/\sigma_i^2$ を用いることにより，

$$E\left[\sum_{i=1}^{n} p_i (l_i - X)^2\right] = \sum_{i=1}^{n} p_i \sigma_i^2 = n \sigma_0^2 \tag{2・79}$$

第2項は，各観測値が独立であるから，

$$E\left[\left\{\sum_{i=1}^{n} p_i (l_i - X)\right\}^2 / \sum_{i=1}^{n} p_i\right] = \frac{1}{\sum_{i=1}^{n} p_i} \sum_{i=1}^{n} p_i^2 \sigma_i^2 = \sigma_0^2 \tag{2・80}$$

したがって次式が得られる．

$$E\left[\sum_{i=1}^{n} p_i v_i^2\right] = (n-1) \sigma_0^2 \tag{2・81}$$

$$\therefore \quad \sigma_0^2 = E\left[\frac{1}{n-1} \sum_{i=1}^{n} p_i v_i^2\right] \tag{2・82}$$

これは，重み1の分散 σ_0^2 の不偏推定値が

$$\text{重み1の観測値の不偏分散：} \quad s_0^2 = \frac{1}{n-1} \sum_{i=1}^{n} p_i v_i^2 \tag{2・83}$$

であることを示している．また，重み p_i の観測値の不偏分散は式 (2・25) より次のようになる．

7. 独立直接観測の調整

重み p_i の観測値 l_i の不偏分散: $s_i^2 = s_0^2/p_i, \quad i=1,2,\cdots,n \quad (2\cdot84)$

最確値の不偏分散は,式(2・75)の σ_0^2 を式(2・83)の s_0^2 で置き換えることにより得られる.

$$\text{最確値の不偏分散: } s_x^2 = \frac{s_0^2}{\sum_{i=1}^{n} p_i} \quad (2\cdot85)$$

式(2・83)と(2・85)ですべての重みを1とすると,等精度の場合の式(2・66)と(2・67)が得られる.

[例 2・8] 既述の [例 2・7] において,式(b)で示した $x_A = 100.1446$ m ± 1.8 mm, $x_B = 100.1553$ m ± 2.3 mm という数字だけしか与えられていない場合に,最確値と標準偏差を計算することを考える.

(解) (i) 両観測値をともに利用するために式(2・74)を用いて最確値 x を求め,さらに式(2・74)に誤差伝播の法則を適用すると次の結果を得る.

$$x = 100.1487 \text{ m} \pm 1.4 \text{ mm} \quad (a)$$

(ii) 一方,観測値が2つしかないので無理ではあるが,基準とする標準偏差を $\sigma_0 = 1$ mm と仮定すると $p_A = 0.31$, $p_B = 0.19$, $p_x = 0.50$ となるので,式(2・83)および(2・85)より次のようになる.

$$x = 100.1487 \text{ m} \pm 5.2 \text{ mm}, \quad s_0 = \pm 3.7 \text{ mm} \quad (b)$$

(総括) 式(a)の誤差は x_A, x_B のばらつきの程度のみから推定したものであって,x_A と x_B との隔たりは全く考慮していない.これに反して式(b)の誤差は,最確値 x と x_A および x_B との隔たりから計算されていることになる (図2・4参照).式(2・74)に誤差伝播の法則を用いれば見掛け上良い結果を与えるが,実は観測に欠陥があると推定すべきであることは既述のとおりである.したがってこの方法は用いないのがよい.

[例 2・9] ある1つの角を観測して表2・5のような4組の観測値を得たとき,角の最確値とその標準偏差を求めてみよう.

(解) 近似値 $\tilde{x} = 60°49'$ とすると計算が容易になる (式(2・68)参照).基準とする標準偏差を $\sigma_0 = 10''$ と仮定すると,各観測の重みは 1.5, 2.0, 5.7, 1.8 であるので,式(2・72),(2・83),(2・85) より次の結果を得る.

$$x = 60°49'11.2'' \pm 3.0'', \quad s_0 = \pm 9.8''$$

この結果は式(2・71)あるいは(2・73)を満足していることを確かめられたい.

表 2・5

60°49′02″ ± 8.2″
60°49′08″ ± 7.1″
60°49′12″ ± 4.2″
60°49′20″ ± 7.5″

(総括)調整前に与えられた標準偏差を事前誤差[先験的誤差]といい,調整結果によって求められた標準偏差を事後誤差[後験的誤差]という.式(2・82)および(2・83)より,適切な観測であれば両者はほぼ一致すべきものである.本例では,10.0″と9.8″というように両者がほぼ一致しているが,観測に不備があれば調整後の標準偏差の方が著しく大きくなる(前例参照).

本例では事前誤差と事後誤差がほぼ一致しているから,事前誤差を用いて式(2・85)より最確値の誤差を計算してもほぼ上記と同じ値となる.

8. 独立間接観測の調整

m 個の未知量 $Z_1, Z_2, \cdots, Z_m$ が直接観測されずに,未知量と観測値 l との間の関係が

$$f(Z_1, Z_2, \cdots, Z_m) = l \qquad (2\cdot 86)$$

というような関数関係で表される場合を間接観測という.関数 f の値を観測して,n 個の観測値 $l_1, l_2, \cdots, l_n$ ($n > m$) を得たとき,Z_j の最確値を z_j と表すと,観測方程式は,

$$f_i(z_1, z_2, \cdots, z_m) = l_i, \qquad i = 1, 2, \cdots, n \qquad (2\cdot 87)$$

と書ける.l_i に誤差が含まれているから,これら n 個の式を同時に満足する z_j を定めることはできない.このときに最小二乗法を適用して z_j の推定値を得るのである.

(1) 線形関数の場合

〔a〕 最 確 値

m 個の未知量 $Z_1, Z_2, \cdots, Z_m$ を含む線形関数が,

$$a_1 Z_1 + a_2 Z_2 + \cdots + a_m Z_m = l$$

という形で表される場合に,l を多数回観測した結果から Z の最確値を求めようとするのが本節の内容である.

l を n 回 ($n > m$) 独立に観測し,その観測値 $l_1, l_2, \cdots, l_n$ には正規分布に従う誤差があり,重みはそれぞれ $p_1, p_2, \cdots, p_n$ であるとする.そうすると Z_j の最確値 z_j,$j = 1, 2, \cdots, m$ と観測値 l_i,$i = 1, 2, \cdots, n$ との間に次の観測方程式が成立する.ただし,係数 a_{ij} は与えられた値でも観測値であってもよいが誤差を含まない値であるとする.

$$a_{i1} z_1 + a_{i2} z_2 + \cdots + a_{im} z_m = l_i, \qquad i = 1, 2, \cdots, n \qquad (2\cdot 88)$$

式(2・88)の左辺は関数の最確値であって,残差は観測値から最確値を差し引いたものであるから,次の n 個の残差方程式が得られる.

8. 独立間接観測の調整

$$v_i = l_i - (a_{i1}z_1 + a_{i2}z_2 + \cdots + a_{im}z_m), \qquad i=1,2,\cdots,n \qquad (2\cdot 89)$$

これをベクトルと行列を用いて書き直すと，次のようになる．

$$\text{残差方程式：} \quad \boldsymbol{v} = \boldsymbol{l} - \boldsymbol{Az} \quad (\text{重み：} \boldsymbol{P}) \qquad (2\cdot 90)$$

ここで，

$$\left. \begin{array}{l} \boldsymbol{v} = \begin{pmatrix} v_1 \\ v_2 \\ \vdots \\ \vdots \\ v_n \end{pmatrix}, \quad \boldsymbol{l} = \begin{pmatrix} l_1 \\ l_2 \\ \vdots \\ \vdots \\ l_n \end{pmatrix}, \quad \boldsymbol{A} = \begin{pmatrix} a_{11} & a_{12} & \cdots & a_{1m} \\ a_{21} & a_{22} & \cdots & a_{2m} \\ \vdots & \vdots & & \vdots \\ \vdots & \vdots & & \vdots \\ a_{n1} & a_{n2} & \cdots & a_{nm} \end{pmatrix}, \\ \\ \boldsymbol{z} = \begin{pmatrix} z_1 \\ z_2 \\ \vdots \\ z_m \end{pmatrix}, \quad \boldsymbol{P} = \begin{pmatrix} p_1 & & & 0 \\ & p_2 & & \\ & & \ddots & \\ & & & \ddots \\ 0 & & & p_n \end{pmatrix} \end{array} \right\} \qquad (2\cdot 91)$$

である．これにより重み付き残差二乗和は次のように表される．

$$\sum_{i=1}^{n} p_i v_i^2 = \boldsymbol{v}^\mathrm{T} \boldsymbol{P} \boldsymbol{v} = (\boldsymbol{l} - \boldsymbol{Az})^\mathrm{T} \boldsymbol{P} (\boldsymbol{l} - \boldsymbol{Az}) \qquad (2\cdot 92)$$

式$(2\cdot 92)$を$\boldsymbol{z}$で偏微分することにより最小二乗の条件は次のように表される．（ベクトルによる偏微分については付録Iを参照せよ．）

$$\frac{\partial(\boldsymbol{v}^\mathrm{T} \boldsymbol{P} \boldsymbol{v})}{\partial \boldsymbol{z}} = -2\boldsymbol{A}^\mathrm{T} \boldsymbol{P} (\boldsymbol{l} - \boldsymbol{Az}) = \boldsymbol{o} \qquad (2\cdot 93)$$

ただし，$\boldsymbol{o}$はm次元の零ベクトルである．式$(2\cdot 93)$から次の方程式が得られる．

$$\boldsymbol{A}^\mathrm{T} \boldsymbol{P} \boldsymbol{A} \boldsymbol{z} = \boldsymbol{A}^\mathrm{T} \boldsymbol{P} \boldsymbol{l} \qquad (2\cdot 94)$$

これはm個の未知数$z_1, z_2, \cdots, z_m$に関するm元一次連立方程式であって，正規方程式と呼ばれている．式$(2\cdot 94)$の係数行列$\boldsymbol{A}^\mathrm{T}\boldsymbol{P}\boldsymbol{A}$は$m$次の対称行列であって，通常は正則である．したがって最確値は次のように観測値の線形関数として求められる．

$$\boldsymbol{z} = (\boldsymbol{A}^\mathrm{T} \boldsymbol{P} \boldsymbol{A})^{-1} \boldsymbol{A}^\mathrm{T} \boldsymbol{P} \boldsymbol{l} \qquad (2\cdot 95)$$

なお，式$(2\cdot 93)$は求められた残差$\boldsymbol{v} = \boldsymbol{l} - \boldsymbol{Az}$の検算に利用できる．検算式を要素ごとに書くと次のようになる．

$$\sum_{i=1}^{n} a_{ij} p_i v_i = 0, \quad j = 1, 2, \cdots, m \qquad (2\cdot 96)$$

(b) 最確値の精度

観測の精粗や最確値の信頼度などを知るためには，不偏分散を推定しなければならない．そのために，最確値 z の分散共分散行列を求めてみよう．式(2・95)より，最確値と観測値の線形関係を表す係数行列は

$$K = (A^{\mathrm{T}}PA)^{-1}A^{\mathrm{T}}P \qquad (2\cdot 97)$$

であるので，式(2・38)および(2・39)より最確値の分散共分散行列は次のように表される．

$$\left.\begin{array}{l}\Sigma_{zz} = Q_{zz}\sigma_0^2 \\ Q_{zz} = KP^{-1}K^{\mathrm{T}} = (A^{\mathrm{T}}PA)^{-1}\end{array}\right\} \qquad (2\cdot 98)$$

ここで，Q_{zz} は cofactor 行列，σ_0^2 は重み1の分散である．

付録Ⅱの式(Ⅱ・8)より，上記の σ_0^2 は，重み付き残差二乗和を自由度（独立な観測数 n − 未知数の個数 m）で除した量の期待値に等しい．

$$\sigma_0^2 = E\left[\frac{v^{\mathrm{T}}Pv}{n-m}\right] \qquad (2\cdot 99)$$

式(2・99)は，σ_0^2 の不偏分散が

$$\text{重み1の観測値の不偏分散：} \quad s_0^2 = \frac{v^{\mathrm{T}}Pv}{n-m} = \frac{1}{n-m}\sum_{i=1}^{n}p_iv_i^2 \quad (2\cdot 100)$$

で与えられることを意味している．また重み p_i の観測値の不偏分散は，式(2・25)より次のようになる．

$$\text{重み } p_i \text{ の観測値} l_i \text{の不偏分散：} \quad s_i^2 = s_0^2/p_i, \qquad i=1,2,\cdots,n \qquad (2\cdot 101)$$

式(2・98)の σ_0^2 を式(2・100)の不偏分散 s_0^2 で置き換えることにより，分散共分散行列の不偏推定値 S_{zz} が得られる．

$$S_{zz} = Q_{zz}s_0^2 \qquad (2\cdot 102)$$

cofactor 行列 Q_{zz} の対角要素を $q_{z_jz_j}$ と書くと，上式より最確値 z_j, $j=1,2,\cdots,m$ の不偏分散は次のようになる．

$$\text{最確値 } z_j \text{ の不偏分散：} \quad s_{z_j}^2 = q_{z_jz_j}s_0^2, \qquad j=1,2,\cdots,m \qquad (2\cdot 103)$$

ここで，最確値 z_j の不偏分散 $s_{z_j}^2$ は，式(2・97)の係数行列 K の要素 k_{ji} を用いて表すこともできる．式(2・95)より z_j は次のように表される．

$$z_j = k_{j1}l_1 + k_{j2}l_2 + \cdots + k_{jn}l_n, \qquad j=1,2,\cdots,m \qquad (2\cdot 104)$$

これらの式に誤差伝播の法則を適用すると，式(2・40)，(2・41)と同様に，最確値 z_j の不偏分散は次式で与えられる．

最確値 z_j の不偏分散： $\quad s_{z_j}^2=\sum_{i=1}^{n} k_{ji}^2 s_i^2 = s_0^2 \sum_{i=1}^{n} k_{ji}^2/p_i, \quad j=1,2,\cdots,m$

$(2\cdot105)$

間接観測の調整問題は正規方程式を解くことに帰着する．正規方程式は未知数に関する多元一次連立方程式であるから，一般的な解法は周知のとおりである．ただし式$(2\cdot94)$に示したように正規方程式の係数行列は対称行列であり，そのうえ対角線上の係数が他よりも大きい（[例$2\cdot11$]参照）．このような場合には計算が簡便になるように解法に特殊な工夫が行われている．

（2） 非線形関数の場合

式$(2\cdot86)$の関数 f が未知量に関して非線形であれば，次のように未知量に関する線形の式に直して近似化をはかる．

未知量の最確値 z_j の近似値を見出して $\tilde{z}_j$ とし，微小な補正 δz_j を導入して，

$$z_j = \tilde{z}_j + \delta z_j, \quad j=1,2,\cdots,m \qquad (2\cdot106)$$

と置く．ここで式$(2\cdot87)$のように n 個の観測が得られたとき，f_i を近似値のまわりに Taylor 展開して二次以上の微小項を省略すると，次のようになる．

$$f_i(\tilde{z}_1, \tilde{z}_2, \cdots, \tilde{z}_m) + \frac{\partial f_i}{\partial \tilde{z}_1}\delta z_1 + \frac{\partial f_i}{\partial \tilde{z}_2}\delta z_2 + \cdots + \frac{\partial f_i}{\partial \tilde{z}_m}\delta z_m = l_i, \quad i=1,2,\cdots,n$$

これを書き改めると，未知数 δz_j に関する線形の観測方程式となる．

$$a_{i1}\delta z_1 + a_{i2}\delta z_2 + \cdots + a_{im}\delta z_m = \bar{l}_i \qquad (2\cdot107)$$

ここに，

$$a_{ij} = \frac{\partial f_i}{\partial \tilde{z}_j}, \qquad \bar{l}_i = l_i - f_i(\tilde{z}_1, \tilde{z}_2, \cdots, \tilde{z}_m), \qquad i=1,2,\cdots,n$$

これは式$(2\cdot88)$と同じ形であるから，前述と同様の方法によって解けば δz_j の最確値が得られる．この最確値を式$(2\cdot106)$に代入すれば z_j の最確値が決定できる．ただし，$\tilde{z}_j$ 推定の近似度が悪ければ（δz_j が大きければ），一度得られた最確値を新しい近似値として同じことを繰り返さなければならない．

[例 $2\cdot10$] 比較基線場でインチ目盛の鋼製巻尺を検定したところ，標準状態で表 $2\cdot6$ の値であることがわかった．この巻尺を用いるとすれば，1 in を何 mm とすればよいか．

（解） 比較基線場の距離は正しいものとしてその距離を a mm，巻尺の読みを l in とし，各観測の誤差は等しいとする．未知量はただの1個である．

（ⅰ） 題意に従って 1 in を mm で表す数字の最確値を z で表すと，$a=zl$ という式が思い

表 2・6

比較基線場の距離 (mm)	インチ目盛巻尺の読み (in)
5,001.2	196.95
10,001.7	393.73
24,998.3	984.25
50,003.4	1,968.80

浮かぶ．しかしながら観測値は l であるから，式 (2・86) を参照して

観測方程式：$a_i/z=l_i$， 残差方程式：$v_i=l_i-a_i/z$

と書くべきである．残差方程式は未知数 z に関して非線形であるから，$z=\tilde{z}+\delta z$ と置いて δz の線形の式にすると次式となる．

$$v_i=\tilde{l}_i-A_i\delta z, \qquad \tilde{l}_i=l_i-a_i/\tilde{z}, \qquad A_i=-a_i/\tilde{z}^2$$

そこで，$\tilde{z}=25.4\,\text{mm/in}$ と置くと表 2・7 の数値となり，これらを用いて等精度観測と仮定して解くと次の結果が得られる．

$$\delta z=\sum A_i\tilde{l}_i/\sum A_i^2=-0.00191\,\text{mm/in}, \quad z=25.3981\,\text{mm/in}$$
$$s_0=\sqrt{\sum v_i^2/(4-1)}=\pm 0.046\,\text{in}, \quad s_z=s_0/\sqrt{\sum A_i^2}=\pm 5.2\times 10^{-4}\,\text{mm/in}$$

このように，z の近似値を用いれば有効数字の桁数の少ない数値を取り扱えばよいことがわかるだろう．

表 2・7

i	$A_i(\text{in}^2/\text{mm})$	$\tilde{l}_i(\text{in})$
1	-7.752	0.0524
2	-15.503	-0.0377
3	-38.747	0.0650
4	-77.505	0.1623

(ⅱ) $1/z=y$ と置くと，関数が $ay=l$ というように線形になる．$v_i=l_i-a_iy$ として最小二乗法を適用すると次の結果を得る．

$$y=\sum a_il_i/\sum a_i^2=0.039373\,\text{in/mm}$$
$$s_0=\pm 0.046\,\text{in}, \quad s_y=\pm 8.0\times 10^{-7}\,\text{in/mm}$$

(ⅰ) の結果と比較しよう．y は z の逆数になっている．s_0 は (ⅰ) と同じ値であるが，s_y は s_z の逆数ではなく奇妙な数値になっている．この理由は，y が in/mm という単位を与えられる以上は s_y も同じ単位で示されるからである．このように求めたい量を便宜的に変換して解くと誤った解釈をする恐れがある．

(ⅲ) $a=zl$ という関係を用い，残差を $v_i=zl_i-a_i$ と考えて最小二乗法を実行してみれば，次の結果を得る．

$$z=\sum a_il_i/\sum l_i^2=25.3981\,\text{mm/in}, \qquad s_0=\pm 1.2\,\text{mm} \qquad (\text{a})$$

$v_i=zl_i-a_i$ と指定した以上は，zl_i を観測値と考えたことになるから，s_0 は in で表現されない．

8. 独立間接観測の調整

また式(a)を用いて z の誤差を推定するときに，l_i を観測値と考えていないから s_z の算出に困ることになる．残差は必ず観測値に付随させなければならない．

観測方程式を $a=zl$ と書いた場合に，観測値 l_i の最確値は式 (2・62) より $x=l_i-v_i$ であるから，観測値の最確値を用いて $a=zx$ が成立するためには，

$$a_i = z(l_i - v_i) \tag{b}$$

とならなければならない．これが残差方程式である（式 (2・89) 参照）．これを書き直すと，$v_i = l_i - a_i/z$ というように（ⅰ）の場合と同じ残差方程式であることがわかる．観測値が非線形式の中に含まれるときにはこのような考え方をとればよい．

［例 2・11］ 約 6 m と約 4 m に切り揃えた 2 種の鉄筋群 A と B がある．全長 50 m で最小目盛 1 m の巻尺でこれらの 1 本の長さを測るために，鉄筋を長手方向に何本も並べて全長を測ることにした．次の値を得たときについて，A，B 各 1 本の長さを求めよ．

A 8 本の全長 47.5 m，B 12 本の全長 48.7 m，A 5 本と B 5 本の全長 49.9 m．

（解） A，B 各 1 本の長さの最確値を z_A，z_B とする．

観測方程式： $\left.\begin{array}{r} 8z_A = 47.5 \text{ m} \\ 12z_B = 48.7 \text{ m} \\ 5z_A + 5z_B = 49.9 \text{ m} \end{array}\right\}$ 正規方程式： $\left.\begin{array}{r} 89z_A + 25z_B = 629.5 \text{ m} \\ 25z_A + 169z_B = 833.9 \text{ m} \end{array}\right\}$

$z_A = 5.934$ m，$z_B = 4.057$ m；$v_1 = 0.032$ m，$v_2 = 0.021$ m，$v_3 = -0.052$ m；$s_0 = \pm 0.063$ m．s_{zA} および s_{zB} は省略．式 (2・96) が成立することを確かめよ．

（注1） 線形の場合でも近似値を用いて

$z_A = 6.0 \text{ m} + \delta z_A$，$z_B = 4.0 \text{ m} + \delta z_B$ とすると計算が容易になる（式 (2・68) 参照）．

（注2） 観測方程式の両辺に定数を乗じて，

$$\left.\begin{array}{r} z_A = 47.5/8 \\ z_B = 48.7/12 \\ z_A + z_B = 49.9/5 \end{array}\right\}$$

とすれば正しい解が得られない．理由は残差の大きさが変わるからである．

［例 2・12］ 図 2・5 のように，座標未知点 $P(x, y)$ より座標既知点 $P_i(x_i, y_i)$ への方向角の観測値を T_i としたときを考えると，座標と方向角との間に次の観測方程式が得られる．

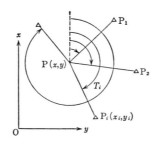

図 2・5 後方交会法

$$f = \tan^{-1}\left(\frac{y_i - y}{x_i - x}\right) = T_i \tag{a}$$

この関係式を $x,\ y$ に関して線形にしよう．$x = \tilde{x} + \delta x,\ y = \tilde{y} + \delta y$ と置くと，

$$\frac{\partial f}{\partial \tilde{x}} = \frac{y_i - \tilde{y}}{(x_i - \tilde{x})^2 + (y_i - \tilde{y})^2}, \qquad \frac{\partial f}{\partial \tilde{y}} = \frac{-(x_i - \tilde{x})}{(x_i - \tilde{x})^2 + (y_i - \tilde{y})^2}$$

であるから，

$$\tilde{S}_i^2 = (x_i - \tilde{x})^2 + (y_i - \tilde{y})^2, \qquad \tan^{-1}\left(\frac{y_i - \tilde{y}}{x_i - \tilde{x}}\right) = \tilde{T}_i$$

と置くと，

$$\frac{y_i - \tilde{y}}{\tilde{S}_i^2}\delta x - \frac{x_i - \tilde{x}}{\tilde{S}_i^2}\delta y = T_i - \tilde{T}_i \tag{b}$$

図 2・5 において，既知点の正しい座標および点 P より等精度で測った角は表 2・8 のとおりであったとして，未知点の座標の最確値を求めよ．

表 2・8

点	x(m)	y(m)	観測角
1	159.35	164.07	∠P$_1$PP$_2$ = 85°33′
2	16.21	191.03	∠P$_2$PP$_3$ = 92°46′
3	19.10	18.12	∠P$_3$PP$_4$ = 71°16′
4	140.20	20.04	

(解) いま ∠P$_i$PP$_j$ = θ_{ij} と置くと，$\theta_{ij} = T_j - T_i$ であるから，式(a)に対応して次の観測方程式が得られる．

$$\tan^{-1}\left(\frac{y_j - y}{x_j - x}\right) - \tan^{-1}\left(\frac{y_i - y}{x_i - x}\right) = T_j - T_i = \theta_{ij} \tag{c}$$

したがってこれを線形化したものは次の形となる．

$$\left(\frac{y_j - \tilde{y}}{\tilde{S}_j^2} - \frac{y_i - \tilde{y}}{\tilde{S}_i^2}\right)\delta x - \left(\frac{x_j - \tilde{x}}{\tilde{S}_j^2} - \frac{x_i - \tilde{x}}{\tilde{S}_i^2}\right)\delta y = (T_j - T_i) - (\tilde{T}_j - \tilde{T}_i) = \theta_{ij} - \tilde{\theta}_{ij} \tag{d}$$

θ_{ij} を観測値，v_{ij} を残差とし，3 つの観測値から最確値 $\delta x,\ \delta y$ を求める問題となる．$\tilde{x} = \tilde{y} = 100$ m と仮定し，式(d)に現れる数値を求めると表 2・9 のようになる．

したがって残差方程式を m および秒単位で表すと次のようになる．

$$v_{12} = 506\delta x - 2{,}734\delta y + 402, \qquad v_{23} = 2{,}501\delta x - 130\delta y + 181, \qquad v_{34} = 784\delta x + 2{,}295\delta y - 286$$

表 2・9

点	$x_i - \tilde{x}$	$y_i - \tilde{y}$	$\tilde{S}_i^2$	$(y_i - \tilde{y})/\tilde{S}_i^2$	$-(x_i - \tilde{x})/\tilde{S}_i^2$	$(y_i - \tilde{y})/\tilde{S}_i^{2*}$	$-(x_i - \tilde{x})/\tilde{S}_i^{2*}$	$\tilde{\theta}_{ij}$
1	59.35	64.07	7,627	$8{,}400 \times 10^{-6}$	$-7{,}781 \times 10^{-6}$	1.733	−1.605	85°26′18″
2	−83.79	91.03	15,307	5,947	5,474	1,227	1,129	92°42′59″
3	−80.90	−81.88	13,249	−6,180	6,106	−1,275	1,259	71°20′46″
4	40.20	−79.96	8,010	−9,983	−5,019	−2,059	−1,035	

* ラジアンを秒単位の数値に換算したものである．

9. 条件付き独立直接観測の調整（独立間接観測への変換）　　　　　　　　59

表 2・10

i	a_{f1}	a_{f2}	$\tilde{l}_i$	$a_{f1}a_{f1}$	$a_{f1}a_{f2}$	$a_{f1}\tilde{l}_i$	$a_{f2}a_{f2}$	$a_{f2}\tilde{l}_i$
1	-506	2,734	402	256×10^3	$-1,383\times 10^3$	-203×10^3	$7,475\times 10^3$	$1,099\times 10^3$
2	$-2,501$	130	181	6,255	-325	-453	17	24
3	-784	$-2,295$	-286	615	1,799	224	5,267	656
Σ				$7,126\times 10^3$	91×10^3	-432×10^3	$12,759\times 10^3$	$1,779\times 10^3$

表2・10のように計算して正規方程式を作る．
正規方程式：　$7,126\times 10^3 \delta x + 91\times 10^3 \delta y + 432\times 10^3 = 0$
　　　　　　　$91\times 10^3 \delta x + 12,759\times 10^3 \delta y - 1,779\times 10^3 = 0$

これを解いて，$\delta x = -0.062$，$\delta y = 0.140$ を得る．ゆえに $x = 100 - 0.062 = 99.938$ m，$y = 100 + 0.140 = 100.140$ m を得る．ただし，δx および δy はかなり大きな値となったので，得られた x および y の値を新しい近似値として，さらにもう一度計算を進めることを考えてみるのがよい．s_0 などは省略．

9. 条件付き独立直接観測の調整（独立間接観測への変換）

n 個の未知量 X_i，$i = 1, 2, \cdots, n$ を独立に観測し，それぞれについて重み p_i の観測値 l_i を得たとする．X_i の最確値を x_i とすると，次のような形の式が得られることになる．

$$\text{観測方程式：} x_i = l_i \quad (\text{重み } p_i, \ i = 1, 2, \cdots, n) \tag{2・108}$$

$$\text{残差方程式：} v_i = l_i - x_i \quad (\text{重み } p_i, \ i = 1, 2, \cdots, n) \tag{2・109}$$

このとき最確値の間に次のような r 個（$r < n$）の線形の関係式が成立すべきものとする

$$\left.\begin{array}{l} b_{10} + b_{11}x_1 + b_{12}x_2 + \cdots + b_{1n}x_n = 0 \\ b_{20} + b_{21}x_1 + b_{22}x_2 + \cdots + b_{2n}x_n = 0 \\ \cdots\cdots\cdots\cdots \\ b_{r0} + b_{r1}x_1 + b_{r2}x_2 + \cdots + b_{rn}x_n = 0 \end{array}\right\} \tag{2・110}$$

式(2・110)から r 個の最確値（未知数）を他の $(n-r)$ 個の未知数で表し，それを式(2・108)に代入して未知数の個数を減じてみよう．たとえば，

$$x_1 = \beta_{10} + \beta_{1,r+1}x_{r+1} + \beta_{1,r+2}x_{r+2} + \cdots + \beta_{1,n}x_n \tag{2・111}$$

という形に表せる．このような形で得られる $x_1 \sim x_r$ を式(2・108)に代入すると，式(2・108)は次のようになる．

$$\left.\begin{array}{l}\beta_{10}+\beta_{1,r+1}x_{r+1}+\beta_{1,r+2}x_{r+2}+\cdots+\beta_{1,n}x_n=l_1\\ \beta_{20}+\beta_{2,r+1}x_{r+1}+\beta_{2,r+2}x_{r+2}+\cdots+\beta_{2,n}x_n=l_2\\ \cdots\cdots\cdots\cdots\\ \beta_{r0}+\beta_{r,r+1}x_{r+1}+\beta_{r,r+2}x_{r+2}+\cdots+\beta_{r,n}x_n=l_r\\ x_{r+1}=l_{r+1}\\ \cdots\cdots\cdots\cdots\\ x_n=l_n\end{array}\right\} \quad (2\cdot112)$$

式 $(2\cdot112)$ によれば,未知数が $x_{r+1}, x_{r+2}, \cdots, x_n$ という $(n-r)$ 個で,観測方程式が n 個の独立間接観測に帰着した.

ゆえに前節に示した方法によって正規方程式を作り,それを解いて $(n-r)$ 個の最確値 $x_i, i=r+1, r+2, \cdots, n$ をまず決定し,これらを式 $(2\cdot111)$ の形のものに代入すれば,残る r 個の最確値が求められる.

以上の考え方は非常に簡単であって,条件式が式 $(2\cdot110)$ のような形でなくて非線形の場合でも成立する.しかしながら実際の計算は面倒なことが多いので,式 $(2\cdot110)$ から式 $(2\cdot111)$ の形に表す計算が簡単なとき,および $(n-r)$ が小さい数であって式 $(2\cdot112)$ が未知数の個数が少ない観測方程式になるような場合に利用されるにすぎない.

条件付き独立観測と独立間接観測とは互いに密接な関係があるから,第 4 章 8 節などに示すように,同じ観測を行っても未知数の考え方を変えることによってどちらの観測と考えることもできる.

10. 条件付き独立直接観測の調整（未定乗数法）

(1) 条件式が線形のとき

(a) 最 確 値

前節の残差方程式 $(2\cdot109)$ と条件式 $(2\cdot110)$ をベクトルと行列を用いて書き直すと次のようになる.

$$\text{残差方程式:} \quad \boldsymbol{v}=\boldsymbol{l}-\boldsymbol{x} \quad (\text{重み}:\boldsymbol{P}) \quad (2\cdot113)$$

$$\text{条件方程式:} \quad \boldsymbol{b}_0+\boldsymbol{B}\boldsymbol{x}=\boldsymbol{o} \quad (2\cdot114)$$

ここに,$\boldsymbol{v}, \boldsymbol{l}, \boldsymbol{x}$ はそれぞれ $x_i, l_i, v_i, i=1,2,\cdots,n$ を要素とする n 項列ベクトル,$\boldsymbol{P}$ は式 $(2\cdot91)$ の場合と同じく $p_i, i=1,2,\cdots,n$ を対角要素とする n 次対角行列,$\boldsymbol{b}_0$,

10. 条件付き独立直接観測の調整（未定乗数法）

o, B はそれぞれ r 項列ベクトル，零ベクトル，(r, n) 型の行列である．

$$\boldsymbol{b}_0 = \begin{pmatrix} b_{10} \\ b_{20} \\ \vdots \\ b_{r0} \end{pmatrix}, \qquad \boldsymbol{B} = \begin{pmatrix} b_{11} & b_{12} & \cdots & \cdots & b_{1n} \\ b_{21} & b_{22} & \cdots & \cdots & b_{2n} \\ \vdots & \vdots & & & \vdots \\ b_{r1} & b_{r2} & \cdots & \cdots & b_{rn} \end{pmatrix} \qquad (2 \cdot 115)$$

式(2・114) の $\boldsymbol{x}$ に式(2・113) を代入すると，残差に関して成立すべき条件式として次式が得られる．

$$\boldsymbol{b}_0 + \boldsymbol{B}(\boldsymbol{l} - \boldsymbol{v}) = \boldsymbol{o} \qquad (2 \cdot 116)$$

これを書き直すと，

$$\left. \begin{aligned} \boldsymbol{B}\boldsymbol{v} + \boldsymbol{w} &= \boldsymbol{o} \\ \boldsymbol{w} &= -(\boldsymbol{b}_0 + \boldsymbol{B}\boldsymbol{l}) \end{aligned} \right\} \qquad (2 \cdot 117)$$

ここに，$\boldsymbol{w}$ は条件式に観測値を代入したときのくい違いの大きさであって，閉合差といわれる．

このときの最小二乗法は，式(2・117) の条件のもとで重み付き残差二乗和 $\sum p_i v_i^2 = \boldsymbol{v}^\mathrm{T} \boldsymbol{P} \boldsymbol{v}$ を最小とする問題となるから，Lagrange の未定乗数 $\lambda_k, k=1, 2, \cdots, r$ を要素とする r 項列ベクトル $\boldsymbol{\lambda}$ を用いて，

$$f = \boldsymbol{v}^\mathrm{T} \boldsymbol{P} \boldsymbol{v} - 2\boldsymbol{\lambda}^\mathrm{T}(\boldsymbol{B}\boldsymbol{v} + \boldsymbol{w}) \;\Rightarrow\; \text{最小} \qquad (2 \cdot 118)$$

とするような $\boldsymbol{v}$ を求めればよい．

式(2・118) を $\boldsymbol{v}$ で偏微分したものを $\boldsymbol{o}$ と置くことにより，次の式が得られる．（ベクトルによる偏微分については付録 I を参照せよ．）

$$\frac{\partial f}{\partial \boldsymbol{v}} = 2(\boldsymbol{P}\boldsymbol{v} - \boldsymbol{B}^\mathrm{T} \boldsymbol{\lambda}) = \boldsymbol{o} \qquad (2 \cdot 119)$$

式(2・119) を $\boldsymbol{v}$ について解くと次のようになる．

$$\boldsymbol{v} = \boldsymbol{P}^{-1} \boldsymbol{B}^\mathrm{T} \boldsymbol{\lambda} \qquad (2 \cdot 120)$$

次に，式(2・120) を式(2・117) に代入すると，

$$(\boldsymbol{B} \boldsymbol{P}^{-1} \boldsymbol{B}^\mathrm{T}) \boldsymbol{\lambda} + \boldsymbol{w} = \boldsymbol{o} \qquad (2 \cdot 121)$$

となる．これも正規方程式といわれるものであり，$\boldsymbol{\lambda} = (\lambda_1, \lambda_2, \cdots, \lambda_r)^\mathrm{T}$ に関する r 元一次連立方程式であって，$\boldsymbol{\lambda}$ の係数行列 $\boldsymbol{B} \boldsymbol{P}^{-1} \boldsymbol{B}^\mathrm{T}$ は対称行列である．通常この係数行列は正則であるから，$\boldsymbol{\lambda}$ は次のように求められる．

$$\boldsymbol{\lambda} = -(\boldsymbol{B} \boldsymbol{P}^{-1} \boldsymbol{B}^\mathrm{T})^{-1} \boldsymbol{w} \qquad (2 \cdot 122)$$

式(2・122) を式(2・120) に代入すれば，$\boldsymbol{v}$ が求まる．

$$v = -P^{-1}B^{\mathrm{T}}(BP^{-1}B^{\mathrm{T}})^{-1}w \qquad (2\cdot123)$$

最確値 x は上式と式 $(2\cdot113)$ より次のように決定できる．

$$x = l - v = l + P^{-1}B^{\mathrm{T}}(BP^{-1}B^{\mathrm{T}})^{-1}w \qquad (2\cdot124)$$

（b） 最確値の精度

最確値 $x = (x_1, x_2, \cdots, x_n)^{\mathrm{T}}$ の精度はその分散共分散行列の対角成分で表されるので，分散共分散行列を求める．式 $(2\cdot117)$ と $(2\cdot124)$ より，最確値 x は観測値 l の線形関数として次のように書ける．

$$x = k_0 + Kl \qquad (2\cdot125)$$

ここで，定数項ベクトル k_0 と係数行列 K は次のように表される．

$$\left.\begin{array}{l} k_0 = -P^{-1}B^{\mathrm{T}}(BP^{-1}B^{\mathrm{T}})^{-1}b_0 \\ K = (I_n - P^{-1}B^{\mathrm{T}}(BP^{-1}B^{\mathrm{T}})^{-1}B) \end{array}\right\} \qquad (2\cdot126)$$

ただし，I_n は n 次単位行列である．このような線形関数が成り立つとき，$(2\cdot38)$ と $(2\cdot39)$ により分散共分散行列が次のように求められる．

$$\left.\begin{array}{l} \Sigma_{xx} = Q_{xx}\sigma_0^2 \\ Q_{xx} = KP^{-1}K^{\mathrm{T}} = P^{-1} - P^{-1}B^{\mathrm{T}}(BP^{-1}B^{\mathrm{T}})^{-1}BP^{-1} \end{array}\right\} \qquad (2\cdot127)$$

ここに，Q_{xx} は cofactor 行列，σ_0^2 は重み1の分散である．

また付録IIの式 $(\mathrm{II}\cdot15)$ より，σ_0^2 は，次式のように重み付き残差二乗和を「条件の数 r」で除した量の期待値に等しい．

$$\sigma_0^2 = E\left[\frac{v^{\mathrm{T}}Pv}{r}\right] \qquad (2\cdot128)$$

条件付き直接観測の場合，残差の自由度は「条件の数 r」に等しいといえる．前節で述べたように間接観測に変換して考えると，独立な観測の数は未知数の個数 n に等しく，独立な未知数の個数は $(n-r)$ に等しいから，この場合の残差の自由度は $n - (n-r) = r$ となって，直接に自由度を導いた結果と一致する．

式 $(2\cdot128)$ 式は，σ_0^2 の不偏分散が

$$\text{重み1の観測値の不偏分散：} \quad s_0^2 = \frac{v^{\mathrm{T}}Pv}{r} = \frac{1}{r}\sum_{i=1}^{n} p_i v_i^2 \qquad (2\cdot129)$$

で与えられることを示している．上式に式 $(2\cdot123)$ を代入することにより，s_0^2 は次のように表すこともできる．

$$s_0^2 = \frac{1}{r} w^{\mathrm{T}} (BP^{-1}B^{\mathrm{T}})^{-1} w \qquad (2\cdot130)$$

また，重み p_i の観測値 l_i の不偏分散は，式(2・25)より次のようになる．

$$\text{重み } p_i \text{ の観測値 } l_i \text{ の不偏分散}: \quad s_i^2 = s_0^2/p_i, \quad i=1,2,\cdots,n \quad (2\cdot131)$$

式(2・127)の σ_0^2 を式(2・129)の s_0^2 で置き換えることにより，分散共分散行列の不偏推定値 $\boldsymbol{S}_{xx}$ が得られる．

$$\boldsymbol{S}_{xx} = \boldsymbol{Q}_{xx} s_0^2 \quad (2\cdot132)$$

cofactor 行列 $\boldsymbol{Q}_{xx}$ の対角要素を q_{xixi} と書くと，最確値 $x_i,\ i=1,2,\cdots,n$ の不偏分散は次式で与えられる．

$$\text{最確値 } x_i \text{ の不偏分散}: \quad s_{xi}^2 = q_{xixi} s_0^2, \quad i=1,2,\cdots,n \quad (2\cdot133)$$

間接観測の場合と同様に，最確値 x_i の不偏分散 s_{xi}^2 を，係数行列 $\boldsymbol{K}$ の要素 k_{ij} を用いて表してみる．式(2・125)より x_i は次のように書ける．

$$x_i = k_{i0} + k_{i1}l_1 + k_{i2}l_2 + \cdots + k_{in}l_n, \quad i=1,2,\cdots,n \quad (2\cdot134)$$

これらの式に誤差伝播の法則を適用すると，式(2・40),(2・41)より，最確値 x_i の不偏分散は次のように表される．

$$\text{最確値 } x_i \text{ の不偏分散}: \quad s_{xi}^2 = \sum_{j=1}^{n} k_{ij}^2 s_j^2 = s_0^2 \sum_{j=1}^{n} k_{ij}^2/p_j, \quad i=1,2,\cdots,n \quad (2\cdot135)$$

正規方程式(2・121)は条件式と同じ個数の連立方程式であるから，条件式数が多くなると解くのが面倒となるので，解法に関する工夫が行われている．また残差二乗和の計算を簡便に行う方法も見出されている．

(2) 条件式が非線形のとき

条件式が非線形の一般的な関数によって表される場合を考える．いま条件式の1つが

$$\varphi(x_1, x_2, \cdots, x_n) = 0 \quad (2\cdot136)$$

という形であるとする．最確値 $x_i,\ i=1,2,\cdots,n$ を観測値 l_i と残差 v_i を用いて

$$x_i = l_i - v_i \quad (2\cdot137)$$

と表し，条件式 $\varphi(l_1-v_1, l_2-v_2, \cdots, l_n-v_n)$ を l_i のまわりに Taylor 展開すると式(2・136)は次のようになる．

$$\frac{\partial \varphi}{\partial l_1} v_1 + \frac{\partial \varphi}{\partial l_2} v_2 + \cdots + \frac{\partial \varphi}{\partial l_n} v_n - \varphi(l_1, l_2, \cdots, l_n) = 0 \quad (2\cdot138)$$

上式は式(2・117)と同じく v_i に関する線形の式であるから，これを式(2・136)の代わりに用いることができる．

ただし，式(2・138)においては，
$$w = -\varphi(l_1, l_2, \cdots, l_n)$$
という形であって，式(2・117)のように w が l_i に関して線形でないから，最確値を式(2・134)の形で表して，誤差伝播の法則を用いて最確値の誤差を算出するために，
$$l_i = \tilde{l}_i + \delta l_i \tag{2・139}$$
と置いて，w を δl_i に関する線形の式に直してみよう．そうすると条件式の1つは次のようになる．

$$\left.\begin{array}{l} \dfrac{\partial \varphi}{\partial l_1} v_1 + \dfrac{\partial \varphi}{\partial l_2} v_2 + \cdots + \dfrac{\partial \varphi}{\partial l_n} v_n + w = 0 \\ w = -\varphi(\tilde{l}_1, \tilde{l}_2, \cdots, \tilde{l}_n) - (b_1 \delta l_1 + b_2 \delta l_2 + \cdots + b_n \delta l_n) \\ b_i = \dfrac{\partial \varphi}{\partial \tilde{l}_i}, \quad (i=1, 2, \cdots, n) \end{array}\right\} \tag{2・140}$$

ただし，数値計算するときには，$\tilde{l}_i = l_i$ とし，δl_i の誤差は l_i の誤差と同じとすればよい．そうすれば w の式中の δl_i に掛かる係数は，式(2・117)と同様に v_i に掛かる係数と同じであるから，わざわざ式(2・140)の形の式を書く必要はない．

[**例 2・13**] n 個の未知量 X_i, $i=1, 2, \cdots, n$ の間に
$$\sum_{i=1}^{n} X_i - C = 0 \quad (\text{C は定数}) \tag{a}$$
という関係式が成立するとき，X_i をそれぞれ重み p_i で独立に観測して l_i を得たとする．このとき X_i の最確値とその標準偏差を求めてみよう．

(解) X_i の最確値を x_i で表し，残差を v_i とすると，$x_i = l_i - v_i$ であるから，条件式は次のようになる．

$$\sum_{i=1}^{n} v_i + w = 0, \qquad w = C - \sum_{i=1}^{n} l_i \quad (\text{閉合差}) \tag{b}$$

未定乗数 λ を導入して，式(2・118)の条件より次式を得る．

$$\left.\begin{array}{l} p_i v_i - \lambda = 0, \quad i=1, 2, \cdots, n \\ \therefore \quad v_i = \lambda / p_i \end{array}\right\} \tag{c}$$

これを式(b)に代入すると，
$$\lambda = -w \Big/ \sum_{i=1}^{n} 1/p_i \tag{d}$$
これが正規方程式の解であって，これを式(c)に代入すると，
$$v_i = -w \Big/ \Big(p_i \sum_{i=1}^{n} 1/p_i\Big) \tag{e}$$
$$\therefore \quad x_i = l_i + w \Big/ \Big(p_i \sum_{i=1}^{n} 1/p_i\Big) \tag{f}$$

10. 条件付き独立直接観測の調整（未定乗数法）

次に不偏分散を計算する．式(2・129) と (e) より

元の重み1の観測値の不偏分散： $s_0^2 = \dfrac{\sum_{i=1}^{n} p_i v_i^2}{1} = \dfrac{w^2}{\sum_{i=1}^{n} 1/p_i}$ \hfill (g)

最確値の不偏分散を算出するために，最確値を観測値で表そう．式 (f) および (b) より，

$$x_i = l_i + \dfrac{C - \sum_i l_i}{p_i \sum_i 1/p_i} = \dfrac{1}{p_i \sum_i 1/p_i}\left\{\left(p_i \sum_i 1/p_i - 1\right)l_i - \sum_{j \neq i} l_j + C\right\} \tag{h}$$

上式に誤差伝播の法則を適用すると，

$$s_{xi}^2 = s_0^2 \left\{\left(p_i \sum_i \dfrac{1}{p_i} - 1\right)^2 \dfrac{1}{p_i} + \sum_{j \neq i} \dfrac{1}{p_j}\right\} \Big/ \left(p_i \sum_i \dfrac{1}{p_i}\right)^2 \tag{i}$$

上式の { } の中は次のようになる．

$$\left(p_i \sum_i \dfrac{1}{p_i} - 1\right)^2 \dfrac{1}{p_i} + \sum_{j \neq i} \dfrac{1}{p_j} = p_i \left(\sum_i \dfrac{1}{p_i}\right)^2 - \sum_i \dfrac{1}{p_i} = p_i \sum_i \dfrac{1}{p_i}\left(\sum_i \dfrac{1}{p_i} - \dfrac{1}{p_i}\right)$$

ゆえに，

$$s_{xi}^2 = s_0^2 \left(\sum_i \dfrac{1}{p_i} - \dfrac{1}{p_i}\right) \Big/ \left(p_i \sum_i \dfrac{1}{p_i}\right) = s_0^2 \dfrac{1}{p_i}\left\{1 - 1 \Big/ \left(p_i \sum_i \dfrac{1}{p_i}\right)\right\} \tag{j}$$

以上の結果は，式(f) によれば閉合差を観測値の重みに反比例して（分散に比例して）分配すれば最確値の得られることを示しており，式(j) によれば最確値の誤差は観測値の誤差より小さくなることを示している．

もし同一精度の観測であれば，以下に示すように，最確値を求めるための補正には閉合差を均等に配分することになる．

$$v_i = -w/n \tag{k}$$
$$x_i = l_i + w/n \tag{l}$$
$$s_0^2 = w^2/n \tag{m}$$
$$s_{xi}^2 = s_0^2(1 - 1/n) \tag{n}$$

［例 2・14］ 図 2・6 のように点 O のまわりの 4 つの角を等精度で測ったとする．成立する条件を記し，次に最小二乗法により各角の最確値とその標準偏差を求めよ．

（解） 観測値を l_i，最確値を α_i，残差を v_i，$i = 1, 2, 3, 4$ で表す．

条件式：

$$\left. \begin{array}{l} \alpha_1 + \alpha_2 - \alpha_3 = 0 \\ \alpha_3 + \alpha_4 - 360° = 0 \end{array} \right\}$$

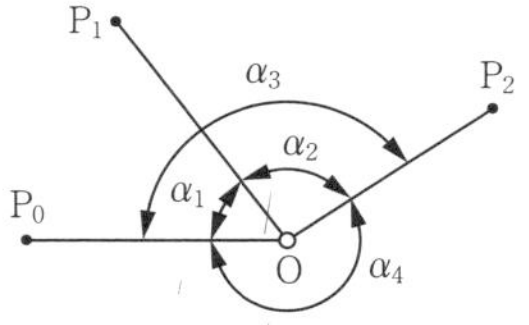

図 2・6 角の観測と条件の成立

残差で表した条件式：
$$v_1+v_2-v_3+w_1=0, \quad w_1=-(l_1+l_2-l_3)$$
$$v_3+v_4+w_2=0, \quad w_2=360°-(l_3+l_4) \quad \text{(a)}$$

未定乗数 λ_1, λ_2 を導入して，式 $(2\cdot118)$ を満足させる λ_1, λ_2 を求めると，
$$v_1=\lambda_1, \quad v_2=\lambda_1, \quad v_3=-\lambda_1+\lambda_2, \quad v_4=\lambda_2 \quad \text{(b)}$$

これらを式(a)に代入すると以下のように順次解いていくことができる．

正規方程式：
$$3\lambda_1-\lambda_2+w_1=0$$
$$-\lambda_1+2\lambda_2+w_2=0$$

解：
$$\lambda_1=(1/5)(-2w_1-w_2)$$
$$\lambda_2=(1/5)(-w_1-3w_2)$$

残差：
$$v_1=(1/5)(-2w_1-w_2)$$
$$v_2=(1/5)(-2w_1-w_2)$$
$$v_3=(1/5)(w_1-2w_2)$$
$$v_4=(1/5)(-w_1-3w_2)$$

最確値：
$$\alpha_1=(1/5)(3l_1-2l_2+l_3-l_4+360°)$$
$$\alpha_2=(1/5)(-2l_1+3l_2+l_3-l_4+360°)$$
$$\alpha_3=(1/5)(l_1+l_2+2l_3-2l_4+2\times360°)$$
$$\alpha_4=(1/5)(-l_1-l_2-2l_3+2l_4+3\times360°)$$

（最確値を求めるには，残差が w_1, w_2 で表されているから，これらに式(a)を代入すればよい．たとえば，$\alpha_1=l_1-v_1=l_1-(2/5)(l_1+l_2-l_3)+(1/5)\{360°-(l_3+l_4)\}$ というように計算できる．）

$$\sum v^2=(1/5)(2w_1^2+2w_1w_2+3w_2^2), \quad s_0^2=\sum v^2/2$$
$$s_{\alpha1}^2=s_{\alpha2}^2=(3/5)s_0^2, \quad s_{\alpha3}^2=s_{\alpha4}^2=(2/5)s_0^2$$

問　題

（1）科学的現象の観測値，社会的現象の観測値，およびそれらの統計数値との間の類似点および相違点について考えよ．

（2）いままで行ってきた各種観測例について，系統誤差および偶然誤差の原因をできるだけ詳しく考えてみよ．

（3）観測結果を数値として得るときに，有効数字幾桁目からばらつくかを多くの例について調べよ．また観測値が正規分布をするか，棄却すべき値が存在するかについても検討せよ．

（4）図 $2\cdot3$ の三角形の2辺 a, b と夾角 C のみを測った結果は表 $A2\cdot1$ のとおりである．辺 c および面積 F の最確値を求め，かつそれぞれの誤差を推定せよ．

（5）30 m の鋼製巻尺を用いて約 30 m の距離を測量するとき，偶然誤差は ±3.0 mm，系

表 $A2\cdot1$

a(m)	b(m)	C
24.981	16.002	60° 00′ 10″
.984	.006	25″
.985	.007	29″
.986	.009	30″
.989	.011	36″

統誤差は 1.5 mm であるとする. 距離 30～600 m を測量するときについて, それぞれの誤差ならびに相対誤差の様子を図示して検討せよ.

(6) 2点間の高低差を測って次の値を得た. この観測法によって最確値の標準偏差を ±10 m 以内とするためには, 何回観測したものの平均をとればよいか.

　　541, 563, 539, 594, 580, 571, 528, 548 （単位：m）.

(7) 正規分布の仮定のもとで, 1%以下の確率で出現する観測値を除くとすると棄却限界は σ の何倍くらいに相当するか.

(8) 全長を3区間に分けて観測し, 各区間ごとに次の値を得た. 全長の最確値とその標準偏差を求めよ. $l_1 = 63.5264$ m ± 0.0044 m, $l_2 = 54.3213$ m ± 0.0050 m, $l_3 = 32.1362$ m ± 0.0038 m.

(9) A, B両者が同じ方法で同一の角を測定して表 A2・2 の値を得た. この角の最確値と最確値の標準偏差を求めよ.

表 A2・2

A	B
5° 10′ 20″	5° 10′ 30″
30″	00″
10″	40″
30″	40″
10″	50″
	00″
	30″

(10) ある決められた方法でコンクリート円柱供試体の高さと直径を観測して, それぞれ $h = 300.1$ mm ± 0.3 mm, $d = 150.1$ mm ± 0.2 mm という値を得た. この円柱の体積とその標準偏差を計算せよ. また円柱体積の標準偏差を ±10 cm^3 以内にしたい場合に, 上記と同じ観測法を採用するときには何回の観測の平均を採用すればよいか.

(11) 球の体積および表面積を求めるのに, 直径の観測値にその1%の偶然誤差または系統誤差があれば, 体積にどのくらいの誤差を生ずるか.

(12) 2つの変数 x と y との間に $y = ax$ （a は定数）という関係の成立することがわかっているとする. x の変化に応ずる y の値を等精度で観測して多数の観測値 x_i, y_i, $i = 1, 2, \cdots, n$ を得たとする. x_i の観測値には誤差がないものと仮定して, 最小二乗法により係数 a を求める式を誘導せよ. この結果より, 係数 a を算出するのに, まず $a_i = y_i/x_i$ を求めて a_i の算術平均をもって a の最確値としてもよいかどうか, またそれでよい場合があるとすればどのような場合かを考えよ.

(13) ［例 2・14］は, 2つの未知量, たとえば α_1 と α_2 が定まれば他の α_3 と α_4 が定まるから, 未知量は α_1 と α_2 のみであると考えてもよい. そうすれば, たとえば α_3 を測ったということは $\alpha_1 + \alpha_2$ を測ったことに相当するから, 次のような観測方程式に基づく間接測定と考えてもよい. このように考えて各角の最確値を求めよ.

観測方程式： $\alpha_1 = l_1$
$\alpha_2 = l_2$
$\alpha_1 + \alpha_2 = l_3$
$\alpha_1 + \alpha_2 = -l_4 + 360°$

(14) 金属製物差しの熱膨張係数の測定実験を行い，表 A2・3 の結果を得たとする．温度の観測値には誤差がないと仮定して，0℃における物差しの長さおよび熱膨張係数の最確値とそれらの標準偏差を求めよ．

表 A2・3

温度(℃)	10	20	30	40	50
長さ(mm)	1,000.22	1,000.33	1,000.55	1,000.76	1,00087

(15) 図 2・5 において点 P のまわりに 4 点 $P_1 \sim P_4$ があるとき，相隣る方向線のなす角を観測して次の値を得たとする．各角の最確値および標準偏差を計算せよ．$\theta_{12} = 65°11'52'' \pm 4''$，$\theta_{23} = 66°24'15'' \pm 4''$，$\theta_{34} = 87°2'24'' \pm 1''$，$\theta_{41} = 141°21'21'' \pm 1''$．

(16) ［例 2・14］において，α_1, α_2 および α_3 の 3 つの角のみを測ったとする．各角の最確値とその標準偏差を求める式を導け．

(17) 図 2・5 において既知点の座標は表 A2・4 で与えられており，未知点と既知点との間の距離 S を等精度で観測して同表の値を得たとする．たとえば，2 点 P, P_1 間の距離は $S_1 = \sqrt{(x-x_1)^2 + (y-y_1)^2}$ で表されることを用い，この式を点 P の座標の近似値が $\bar{x} = 252.6$ m，$\bar{y} = 120.0$ m であると仮定して線形に直し，点 P の座標の最確値とその標準偏差を求めよ．

表 A2・4

点	x(m)	y(m)	S(m)
1	275.81	24.54	98.24
2	339.95	78.87	96.49
3	230.13	214.28	96.95
4	159.76	148.35	97.07

(18) コンクリートの断熱温度上昇は $\theta = \theta_0\{1 - \exp(-mt)\}$ で表されるとする．材齢 $t = 2, 4, 7, 14$ [day] において θ を観測して $\theta = 21.0, 27.4, 29.3, 29.8$ [℃] を得たとき，θ_0 および m を求めよ．ただし t の観測値に誤差はなく，θ の観測の重みは等しいとする．

第3章　距離測量の器械と測量方法

　距離を測るということは，測量における最も基本的な事項の1つである．本章では距離測量に用いられる代表的な器械・器具とそれらの使用法を説明し，誤差の程度を考察するとともに，距離測量を主体として平面図作成のための測量を行う方法を解説する．目的に応じて略測から精密測量に至るまで，諸種の器械と方法が使い分けられる．距離測量は簡単なように見えるが，野外で精密測量を行うのは非常に難しいものであるから，事前の準備を怠ることなく，観測条件の良い時を選ばなければ，正確な観測値が得られない．また，観測値から定義どおりの距離を算出するためには，慎重な準備と専門的知識が必要である．

1.　概　　説

(1)　距離の定義

　測量において2点間の距離は，準拠楕円体面上における投影点間の最短距離と定義される．実際の測量では図3・1に示す斜距離 $\overline{AB}$ の観測されることが多いから，観測値を距離に換算しなければならない．この場合に対象とする距離の長さおよび所要

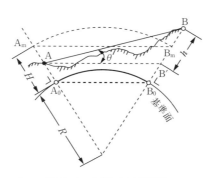

図 3・1　地表における距離

の正確さに応じて，以下のように距離を定義してもよい（図 3・1 参照）．

1. 準拠楕円体面上での対応点間の最短距離［測地線の長さ］（$\overparen{A_0B_0}$）．
2. 基準面が半径 6,370 km の球面であると考え，この球面上での対応点間の最短距離［大円の弧長］（ほぼ $\overparen{A_0B_0}$）．
3. 斜距離に本章 3 節で示すような傾斜補正と標高補正（場合によっては曲率補正も）を施した値（ほぼ $\overparen{A_0B_0}$）．
4. 地図上で測った長さ（ほぼ $\overparen{A_0B_0}$）．
5. 平均標高で水平に測った長さ（ほぼ $\overline{A_mB_m}$）．

（2） 距離測量の分類と精度

（a） 分　類

距離測量には各種の機器が利用でき，大別すると次のようである．

1. 直接距離測量：直接に距離を観測する方法であって，使用機器としては巻尺，光波測距儀などがある．
2. 間接距離測量：求めたい距離を直接に観測するのではなく，他の距離や角を測って幾何学的な関係により所要の距離を算出する方法である．測量方法としては，スタジア測量，三角測量，GNSS 測量（第 8 章参照）などがある．

（b） 許容精度と器械の性能

距離測量の許容精度（相対誤差）は土地の状態・目的などによって異なるが，地形と土地利用状態によって区別すると概略は次のようである．現実に行う測量では，それぞれの目的に応じて作業規定が定められているから，それに従うべきである．

　　　　　　　　　山地，森林　　　　 1/500～1/1,000
　　　　　　　　　平坦地，農耕地　　 1/2,500～1/5,000
　　　　　　　　　市街地　　　　　　 1/10,000～1/50,000

これに対して使用機器および測量方法によって期待できる精度がおおよそわかっている．要するに許容精度と期待できる精度とを知って，地形・測定距離・日数・人員などを考慮して最適の測量方法を選択しなければならない．表 3・1 はこれらの要点をまとめたものである．

（c） 器械の誤差と比較基線場

使用する器械によっては，性能についての規格が定められている．日本工業規格（JIS, Japanese Industrial Standard）では，巻尺の目盛誤差について表 3・2 のように定めている．ただし，測量に使用するときには許容誤差が大きすぎることと，検定条

2. 巻　尺

表 3・1　距離測量の方法と精度

	方　　法	期待できる精度（相対精度）	注
直接距離測量	歩　　　　　測	1/100～1/200	
	光　学　距　離　計	1/100～1/500	誤差はほぼ距離の二乗に比例
	繊　維　製　巻　尺	1/1,000～1/3,000	精密に測量すれば 1/10,000
	鋼　　製　　巻　　尺	1/5,000～1/30,000	精密に測量すれば 1/100,000
	インバール製巻尺	1/100,000～1/1,000,000	
	光　波　測　距　儀	$(1\sim5)\,\text{mm}/L+(1\sim5)\times10^{-6}$	L は観測距離
間接距離測量	ス タ ジ ア 測 量	1/200～1/1,000	
	三　　角　　測　　量	1/2,000～1/100,000	
	GNSS 測量（干渉測位）	$(5\sim20)\,\text{mm}/L+(1\sim2)\times10^{-6}$	水平方向の誤差

件が使用条件と異なる場合があることから，精密測量を行うときには巻尺を検定しなければならない．

　光波測距儀については JIS B 7912-4（2016）において性能測定方法を定め，国土地理院では公共測量に使用するための器械の最低性能を定めている．

　検定には国土地理院が各地方に設けている比較基線場を利用すればよい．比較基線場には鋼巻尺用のものと光波測距儀用のものとがある．いずれも，堅固な地盤上に正確な距離のわかっている標識が設けられている．

2. 巻　尺

　距離測量のための度器としては古くから各種の巻尺が用いられている．これらには簡便性を主としたものから極めて精密な測定のできるものまである．

（1）　繊維製巻尺

　ガラス繊維を長手方向に用いて，これに合成樹脂加工して幅 12～16 mm の帯状とし，表面に 2～5 mm 間隔の目盛を印刷したものが主である．携帯に便利なように円形に巻き込まれていて，軽くて取り扱いやすく，そのうえ湿度差による伸縮が比較的小さいので略測に重宝されている．長さ 20～50 m のものがよく用いられる．目盛の 0 点は，巻尺の最先端になっているものと，中間になっているものとがある．

　この巻尺を用いてかなり正確な観測値を得ようとすれば，①目盛を検定すること，②一定の張力（たとえば 50 N）で引っ張ること，③張力が 10 N 増すごとに約 1/10,000 伸びることなどを知っておくことが重要である．熱膨張は考慮しないのが通例である．

(2) 鋼製巻尺（インバール製巻尺）

　幅 10〜15 mm，厚さ 0.2〜0.4 mm の帯状鋼板またはステンレス鋼板に 1 mm の目盛を施したものである．繊維製巻尺と同様に円形に巻き込まれており，長さ 20〜50 m のものが多く用いられる（図 3・2）．欠点としてはやや重いこと，折れやすくて手を傷つけやすいので手荒な取扱いができないこと，熱膨張率が比較的大きいこと，錆びる恐れのあることなどである．しかし，材質が安定していて湿気による影響がないので，次の物理定数（概数）を知って補正すれば高精度の観測値を得ることができる．

$$熱膨張率：\alpha = 11.7 \times 10^{-6} \, ℃^{-1}$$
$$ヤング率：E = 200 \, \text{GPa} \, (2.1 \times 10^6 \, \text{kgf} \cdot \text{cm}^{-2})$$
$$密　　度：\gamma = 7.85 \, \text{g} \cdot \text{cm}^{-3}$$

測量に使用するときの標準張力は 98 N（10 kgf）であり，標準温度は 20℃ が用いられる（表 3・2）．目盛の 0 点は先端から 20 cm ほどの所にある．

　精密測量用にインバール製巻尺がある．インバールは特殊なニッケル鋼であって，熱膨張率が極めて小さい（$2〜5 \times 10^{-7} \, ℃^{-1}$）ものである．ただしこの材料は軟らかくて弾性性質が悪いので曲がり癖がつきやすいため，直径 40 cm 以上の大きい輪として巻き取り，使用中もねじりや曲りを与えないよう細心の注意が必要である．かつ

図 3・2　鋼製巻尺

表 3・2　巻尺目盛の許容差（JIS）（単位：mm）

区　分	1　級	2　級	規　格
鋼製巻尺	±(0.2+0.1L)	±(0.25+0.15L)	JIS B 7512
繊維製巻尺	±(0.6+0.4L)	±(1.2+0.8L)	JIS B 7522

（注）　L は測定長を m 単位で表した数．温度は 20℃ が標準．検定の張力を示すこと（鋼製巻尺を測量に用いる場合は 98 N を標準とする）．

てはインバール製巻尺が精密な三角測量網のための基線測量に用いられていた．

3. 巻尺による距離測量の実行法

　どんな測量でも実行に際しては，①測量方法の理論に通じ，②周到な計画と準備を行い，③器械の特性を熟知するとともに取扱いに習熟し，④注意深く観測し，⑤結果の検査と補正を行わなければならない．巻尺を用いる場合を以下に説明する．

（1） 中間点の設置

　巻尺類で長距離を測量する場合に，途中で傾斜が一様でないときには傾斜変換点に中間点を設けて傾斜の異なる区間ごとに分けて測る．また両端点が直接見通せないときにはあらかじめ見通し線を作っておかなければならない．両端点間に山や谷があって相互に見通せないときに，見通し線上に中間点を設置する簡便な方法は次のとおりである．

　測量の補助器具としてポールと称するものがある．これは，図3・3のように直径約3 cmの棒で，遠方から見分けやすいように20 cmごとに赤白に塗り分けられており，測点上に鉛直に立てて目標とするものである．まずこのポールまたは他の目標を図3・4のように両端点A，Bに置く．

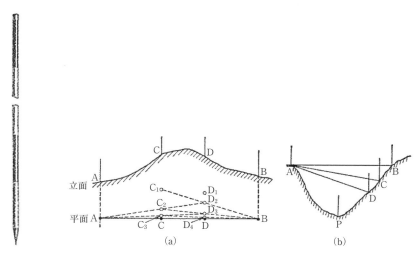

図3・3　ポール　　　　　　　図3・4　中間点設置法

図3·4(a)のように2点A, B間に山があって互いに見通しにくいものとする。AおよびBがともに見える2点C, Dを探してそこに2人がポールを持って立つ。初めにCの人がCBの見通し内にDを入れ，次にDの人がDAの見通し内にCを入れる。同様のことを図のように繰り返せばAB線内に正しくC, Dを入れることができる。

図3·4(b)のように2点，A, B間に谷があり樹木などのために，たとえばPに立てたポールをAB見通し線内に入れることができないときには，十分見通しのつくような点Cを定め，鉛直に立てたA, B, C, 3点のポールがAから見て十分重なり合うようにする。次にポールCを用いてAC見通し線内にDを決定する。以下順次この作業を繰り返してPをABの見通し線内に入れることができる。

（2） 繊維製巻尺による距離測量

測量に際しては，ポール以外に図3·5に示すピンを用いると便利である。ピンは直径約4 mmの鋼線で長さ約30 cmに作ってあり，(a) 尖端が地上に突き差せる普通のものと，(b) 先に鉛錘がついていて鉛直落下させるドロップ゠ピンとがある。

図3·5　測量用ピン

（a） 平　坦　地

平坦地で見通しがきく区間であれば，①まず距離を測るべき直線の両端にポールを立て，前手は巻尺の終端（巻き取り側），ポールおよびピンを持ち，直線に沿ってほぼ巻尺の長さだけ前進して止まりそこにポールを立てる。②後手はそのポールの鉛直を正させながらポールを正確に見通し線内に入れるように前手に指図する。③ポールを正しく見通し線中に入れることができればその点に印をつけ，その印に沿って巻尺を張力10～50 N（1～5 kgf）で引っ張り，正しくその端にピンを立てる。もし土地が

堅いときは，地上に十字印を記し傍にピンを置いておく．④次に後手は巻尺の始端とポールを持ち，前手もまたピンを動かさぬように残して巻尺，ポールおよび残りのピンを持って，ともに前進して⑤上と同様の操作を繰り返す．こうして後手はピンを拾い集めてゆきピンの数によって何回測ったかを知る．

　（b）傾　斜　地

　傾斜地で距離を測るためには次の2方法のいずれかによる．

　1．巻尺を水平に保って測定を行う方法（図3・6）：勾配がしばしば変化するような場合に広く用いられてしかも能率がよい．ポールを支えにして巻尺を水平に引っ張る．巻尺の端を地上に印すには，(a) 降測のときには下げ振りまたはドロップ＝ピンを用いてこれを地上に移し，(b) 登測のときにはポールを鉛直に立てて地上の点と巻尺の端目盛とを鉛直線上で合致させる．緩傾斜地では巻尺の水平およびポールの鉛直は目分量で判断する程度でよい．

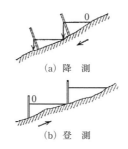

図 3・6　傾斜地での距離の測り方

　2．斜距離を測定する方法：勾配が一様とみなされる小距離に区分し，各部分の斜距離を観測して水平距離に換算する．そのために図3・1における高低差 $\overline{BB}$ を観測することが多いが，ときには地質調査などに用いるクリノメータを用いて傾斜角 $\angle B'AB$ を測ることもある（第4章2節(2)参照）．

（3）鋼製巻尺による距離測量

　（a）平　坦　地

　平坦地で略測する場合には，繊維製巻尺を使用したときと類似の方法で測量すればよいが，次の諸点に注意するとよい．巻尺は標準張力 98 N（10 kgf）という強い力で引っ張るのであるから，綱引きのように巻尺が動揺するのを避けるために，図3・7のような工夫をするとよい．それでも巻尺の動揺が避けられないから，合図によって

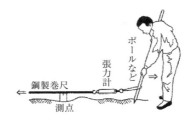

図 3・7　鋼製巻尺の引張り力

(a) 指標台

(b) 巻尺用温度計

(c) 張力計

図 3・8　鋼製巻尺用補助器具

引張っている者以外の別人が両目盛をそれぞれ同時に読む．巻尺の端点を地上に印すことも不可能に近いので，巻尺を継ぎ足す点には図3・8(a)のような指標台を置き，指標台の十字に合致する巻尺の目盛を読むようにする．また巻尺の重みでたるみが大きくなるときには中間に支えを設ける．より精密な観測を行うためには，巻尺用温度計，張力計（図3・8）などを必要とすることになる．

（b）　凹凸または傾斜地

鋼製巻尺の全長に近い距離ごとに指示杭を打ち，杭頭には図3・9のような指標をつける．その中間には巻尺のたるみを除くために5～10mごとに支持杭を打つ（図3・10）．この場合各杭は所定の見通し線上に配し，高さまたは勾配を一定に揃える．このとき (a) 杭頭の高さを揃える代わりに，(b) 杭の側面に釘を打ってこれに巻尺を掛けるようにしてもよい．

（c）　精密観測

観測に際しては，指揮ならびに記録係1名，目盛観測係2名，引張り係2名が最低

3. 巻尺による距離測量の実行法

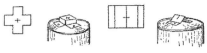

図 3・9 指示杭上の指標

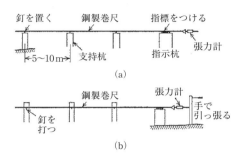

図 3・10 鋼製巻尺による距離測量

限必要であり,指揮者の指令に従って統制のとれた観測を行わなければならない.このとき張力は所定の値とし,温度計を巻尺に引っ掛けるか巻尺と同じ高さの所に吊して,巻尺全体の平均温度の得られるようにする.

相対誤差を 1/100,000 くらいにするためには次の注意が必要である.

① 1 区間を観測するのに巻尺の目盛をわずかにずらして数回観測する.② 往復の観測を行うときには巻尺の向きを反転する.③ 複数の巻尺を用いて各巻尺で測量する.④ 日光の直射と強風を避け,地表温度の安定したときを選ぶ.

AB 区間を 4 分割して観測したときの観測値の記帳例は,表 3・3 のとおりである.

(4) 鋼製巻尺による観測値の補正

鋼製巻尺を例にとって,観測値に含まれる系統誤差の原因と補正方法を以下に示す.それぞれの影響は小さいから,複合原因による影響を補正するときには,各原因が独立して発生したときの系統誤差を個別に加え合わせればよい.ただし,以下の中で 2., 4., 5. が案外に大きいことに注意を要する.

1. 目盛補正:巻尺の尺定数[器差]として記されている値は,標準温度における検定結果を示すもので,巻尺全長に対してその値を加えれば正しい距離となることを意味する.したがって,巻尺全長 l に対する尺定数が Δl であれば,距離観測値 L に対する目盛補正は,

表 3・3 鋼製巻尺による距離測量の記録例

測線 AB	年月日	天候		記帳者		観測者		
50 m 鋼製尺 No.		(標準温度20℃, 尺定数−1.4 mm)				張力は標準値		
測点	尺の読み(m)		差(m) 前一後	平均 (m)	温度 (℃)	高低差 (m)	補正量(mm)		補正距離 (m)
	前端	後端					温度	傾斜	
A1	50.007 013	0.002 007	50.005 006	50.0055	25.1	0	3.0	0	50.0085
12	49.986 50.005	0.003 022	49.983 983	49.9830	25.1	0.05	3.0	0	49.9860
23	50.001 015	−0.009 007	50.010 008	50.0090	26.0	0.11	3.5	−0.1	50.0124
3B	37.141 151	0.001 011	37.140 140	37.1400	26.0	0.30	2.6	−1.2	37.1414
合計		全長=	187.1375	187.1375			12.1	−1.3	187.1483

(注) ここで記した補正距離には目盛補正と標高補正が施されていない．全長に対する目盛補正は$-1.4 \times 187.1/50 = -5.2$ mm となる．

$$\delta_l = \Delta l \frac{L}{l} \tag{3・1}$$

2. 温度補正：標準温度 t_0 ℃，観測温度 t ℃，熱膨張率 α，観測距離 L とすると，

$$\delta_t = \alpha(t - t_0)L \tag{3・2}$$

3. 張力補正：標準張力 P_0，観測時の張力 P，巻尺の断面積 A，ヤング率 E，観測距離 L とすれば，

$$\delta_P = \frac{P - P_0}{AE} L \tag{3・3}$$

4. たるみ補正：巻尺の中間を支持しないときには巻尺がほぼ懸垂線状にたるむ（図3・11）．このときの懸垂線の曲線長（観測距離）L を中央最大のたるみ d と弦長（正しい距離）S で表し，べき級数に展開して第2項までとると，

$$L \fallingdotseq S\left\{1 + \frac{8}{3}\left(\frac{d}{S}\right)^2\right\}$$

となる（説明省略）．したがってたるみ補正は，

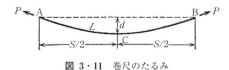

図 3・11 巻尺のたるみ

3. 巻尺による距離測量の実行法　　　　　79

$$\delta_d = S - L \fallingdotseq -\frac{8}{3}\frac{d^2}{S} \fallingdotseq -\frac{8}{3}\frac{d^2}{L} \tag{3・4}$$

次に δ_d を力学量で近似的に表した結果を示すと次のようである．張力を P，巻尺単位長さの重量を w とすると，

$$\delta_d \fallingdotseq -\frac{1}{24}\frac{w^2 L S^2}{P^2} \fallingdotseq -\frac{1}{24}\frac{w^2 L^3}{P^2} \quad (\text{説明省略}) \tag{3・5}$$

5. **傾斜補正**：図3・1において $\angle AB'B = 90°$ という近似的仮定を置き，$\overline{AB} = L$ を観測したとする．

高低差 h を得たとき：$\overline{AB'}^2 = L^2 - h^2$ であるから，

$$\delta_h = \overline{AB'} - \overline{AB} = L\left\{\sqrt{1 - \left(\frac{h}{L}\right)^2} - 1\right\} \fallingdotseq -\frac{h^2}{2L} \tag{3・6}$$

$\widehat{A_0 B_0}$ の中点における水平面と測線 $\overline{AB}$ のなす角 $\angle B'AB = \theta$ を得たとき：$\overline{AB'} = L\cos\theta$ であるから，

$$\delta_h = L\cos\theta - L = -2L\sin^2\frac{\theta}{2} \tag{3・7}$$

6. **標高補正**：図3・1において，平均楕円体高 H における水平距離 $\overline{A_m B_m} = L_m$ がわかっている場合，距離 L_m を基準面（準拠楕円体面）上における距離に直すための補正量は，地球の半径を R とすると，次式で与えられる．

$$\delta_H = L_m \frac{R}{R+H} - L_m = -L_m \frac{H}{R+H} \fallingdotseq -L_m \frac{H}{R} \tag{3・8}$$

通常は $R \fallingdotseq 6,370$ km とすればよいが，より厳密な値とするには，平均曲率半径として，

$$R = \frac{MN}{M\sin^2\alpha + N\cos^2\alpha} \tag{3・9}$$

をとればよい．ここに，α は測線の方位角，M は子午線曲率半径，N は卯酉線曲率半径である．M, N の計算については，公共測量作業規程の準則「付録6：計算式集」を参照せよ．

[**例3・1**]　距離測量作業に関する簡単な考察
（a）　図3・6の登測において，巻尺の観測距離が L であって，巻尺が水平から5°傾いているとき，1区間の距離の相対誤差はいくらか．
（b）　図3・6の登測において，ポールの高さ1mの箇所で巻尺の目盛の読みが L であるとき，ポールが鉛直から5°傾いていれば1区間の距離誤差はいくらか．

(c) 距離 L を鋼製巻尺で測っているとき，ちょうど中間に突起物があるとする．精度 1/10,000 以内とするために許される突起物の高さはいくらか．

（答）　(a) 38/10,000.　(b) 87 mm.　(c) 0.0071L.

［例 3・2］ 30 m および 50 m の鋼製巻尺を用いて相対誤差 1/10,000 の精度の測量が要求されるとき，系統誤差の補正の必要な限界を求めよ．

（解）30 m の鋼製巻尺を例にとると以下のようになる．$|\varDelta l|<3$ mm，$|t-t_0|<8.5$℃，断面積 $A=3.0$ mm^2 とすると $|P-P_0|<62$ N（6.3 kgf）．たるみに対しては 30 m が宙吊りになるとして式（3・4）を用いると $d<18$ cm，$|h|<42$ cm または $|\theta|<48'$．$|H|<630$ m．

このような数値は測量の計画から実施のすべての段階で常に考慮しなければならないものである．鋼製巻尺の長さが 30 m から 50 m に変わると，$\varDelta l$，d，h の限界が長さに比例して増大し，他は変化がない．

［例 3・3］ 表 3・3 の計算を確かめよ．

4. 距離測量のみによる小規模平面測量

（1）概　　説

距離測定には巻尺類を用い，角測定には簡単な直角設定器具のみを用いて簡便に地物の平面位置の測量を行う方法を示そう．平坦地で障害物の少ない土地では相当高精度が期待でき，小区域の測量では経済的な方法である．後に示すスタジア測量，光波測距儀，GNSS などによって距離測量を行うことが可能であるから，土地の広さ・状態・必要精度・使用し得る器械ならびに人員に応じて適宜測量方法を工夫すればよい．

互いに直角をなす 2 方向線を見通す器具としては図 3・12 に示すものが補助器具として用いられる．(a) 直角器は細隙と細線を用いて見通すもの，(b) 鏡矩は平面鏡または直角プリズムを利用しているものである．これらの器具のないときは，繊維製

(a) 直角器　　(b) 鏡矩（プリズム利用）

図 3・12　直角設定器具

4. 距離測量のみによる小規模平面測量　　　　　　　　　　81

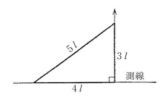

図 3・13　巻尺による直角三角形設定

巻尺などを用いて図3・13のように辺長が3：4：5の三角形を作ればよい．

（2）　平面図作成方針と踏査の実施

平面図作成までの方針は第1章6節(2)に示したとおりである．ただし，小規模であることと，使用器具が限定されているから，それらの特徴を以下に順次示す．区域内に設置した基準点を単に測点と呼ぶことがあり，測点同士を結んだ線を測線という．

1. 基準点は互いに見通しやすく，距離測量に便利であって，器械を使用しやすい場所であること．
2. 基準点をいたずらに多くしないこと．測線長は均等な方がよく，長くても100 mくらいにとどめる．
3. 基準点・測線が交通の邪魔にならないこと．基準点は地盤堅固で紛失の恐れのない所に選ぶこと．
4. 測量網が位置決定誤差の少ない形となること（第1章6節(3)参照）．
5. 基準点が定まれば，杭・釘・ペンキなどで地表に標識を作り，基準点位置を発見するための手引きとなる選点手簿を作り，基準点網図を書いて測量計画を樹立する．

（3）　基準点測量の実行

数種の方法が利用できるが，下記のいずれの方法を用いるにしても，未測定線を実測して観測値から算出した値の誤差が許容値以内であることを確かめる注意が必要である．この目的の測線を照査線という．

1. 三角区分法［三辺測量］（図3・14）：三角形に分割して各辺長を測量する方法である．三角形が正三角形に近いと精度が向上する．
2. 縦横距法［オフセット法］（図3・15）：各測点から多角形の長い対角線に垂線を下し，垂線の長さとその足の対角線上の位置を測る．この垂線をオフセットとい

 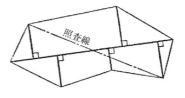

図 3・14　三角区分法　　　　図 3・15　縦横距法

う．境界線上に障害物のあるときに適当で，オフセットの長さが短いと精度がよい．

（4）　細部測量の実行

　前項2．の方法を細部測量に適用するのが普通であって，オフセット測量と呼ばれる．測線上を一定方向に進み，測線の左右にある地物までのオフセットと測線上の距離を順次巻尺で観測して，所要の地物の位置を定める．オフセットが短ければ目測で直角方向を推定すればよいが，オフセットが長いと誤差が大きくなるので，直角設定器具を利用すべきである．また重要な地物に対しては，図3・16のように2箇所から測量するように心掛ける．

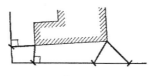

図 3・16　2点よりのオフセット

　測量の結果を現場で記入する手帳を野帳という．野帳の記帳法の巧拙は測量の速さ・正確さ・過誤・製図の難易などに大きな関係をもっているから，常に正確でかつ誰が見てもわかりやすいように，一定の書式に従って記入すべきである．

5．　光波測距儀による距離測量

　測量すべき2点間に強度変調した光を往復させると，反射して帰って来た変調波の位相は，距離に応じて発射したものと差を生ずる．この原理を応用した測器は光波測距儀とよばれ，中間の地形に左右されることなく距離（ただし斜距離）が測量できるので，近距離から遠距離までの観測に広く使用されている．

(1) 基本原理

大気中を伝播する光の速度 c は次式で与えられる．

$$c = f\lambda = c_0/n \qquad (3\cdot10)$$

ここに，f：周波数，λ：波長，c_0：真空中の光速度，n：大気の屈折率である．

距離 L の区間 AB を変調波が往復したときの波数を N，その位相差を ϕ とすると，図 3・17 において，

$$2L = \lambda\left(N + \frac{\phi}{2\pi}\right) = \frac{c}{f}\left(N + \frac{\phi}{2\pi}\right) \qquad (3\cdot11)$$

このとき点 A において N は測定できないが，ϕ は $2\pi/1{,}000 \sim 2\pi/2{,}000$ の誤差で測定できる．したがって，まず $N=0$ となるような極めて波長の長い光波を用いて L の概数を求め，次第に短波長の変調波を往復させて L の細かい部分の値を求める方法を採る．

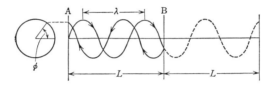

図 3・17 2 点間の電磁波の往復

周波数の少し異なる変調波をいくつか用いて"唸り"の現象を起こさせることにより，等価的に広範囲の波長を実現することもできる．いま変調周波数 f_A と f_B という 2 種の光波を送ったとすると，

$$2L\frac{f_A}{c} = \left(N_A + \frac{\phi_A}{2\pi}\right), \quad 2L\frac{f_B}{c} = \left(N_B + \frac{\phi_B}{2\pi}\right)$$

ここで両式の各辺を引いて整理すると，

$$2L = \frac{c}{f_A - f_B}\left\{(N_A - N_B) + \frac{\phi_A - \phi_B}{2\pi}\right\} \qquad (3\cdot12)$$

この式を式(3・11)の最後の式と比較すると，$f_A - f_B$ という信号波の周波数差を持つものが 1 つの波と同様の挙動をしているから，f_A，f_B を用いたときの位相差 $\phi_A - \phi_B$ を測定すると，その値は周波数 $f_A - f_B$ という波の位相差となる．周波数 f_A と f_B とが接近していれば，その差 $f_A - f_B$ は極めて小さい周波数（したがって極めて長い波長）の波となる．式(3・12)に相当する波長 $\bar{\lambda}$ は次のとおりである．

$$\bar{\lambda} = \frac{c}{f_A - f_B} = \frac{1}{1/\lambda_A - 1/\lambda_B} \qquad (3\cdot13)$$

空気中における光の伝播速度は式(3・10)に示されるように屈折率によって異なるので,たとえ一定の周波数の光波が発射できても観測時の条件に応じて補正が必要となる.

(2) 光波測距儀の例

光波測距儀は1点から強度変調した光を送り,発射光と対象点で反射して返ってきた反射光との間で,変調信号の位相差を測定するようになっている.一般には,光源としてレーザ=ダイオードを用いて赤色光または近赤外光を発し強度変調をしているものが多い.光源・送光・受光・位相差検出法などは機器ごとに特徴があり,それに応じて機器の特性に微妙な差がある.表3・4は変調信号の周波数の例であって,30 MHzに近い3種の変調信号を送って,波長10～4,000 mの変調信号を得ることができる.

近年では,自動的に各種の周波数を発して位相差を観測し,それによって距離の算出・ディジタル表示・記録のできる器械が主流である.図3・18(a)は送光・受光・

表 3・4 光波測距儀の変調周波数と波長の例

周波数 (MHz)		波長 (m)	
$f_1 =$	29.970000	$\lambda_1 =$	10
$f_2 =$	30.044920	$\lambda_2 =$	9.975
$f_3 =$	31.468500	$\lambda_3 =$	9.524
$f_3 - f_1 =$	1.498500	$\lambda_{3-1} =$	200
$f_2 - f_1 =$	0.074920	$\lambda_{2-1} =$	4,000

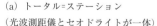

(a) トータル=ステーション　　(b) ターゲット付き反射プリズム
　(光波測距儀とセオドライトが一体)

図 3・18　光波測距儀の例

角度観測のすべてを同一の望遠鏡で実施できて，光波測距儀と測角用のセオドライト（第5章参照）を一体化したものであって，トータル=ステーションと呼ばれている．光を反射させる側には，入って来た光を同方向に送り返すことのできるプリズムを置く（図3・18(b)）．距離に応じてプリズム数を変えて測距儀の受光量を調節する．また，近距離であればプリズムなしで距離の測れるノンプリズム=モードの測定が可能な器種もある．ただし，プリズムを使う場合に比べて精度は低下する．

一般的には，光波測距儀の観測値に含まれる誤差 δ は，距離にかかわらない部分 δ_0 と距離 L に比例する部分 δ_L より構成される．すなわち，

$$\delta = \delta_0 + \delta_L L \qquad (3 \cdot 14)$$

というように表現される．誤差の大きさの概要は表3・1に示したとおりである．公共測量においては誤差が $5\,\text{mm} + 5 \times 10^{-6} L$ 以下のものを使うことになっている．

光波測距儀は幾分天候の影響を受けるが，次のような長所を有する．①地形の影響をうけない．②100 m以上にもなると高い相対精度の測量ができる．③50 m以上というような巻尺で距離を測るのに面倒な場合には威力を発揮する．④巻尺を用いるときと比べて少人数でよい．⑤トータル=ステーションを用いると，スタジア測量と同様に未知点の三次元座標が求められる．

このようなことから，光波測距儀は基準点測量のみならず各種の測量に利用されている．ただし光波測距儀で観測される距離は，送光部と反射プリズムとの間の距離であるから斜距離であること，性能は表3・1に示したとおり近距離でも数mm程度の誤差が避けられないことなどに注意を要する．なお，次の諸点にも留意が必要である．

①地表近く，特に水面近くを光波が通るのを避ける．②途中の物体から強い反射があるような経路を避ける．③観測距離を他の観測値によって検照し難いので，器械の検定を十分に行う．場合によっては器械を替えて観測を行う．④日時を変えて観測を行うことを考えてみる．⑤経路中の大気条件を推定できるように，必要な量を所要の精度で測定する．⑥観測された斜距離を水平距離，楕円体面上の距離，平面座標系での距離などに換算するための数値を得ておくこと．

(3) 器械の誤差と観測法

(a) 器械誤差の検査

式(3・14)における定数誤差（器械定数ということもある）δ_0 は，器械的・光学的および電気的な原因によるものであって，本体において生じる部分 δ_I とプリズム側

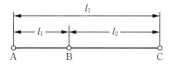

図 3・19　光波測距儀の機械定数検査

に由来する部分 δ_P の和である．$\delta_0 = \delta_I + \delta_P$ を求めるには次のようにすればよい．

ほぼ同一直線上，同一標高で距離 10～20 m 離れた 3 点 A，B，C を選び（図3・19），距離 $\overline{AB}$，$\overline{BC}$，$\overline{AC}$ を測る．それぞれの観測値を l_1，l_2，l_3 とすると，上記の誤差を含んでいるから，$\overline{AB} + \overline{BC} = \overline{AC}$ という条件に当てはめると，次のように δ_0 が求められる．すなわち，

$$l_1 - \delta_0 + l_2 - \delta_0 = l_3 - \delta_0$$
$$\therefore \quad \delta_0 = l_1 + l_2 - l_3 \tag{3・15}$$

一方，距離に比例する誤差の原因は主として周波数の誤差によるものであって，少なくとも 50～500 m にわたって多くの観測値を得なければ見出し難い．その検査には光波測距儀の比較基線場を用いればよい．

(b)　機器の設置と観測セット

本体およびプリズムは，通常は三脚上に載せられる．これらを設置するということは，正しく求心することと整準することである．詳細については第 5 章 3 節(1)に説明しており，その内容より設置の要点や誤差の様子がわかるはずである．

プリズムはガラス製で，裏面が互いに直角な平面となるように作られている．これを二次元的に示せば図 3・20 のようであって，入射光と同方向に光を送り返すことができる．光の経路を詳しく見ると，プリズム中の経路は $2l$ であって，その n 倍（n はガラスの屈折率で，約 1.3）だけ長距離を通ったことになる．したがってプリズム前面からの求心位置を b とすると，$2(b - nl)$ だけ距離の補正をしなければならない．プリズムによってはこの数値がプリズム定数として明示されている．

なお図 3・20 の破線のように斜めから入って来た光は，プリズム中での経路が $2l$ より長くなる．したがって，プリズムの前面がなるべく入射光と直角になるように置くのがよい．

光がプリズム前面に直角に向かえば最大光量が測距儀に返ってくる．この状態において観測値を得るが，通常はこの状態で 2 回の距離測定値を得て 1 セットの観測と称している．公共測量作業規定の準則では，1 セット内での較差 20 mm 以内，セット

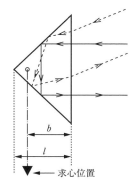

図3・20 反射プリズムの機能

を繰り返した場合の各セットの平均値の較差を20mm以内に制限している．

（c） 機器の配置と換算

点A，B間の距離を測るには，一方の測点上に器械本体Iを，他の測点上には反射プリズムPを設置する．発射光束の中心がほぼプリズムの中央で反射して光が返ってくるように器械の方向を定めて観測すればよい．このときの状況が図3・21である．

観測距離Lを水平距離Sと高低差ΔHに換算するために，高低角（鉛直面内で測線と水平面のなす角）β，器高Iおよびプリズム高mを測定しておけばよい．すなわち，

$$\left.\begin{array}{l}S = L\cos\beta \\ \Delta H = h + I - m = L\sin\beta + (I - m)\end{array}\right\} \quad (3・16)$$

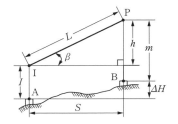

図3・21 トータル＝ステーションによる観測

（4） 偏 心 補 正

測点の中心をCとするとき，観測器械の中心Bまたは視準標の中心PがCと同じ鉛直線上になるように努めるが，障害物の存在その他の事情で止むを得ずC，B，Pの平面位置が一致しないことがある．この場合の観測結果をCの位置における値に補正するのが偏心補正［帰心計算］である．水平距離の場合について次の2つに分けて示す．

（a） 器械の偏心

図3・22（a）において，測点Cに器械が設置できずに点Bに据え付けた場合である．S_1，S_2が所要の距離であるが，S_1'，S_2'しか観測できない．そこで器械点Bにおいて，目標点方向からC方向へ時計回りに測った角φ_1，φ_2と偏心距離eを観測する．そうすれば以上の値から三角形における余弦法則を用いることにより次式によって正しい距離が計算できる．

$$S_1^2 = S_1'^2 + e^2 - 2S_1' e \cos\varphi_1, \quad S_2^2 = S_2'^2 + e^2 - 2S_2' e \cos\varphi_2 \quad (3\cdot17)$$

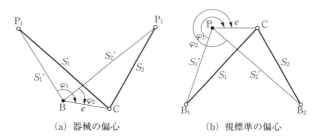

(a) 器械の偏心　　　(b) 視標準の偏心

図 3・22 偏心の場合の観測量

（b） 視準標の偏心

図3・22(b)において測点Cにプリズムを置けないからそれを点Pに設置し，S_1'，S_2'を観測した場合である．点PにおいてB_1，B_2の方向からCの方向へ時計回りに角φを測り，さらに距離eを測っておくと，この場合も式(3・17)によって正しい距離が計算できる．

（5） 観測距離の補正計算

（a） 気 象 補 正

光波の伝播速度は屈折率に反比例するから，標準大気および観測時の大気の屈折率をそれぞれ$1+\Delta n_s$，$1+\Delta n$とし，光波の速度をc_s，cとすると，式(3・10)より

$$\frac{c}{c_s} = \frac{1+\Delta n_s}{1+\Delta n} \qquad (3\cdot 18)$$

となる．すなわち，同一周波数の光波を用いても大気の状態によって速度が異なると波長に変化を生じ，それに応じて式(3・11)によって算出される観測距離に差を生じる．

光波測距儀は，基準とする大気の状態（たとえば温度15℃，気圧1,013 hPa，乾燥）のときの距離 L_s を表示するように作られているから，大気の状態に対する補正が必要となる．これを気象補正と称し，その補正量を ΔL とすれば，式(3・11)および(3・18)より次のように表される．

$$\Delta L = L - L_s = \frac{c-c_s}{2f}\left(N+\frac{\phi}{2\pi}\right) = \frac{c_s}{2f}\left(N+\frac{\phi}{2\pi}\right)\left(\frac{c}{c_s}-1\right)$$

$$= L_s \frac{\Delta n_s - \Delta n}{1+\Delta n} \fallingdotseq L_s(\Delta n_s - \Delta n) \qquad (3\cdot 19)$$

観測時の大気パラメータから上式の Δn を求める式は，公共測量作業規程の準則「付録6：計算式集」を参照せよ．簡便な補正方法としては次式により ΔL を算出することもできる．

$$\Delta L = (1.0\Delta t - 0.3\Delta P + 0.04\Delta e) \times 10^{-6} L \qquad (3\cdot 20)$$

ここに，Δt＝気温の差[℃]，ΔP＝気圧の差[hPa]，Δe＝大気の水蒸気圧の差[hPa]（Δ は[観測時の値]－[基準値]を意味する）であって，それぞれ上に記入した単位で表した数を用いればよい．

最近の器械では，気象条件（温度，気圧など）をボタンによって入力すれば補正された距離がディジタル表示されるようになっている．ただし，長距離であれば次に示すように光の屈折に対する補正や楕円体面への換算などが必要になる．

[例3・4] 式(3・20)によって各項の与える誤差が 1×10^{-6} の相対誤差に達する大きさを示すと，$\Delta t = 1$℃，$\Delta P = 3.3$ hPa，$\Delta e = 27$ hPa となる．したがって相対誤差 1×10^{-5}（1 kmにつき10 mmの誤差）程度まで許すとすれば，気象補正のために必要な量は概数がわかればよい．

（b） 平均標高における水平距離

図3・23において，点Bは点Aよりも h だけ高いものとし，点Aから点Bを見たときの高低角を β_A，その逆方向の高低角を β_B，2つの鉛直線のなす角を γ とする．このとき2点A，Bの平均標高 H における水平距離 $\overline{A_m B_m} = L_m$ を求めよう．

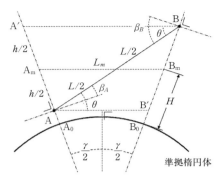

図 3・23 斜距離と水平距離

$\widehat{A_0B_0}$ の中点における水平面と測線 $\overline{AB}$ のなす角を θ とすると，高低角は次のように表される．

$$\beta_A = \theta - \gamma/2, \qquad \beta_B = -(\theta + \gamma/2) \tag{3・21}$$

したがって，θ は両端点で測った高低角から次のように求められる．

$$\theta = (\beta_A - \beta_B)/2 \tag{3・22}$$

斜距離 $\overline{AB} = L$ とすると，図 3・23 より平均標高における水平距離は次式で与えられる．

$$L_m = L\cos\theta = L\cos\frac{\beta_A - \beta_B}{2} \tag{3・23}$$

（c） 伝播経路および地球の曲率による補正

大気は上空ほど密度が小さいために，たとえ同じ標高の2点間 A，B の距離を測ったとしても，光波は図 3・24 の細い実線のように上に凸の曲線となって伝わる．したがって，距離観測値 L を地球と同じ中心を持つ半径 $R + H_m$（H_m は平均標高）の円

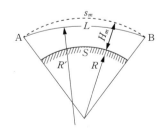

図 3・24 電磁波の経路と地球の半径

弧の長さ s_m に換算するために，次の補正を加える（説明省略）．

$$\delta_C = \frac{(1-K^2)L^3}{24R^2} \tag{3・24}$$

ここに，$K=R/R'$（屈折係数という）．R は地球の半径（$R+H_m$ の代わりに近似的に R を用いている），R' は光波の経路を円弧と仮定したときの半径，K の値は 0.133 を用いている．この補正は極めて小さいから通常は無視できる．

（d）標 高 補 正

よほど精密な補正を必要とする場合を除いては式(3・8)を用いればよい．

（e）補正量の総計

高低差のある2点間の距離を光波測距儀で観測したとき，これを準拠楕円体面上の距離とするためには，以上のことより，近似的に次の補正を施せばよいことになる．まず観測値に式(3・19)あるいは(3・20)の気象補正を行った後に，式(3・16)あるいは(3・23)によって水平距離を求め，必要ならば式(3・24)の補正を行い，その後式(3・8)の標高補正を行えばよい．

（f）平面座標系における距離

上記で求めた距離は準拠楕円体面上の距離としてよいが，地形図で用いられる平面直角座標系や UTM 座標系などの平面座標系における距離とは一致しない．任意点における平面座標上の微小距離 ds と準拠楕円体面上の距離 dS との比，すなわち任意点における縮尺係数 m は図3・25のとおりである．調整計算において，平面座標系における値を用いて調整する場合には，上記のように補正した距離をさらに平面上の値に換算することが必要となる．

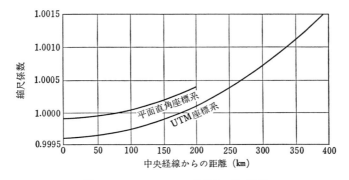

図 3・25　Gauß-Krüger 投影法の縮尺係数

[例 3・5] 式 (3・24) および (3・8) による距離の相対誤差が 10^{-6} または 10^{-4} に達する限界を求めてみよう．

相対誤差 10^{-6} に対しては，$\delta_C/L = (1-0.133^2)L^2/(24 \times 6{,}370^2) = 1 \times 10^{-6}$ より，$L = 31$ km．$\delta_H/L_m = -H/6{,}370 = -1 \times 10^{-6}$ より，$H = 0.0064$ km．

相対誤差 10^{-4} に対しては，$L = 310$ km，$H = 0.64$ km．標高補正の大きいことに留意．

6. 距離の略測と間接距離測量

(1) 略測用の器械

(a) 一輪車

直径既知の一輪車を転がすと，車の回転量が距離に換算されて表示されるようになった器械である．曲線長を測るのに適している．

地表で利用されるものは，直径 10～20 cm の車輪に棒がついている．最小目盛は 1 cm または 10 cm で，輪程計［ウォーキング＝メジャー］と呼んでいる（図 3・26）．

図 3・26 輪程計

小型化したものは図上で曲線長を測るのに用いられ，キルビメータといわれている．

(b) 光学距離計

図 3・27 のように A から目標 P を視準するとき，A を直進して見える像と，A から直角に分かれて M を経て見える像とが一致するように回転鏡 M を操作して角 α を測ることにより，収束角［視差角］γ を知る器械である．基線長 B が既知であれば，距離 L は次式で与えられる．

$$L = B \cot \gamma = B \tan \alpha \tag{3・25}$$

携帯用の例は図 3・28 のようであり，$B = 20 \sim 50$ cm のものが多い．

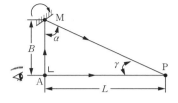

図3・27 距離計（三角測量方式）

図3・28 光学距離計（トプコンソキアポジショニングジャパン）

（c） 簡易レーザ距離計

小型で，目標にレーザ光を当てるだけで距離が表示される器械が市販されている．観測範囲は300 mくらいまで，誤差は1 cm以上のものが多い．手に持って測ることができる．

（2） 間接距離測量

極めて多種多様な方法が適用可能であるが，よく使用されている方法と応用範囲の広い原理のものを挙げておく．

（a） 三 角 測 量

図3・27の考え方を拡張して用いる方法である．第7章で説明する．

（b） スタジア測量

これも図3・27を根拠としている．光学距離計とは逆に点Pに器械を置き，角γおよび点Aにおける長さBを測って距離Lを求める方法をスタジア測量と呼んでいる．距離の略測用として次の2つの場合がよく用いられており，いずれも角を測る器械によって距離も測れるから実用上の利便は大きい．

1. 平板のアリダードを用いる場合（第9章）
2. セオドライトおよびレベルの望遠鏡を用いる場合（第5章）

問　　題

（1） 50 mの鋼製巻尺を用いてある区間の距離を観測し，補正を施した結果400.011 mという値を得たが，後日調べたところ器差0.3 mmであることおよび温度計が正しい値より1℃低い値を示すことがわかったとする．なお50 mの距離観測に対して目盛読取誤差は±1 mmであり，鋼製巻尺自身の温度観測値の標準偏差は±1℃であるとする．以上の条件のときにこの区間の正しい距離および偶然誤差を推定せよ．

（2） 測量の労力・速さ・精度などに関して，図3・6の降測と登測とを比較せよ．

（3） 表3・3の観測が複観測であると考えて距離ABの偶然誤差を推定せよ．ただし，分

割区間の距離誤差は距離の平方根に比例するものと考えよ．
(4) 点 A（標高 1,740.36 m）に光波測距儀を据え，点 B（標高 1,786.56 m）に反射プリズムを置いて A，B 間の距離を観測したところ 229.437 m という読みを得，測距儀およびプリズムの高さはそれぞれ測点より 1.21 m，0.78 m であった．2 点間の距離を求めよ．
(5) トータル=ステーションを用いて比較的近距離を測る場合（図 3・21）において，距離に無関係に生じる誤差を約 5 mm 以下に収めようとすれば，どのようなことを実行すればよいか．
(6) 温度 20℃における飽和水蒸気圧は 23.4 hPa である．20℃において水蒸気圧を全く考慮に入れない場合には，光波測距儀の距離の相対誤差は最大いくらになるか．また，その誤差は気圧測定誤差あるいは温度測定誤差のいくらに相当するか．
(7) 光波測距儀による距離観測値の誤差の原因を，距離にかかわらず一定のものと距離に比例するものとに分けて示せ．
(8) 20〜120 m の間に距離の既知な 6 点を設け，セオドライト，レベルまたは望遠鏡付きアリダードのスタジア定数を定める実験を行ってみよ．
(9) 100 m の距離を測量するのに中央において見通し線から直角に δ だけずれたとする．距離の誤差および相対誤差と δ との関係を，$0 < \delta \leq 5$ m の範囲において図示せよ．
(10) 鋼製巻尺を検定するために，比較基線（距離 50.0012 m）の長さを温度 24℃において標準張力で観測したところ，巻尺の読みは 50.0004 m であった．鋼の熱膨張率を 11.7×10^{-6} ℃$^{-1}$ として，この巻尺を用いて平坦地で測量する場合について次の問いに答えよ．

   (a) 標準温度 20℃における巻尺の目盛補正量はいくらか．

   (b) 温度 30℃のときに A，B 間の距離を測って 220.770 m という値を得たとすれば，A，B 間の距離はいくらか．

   (c) 温度 15℃のときに 200 m の距離を正しく測りとろうとすれば，いくらの目盛距離を測りとればよいか．

(11) 底辺 200 m，高さ 160 m の三角形の土地の面積を測量するのに，表 3・2 の許容差の上限と下限とをもった 1 級および 2 級の 20 m 鋼製巻尺を使用したとき，両者の測定値の間で面積差はいくらになるか．
(12) 正確な距離 200 m の間を 20 m の区間に分割して，1 本の 20 m の鋼製巻尺で観測して表 A3・1 の値を得た．この巻尺を用いて同一条件のもとで同一の方法で未知区間の距離を測ったところ，ちょうど 300 m であったとする．この区間の距離の最確値と標準偏差を求めよ．

表 A3・1

分割区間	1	2	3	4	5	6	7	8	9	10
往観測(m)	20.001	.002	.002	.004	.007	.004	.005	.003	.006	.005
復観測(m)	.002	.005	.002	.001	.002	.002	.009	.007	.007	.006

第4章 水準測量の器械と測量方法

　水準測量は，高低差［比高］を測って標高を求めることであって，測量における基本事項の1つである．公共測量においては，既知点の種類，既知点間の路線長，観測の精度等により，1級～4級水準測量および簡易水準測量に分類される．本章ではまず高低差を観測するための基本原則と機器を説明し，次に測量方法と誤差の性質について解説する．直接水準測量は比較的簡単かつ単純な測量であって，正しい測量方法さえ実行すれば，正確かつ精密な結果を得ることができるが，遠距離の区間を正確に測量するのは面倒である．もちろん目的に応じて略測を行うことができるのでその方法も示す．水準測量は単に土地の標高を定めるためのみでなく，工事のための土工量や勾配決定などにも応用される．

1. 概　　説

(1) 方　　法

　水準測量とは地球上の諸点のジオイド面からの高低差を測る測量である．基準となる点の標高がわかっていれば，その点から他の諸点まで水準測量を行うことによってそれら諸点の標高が確定する．水準測量を方法により大別すると次の2つになる．

　1．直接水準測量：レベルという器械を用いて実施するのが普通である．すなわち，図4・1に示すようにレベル（本章2節(3)参照）を用いて水平視準線を作り，水平視準線から2点A，Bに至る鉛直距離b，fを観測し，A，B間の高低差hは，

$$h = b - f \tag{4・1}$$

として求める方法である．A，B間の距離が短ければ水平視準線を連ねたものは実際上ジオイドとほぼ平行になるから，上記のhは標高差と考えてよい．ただし，厳密に考えれば次項に示す楕円補正が必要になる．

　2．間接水準測量：①高低角（鉛直面内で測線と水平面のなす角）と距離（または斜距離）の観測値から計算により高低差を求める方法（三角水準測量という），②

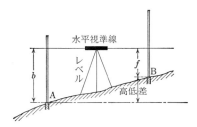

図 4・1　直接水準測量の原理

GNSS による方法，③気圧観測による方法（気圧水準測量という．省略する），などがこれに属する．いずれの方法でも正確な標高差は求め難い．

（2） 楕円補正

ジオイド面と異なる標高の場所で南北方向に直接水準測量を行えば，図4・2のように，等ポテンシャル面 CD が同一標高として観測されるが，この面はジオイド面と平行ではないから同一標高ではない．そのために補正が必要となる．

地球の半径を R, 重力加速度の基準値を g_0 とすると，緯度 φ, ジオイドよりの高さ H の点の重力加速度は，近似的に

$$g(\varphi, H) = g_0(1 + 0.00531 \sin^2 \varphi - 2H/R) \qquad (4・2)$$

によって表される．そうすると緯度 φ, 標高 H における重力のポテンシャル W は，定義により，

$$W(\varphi, H) = \int_0^H g(\varphi, H) dH = g_0\{(1 + 0.00531 \sin^2 \varphi)H - H^2/R\}$$

$W(\varphi, H) = $ [定数] は 1 つの等ポテンシャル面であるから，この面の φ の変化に伴う H の変化を求めてみよう．$dW = (\partial W/\partial \varphi)d\varphi + (\partial W/\partial H)dH = 0$ より，

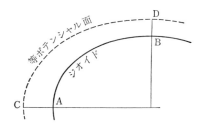

図 4・2　等ポテンシャル面と標高

$$dH = -\frac{0.00531\sin 2\varphi \cdot H}{1+0.00531\sin^2\varphi - 2H/R}d\varphi \tag{4・3}$$

直接水準測量では，この式で与えられるポテンシャル面の標高変化分を補正する必要がある．これが楕円補正である．わが国では，この式の分母中で $\varphi=45°$，$H/R \fallingdotseq 0$ と近似し，次式を用いている．

$$\delta H_e = -0.00529\sin 2\varphi \cdot H \cdot d\varphi \tag{4・4}$$

ここに，φ および H は両端点の平均値，$d\varphi$ は両端点の差（単位：rad）を用いる．

[**例 4・1**]　緯度 45°，平均標高 1,000 m の所で南から北に 2 km の水準測量を行ったとき，楕円補正の大きさを求めてみよう．
　（解）　$R=6,370$ km とすると，$d\varphi = 3.14 \times 10^{-4}$ rad．
　　　　∴　$\delta H_e = -0.00529 \times 1 \times 3.14 \times 10^{-4} \times 10^6$ mm $= -1.66$ mm

2. 直接水準測量の器械

(1) 標　　尺

水平視準線と測点との間の鉛直距離（図 4・1 における b および f），すなわち高低差を測るのには標尺を用いる．普通の標尺は 5 mm 間隔の目盛を刻んだもので，伸縮できるように作られ高さ 2～5 m まで測れる．標尺を大別すると自読標尺（図 4・3）と視準標付き標尺（図 4・4）とに分かれる．通常は自読標尺を用いて望遠鏡で視準した高さを mm まで目測するが，視準標付き標尺は，観測者の指揮に従って標尺手が視準標［ターゲット］を上下して標尺手が目盛を読むものである．後者は遠距離視準に用いられる．なお，近年ディジタル=レベルが開発され，それに用いるコード目盛標尺には，例えば図 4・5 のようなコード目盛が施されている．

伸縮できる標尺は，伸ばしたときの継目で目盛に差を生じやすいので精密測量には不向きである．特に精密水準測量を行うときには，インバール製の帯に目盛を正確に施したものを使用する．標尺は鉛直に立てることが必要だから，小さい気泡管によって鉛直性の判断をできるようにしたものが多い．なお，標尺を立てた位置の地盤沈下を防止したり，斜面上あるいは地上に目印のない場所で常に一定の高さを保つために標尺台（図 4・6）を用いることがある．

図 4・3 自読標尺　図 4・4 視準標付き標尺　図 4・5 コード目盛標尺　図 4・6 標尺台と標尺

（2）簡単なレベル

（a）　ハンド＝レベル（図 4・7）

　長さ 12～18 cm の小型望遠鏡の上部に小さい気泡管を取り付け，気泡が中央にあるときに水平視準線となるようにしたものである．望遠鏡内には反射鏡またはプリズムを装置してあって，望遠鏡視野内で気泡の位置を確認できるようになっている（図 4・8）．ハンド＝レベルは手に持って使用するのが普通であって，気泡が中央に来たときに水平視準線が得られるから，そのときの標尺目盛を読めばよい（図 4・11 参照）．

　これは構造が簡単で携帯および取扱いに便利であるから，踏査や横断測量などに用

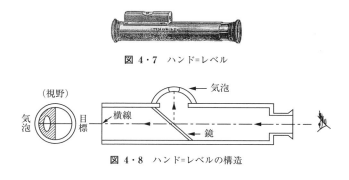

図 4・7　ハンド＝レベル

図 4・8　ハンド＝レベルの構造

いられる．器械を調整するには杭打ち調整法によればよい（本章4節(2)参照）．
  (b) クリノメータ（図4・9）
 ハンド=レベルと同様な構造であって，視準線の傾きを知るための分度目盛を備えたものである．目盛を0°に合わせればハンド=レベルとして用いられる．

図 4・9 クリノメータ

（3） レベルの概要

 直接水準測量に使用する主要器械はレベルであって，その主目的は図4・1における水平視準線を正確に作ることである．そのためには視準望遠鏡に鉛直軸を取り付けて望遠鏡が水平回転できるようにし，三脚に固定して使用するときに器械の鉛直軸の傾きを直せるように整準装置を備えている．レベルにはスタジア測量の可能なスタジア線を備えたものが多く，視準方向を知るための水平目盛盤を持っているものもある．

 実用上必要なことは，一度器械を据え付ければ，諸方向を視準するときに簡単に水平視準線が得られることである．このために諸種の器械が作製されているので，まず主要な構成要素を示し，次に代表的な形式の器械のみについて説明する．表4・1は性能の例である．

表 4・1 レベルの性能の例

型式	望遠鏡			主気泡管感度 (秒/目盛)	円形水準器感度 (分/目盛)	誤　差 (mm/km)
	口径(mm)	倍率	分解能(秒)			
傾読式	52	45	2.3	10	2	0.3
	45	35	2.5	20	8	0.7
	35	30	3	40	10	1.5
自動	50	40	2.3		5	0.4
	45	32	2.5		8	1.0
	30	25	4		10	2.5
ディジタル	45	32			8	0.5
	30	25	3		10	1.5

(4) 傾読式レベル [気泡管レベル]

この形式のものは望遠鏡およびこれに付属している高感度の気泡管を鉛直軸に無関係に傾け得る構造になっているから，鉛直軸がわずかに傾いても水平視準線を作り出すことができる．構造の概要は図4・10のようであって，小さい円形水準器中の気泡をほぼ中央に持ってくることによってほぼ鉛直軸を鉛直にした後は，傾読ねじを用いて望遠鏡気泡管の気泡を中央にもってくることによって視準線を水平にもたらす．そのために観測者みずからが望遠鏡視野内で気泡位置を確認できるようにしてある（図4・11）．光学系はやや複雑になり，例を図4・11に示しておく．

(5) 自動レベル

望遠鏡が少し傾いても，常に水平な視準線の得られるような機構を望遠鏡内部に備えた器械を自動レベルと呼んでいる．構造の大要は図4・10において，鉛直軸と望遠鏡が直接剛結されており，望遠鏡気泡管を備えていない．望遠鏡が大きく傾けば自動機構は正しく作動しないので，正常な作動を保証できる傾斜の限界を示すために，円

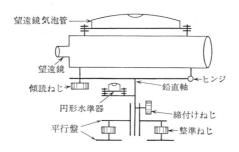

図 4・10 傾読式レベルの構造

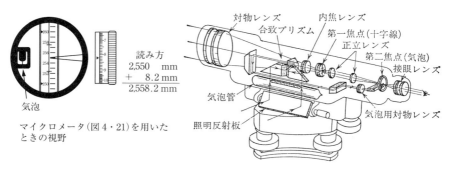

図 4・11 傾読式レベルの光学系と視野（ニコン）

2. 直接水準測量の器械

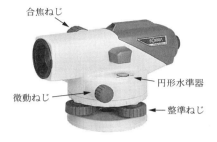

図 4・12 自動レベル（ソキア）

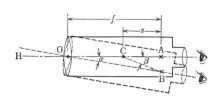

図 4・13 水平自動補正装置の機能

形水準器の中央部に丸印が刻んである．外観は図 4・12 のように単純なものである．

望遠鏡が水平からわずかに傾いても視準線（本章 3 節 (1) 参照）を水平に保つ方法の考え方を説明しよう．図 4・13 において，望遠鏡が水平から α だけ傾いて十字線が B の位置にきたとする．このとき外から入ってきた水平光線 HO を点 C において β だけ曲げて点 B に進むようにすれば，傾いた位置で視準したときの視準線は B—C—O—H となって，望遠鏡外部の視準線は傾きに関係なく水平となる．このとき成立すべき条件は，

$$\frac{\beta}{\alpha} \fallingdotseq \frac{f}{s} = c \tag{4・5}$$

である．点 C が十字線に近づくほど c の値を大きくしなければならない．点 C に置く装置は水平自動補正装置［コンペンセータ］といわれており，振子装置であって，各製作者が独自の工夫をしている．

図 4・14 の例は，$f/s=7.4$ の位置に水平自動補正装置があり，直角プリズムを 4 本の細線で吊ってあって，吊られた部分の重心位置を適当に選んでプリズムの回転を 3.7α となるようにし，$\beta=7.4\alpha$ を実現したものである．図 4・15 は $f=s$，したがって $c=1$ の例であって，全体が竪形となっている．

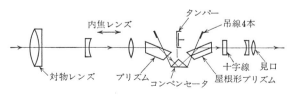

図 4・14 自動レベルの機構（Zeiss）

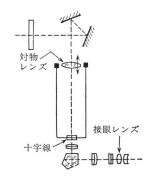

図 4・15 自動レベルの機構
(Filotecnica Salmoiraghi)

（6） ディジタル=レベル［電子レベル］

　標尺目盛を自動測定して視準高のディジタル表示・転送を可能とした器械である（図4・16）．水平自動補正装置も備えている．製作者ごとに工夫をこらしているため，それに応じて器械ごとに特性に差がある．自動測定の一般的な手法は次のとおりである．①標尺には電子的読取りの可能なようにコード化された目盛を施す（図4・5）．②望遠鏡内で光を分け，一部分を検出器に導く．そこでは線状に配列された電荷結合素子［CCD］によって検出された目盛のコードを判断して，視準線の高さを最小 0.1〜0.01 mm まで求めることができる．

　インバール製の標尺を使用すれば精密な水準測量にも使用することができるが，次の諸点に注意を要する．①レベルおよび標尺が揺れないこと．②逆光では使い難いこと．③標尺が暗くないこと．④標尺目盛の見え具合のよいこと（遮蔽物により目盛の一部が遮られないこと，他の物の影にならないことなど）．

図 4・16 ディジタル=レベル（トプコンソキアポジショニングジャパン）

3. レベルの構造要素

(1) 望遠鏡

　視準用の望遠鏡は図4・17に示すように対物レンズと接眼レンズとの間に十字線を挿入し，視野中に見える十字線の交点によって目標の方向を正しく定めるようになっている．十字線と目標とを明瞭に見定めるためには，まず接眼レンズを動かして十字線が明瞭に見えるようにし，次に目標も明瞭に見えるように対物レンズを動かせばよい．この状態になれば，対物レンズの作る目標の実像を正確に十字線の位置に結ばせ，これを接眼レンズで拡大視していることになる．対物レンズの光心と十字線の交点を結ぶ線が視準した方向になるからこれを視準線［視準軸］という．

　図4・17のものは対物レンズを移動させて合焦させるものであって，これを外焦式望遠鏡という．これに対して，図4・18は対物レンズと十字線との間に凹レンズを置き，これを移動させることによって，合成レンズ系の焦点距離を変じて十字線位置に結像させるようにしたもので，内焦式望遠鏡と呼んでいる．これによれば望遠鏡の長さを短縮できるので，近年この形式が多用されている．

　望遠鏡の性能としては，レンズの各種収差が小さいこと，倍率が大きいこと，像が明るいこと，視野が広いこと，分解能が良いことなどが要求される．これらは相互に関連があるため，設計者は均衡のとれた性能を与えるように考えている．簡単には倍率の大きい望遠鏡が良い性能を備えていると推定してよいが，総合された性能の良否は分解能によって表現されていると考えるべきである．分解能は2点を2点と見分け

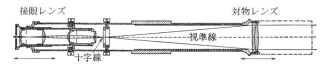

図 4・17　外焦式望遠鏡（正像）

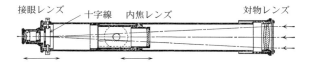

図 4・18　内焦式望遠鏡（倒像）

ることのできる限界であって，2点を見込む角によって表現される．肉眼の場合にはこの値は約 2′ といわれており，点の位置確認目的のときには，2点を分離できなくても2点の位置がずれていることが判断できればよいだけであるから，上記の意味の 1/2，すなわち約 1′ の分解能がある．望遠鏡を用いたときには望遠鏡の倍率だけ分解能は向上せず，むしろ対物レンズの口径の方が大きい影響を及ぼすものである．倍率 25〜40 倍の望遠鏡における標準的な分解能は 3.5″〜2.5″ である．

望遠鏡には正像と倒像のものとがある．正像のものは使用に便利であるが，レンズを多く使用するので望遠鏡としての性能が幾分低下する．

十字線はガラスに細線を刻んだものであって，これを金属枠に取り付け，これと鏡筒とをねじで締め付けている（図 4・19）．十字線で諸種の目標を正確にとらえ，かつ十字横線によって標尺目盛の読みが正しく得られるように考えられており，図 4・20 のように線の形態の異なったものがある．いずれも距離の略測ができるようにスタジア線をも備えている（第 5 章 10 節）．

十字横線が標尺目盛を切る位置の端数を目測によって判断する代わりに，図 4・21 のように視準線中に平行平面ガラスを入れ，これを回転させることによって視準線を上下移動させて標尺目盛に正しく合わせ，移動量すなわち標尺目盛の端数をマイクロメータで正確に読み取る工夫も利用される．

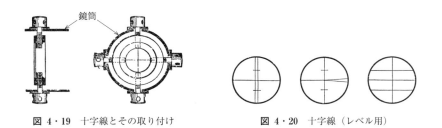

図 4・19　十字線とその取り付け　　　図 4・20　十字線（レベル用）

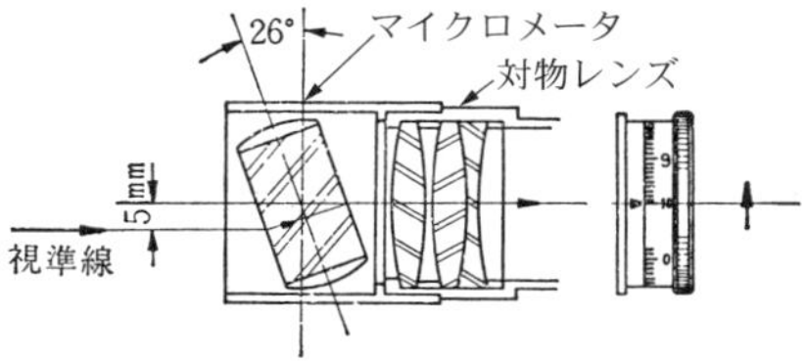

図 4・21　平行平面ガラス利用のマイクロメータ

(2) 気泡管

各種の器械の水平または鉛直を判断するためには気泡管を用いる．気泡管はガラス円管を軸方向に曲げて所要の曲率半径を持たせ，その中にアルコールとエーテルの混合液を入れて一部に気泡を残して封じたものである．図4・22のように気泡の位置を示すために目盛が施されていて，目盛中央における管軸に平行な接線を気泡管軸という．

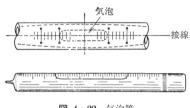

図 4・22 気泡管

気泡が中央にあれば気泡管軸が水平になっていることを示す．気泡管軸と視準線とが平行に，気泡管軸と鉛直軸とが直角になるように取り付け，それぞれが水平または鉛直であることを判断するのに用いる．

気泡管の感度は気泡を 2 mm 移動させるのに要する傾きによって示される．感度を支配する最大の因子は管軸の曲率半径であるが，液の粘性および表面張力が適切でないと使用し難い．望遠鏡付属の気泡管感度は，表 4・1 に示すように高精度～中精度のものでは $10''\sim20''/2\,\text{mm}$ である．

気泡管は一方向の水平が判断できるにすぎないが，球面を利用すればすべての方向の水平性を知ることができる．このようなものを円形水準器［円形気泡管］と称し，感度が低くてもよい場合に利用される．鉛直軸の鉛直性の指標として用いられるものがこれである．

(3) 鉛直軸

鉛直軸は滑らかに水平回転して遊びが少ないように作られていて，視準方向を固定できるように締付けねじ［固定ねじ］を備えている．なお，微動ねじによって視準線を微細に水平回転させ，目標を正しく視準できるようになっている．微動ねじは，軸から半径方向に突き出した腕金をねじで押し進めることによって軸に微小回転を与えるものであって，軸心から外れた場所において軸に直角方向に取り付けられている（図 4・23）．

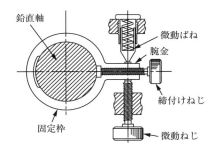

図 4・23　軸の固定と微動の機構

（4）　整準装置

　整準装置は，鉛直軸を正しく鉛直に設置できるように，上下の平行盤の間に整準ねじを置き（図4・10），このねじの長さを加減することによって鉛直軸の傾斜を変えられるようにしたものである．鉛直軸を正しく鉛直にすることを整準という．整準ねじは4個のもの（旧形式のものに多い）と3個のものがある．

　3個の整準ねじを用いて鉛直軸を鉛直にするには，図4・24(a)のようにまず2つの整準ねじA，Bを反対の方向に同量だけ回転させる．このとき水準器の気泡は，図の矢印で示すように，左親指の動く方向に移動する．こうしてこの方向で気泡を中央にもたらし，次には残りの1個の整準ねじによりこれに直角方向の整準をする（図4・24(b)）．この操作を交互に反復して，いずれの方向でも気泡が正しく水準器の中央に留まるようにすれば，鉛直軸は正しく鉛直となる．

（5）　三　　　脚

　地表の任意の場所において，レベル，セオドライトなどの器械を置くための安定し

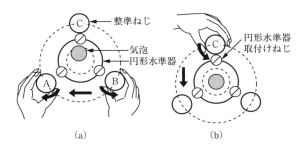

図 4・24　円形水準器による整準方法（3個ねじ）

図 4・25　レベルによる観測状況

た台とするためのものである．この上面に整準装置をねじで固定する．図 4・25 は三脚上に置いたレベルで観測中の状況である．

4.　器械の検査と調整

　すべての精密観測において共通していることは，①欠陥のない器械を用い，②正しく調整された状態で使用し，③誤差を消去できる観測法を採用し，④観測時の条件に応じて系統誤差を消去し，⑤繰り返し観測を行い，⑥さらに別途の観測を行って検照することである．本節では水準測量に関して①と②の目的のために，使用者が現地で実行できる方法について説明する．①の欠陥は器械を取り替えるべきであり，②の調整は使用者が必ず実施しなければならない事項である．各種の特徴を持った器械があるから，正しい検査ならびに調整を行うには，それぞれの器械について説明書を見る必要がある．なお，レベル，セオドライト，光波測距儀の良否を現場で試験する場合の基準が公共測量作業規程の準則「付録 2：公共測量における測量機器の現場試験の基準」に示されているので，参照されたい．

（1）　構造上の欠陥とその検査

　　（a）　標　　　尺

　目盛の正しいこと，底面の破損により 0 目盛が狂っていないこと，特に伸縮継目や折目の箇所で使用中に目盛の不正となりやすいので検査が必要である．

　鉛直性の判断ができるように気泡管を備えているものは，気泡管軸が正しく標尺軸線と直交していなければならない．この検査は室内で下げ振り線に沿わせて標尺を立

て，気泡位置を見ればよい．

（b）レ ベ ル

望遠鏡に関しては，合焦動作に応じて視準線に上下の振れを生じないことである．これを調べるには，レベルを整準してその位置から直線上で距離の異なる数点に標尺を立て，各標尺の目盛を読む．次に，レベルを他端に据えて再び同じ位置の標尺目盛を読み，各標尺の2回の目盛差が距離の一次関数でなければ，不規則な振れを生じていることがわかる．

傾読式レベルでは，気泡を移動させて観測するため気泡管が特に重要な役目を果たすから，気泡管の曲率が一定で気泡は傾斜に応じて滑らかに移動しなければならない．傾読ねじを用いて器械をわずかに傾けて望遠鏡気泡管の気泡の移動状況を見れば，これに関する判定が可能である．

自動レベルはコンペンセータの機能が完全でなければならない．この機能は，器械を整準後に，三脚を少し押すか，整準ねじを回転させてわずかに望遠鏡を傾けるか，器械を軽くたたいた場合においても常に一定高さを視準できるかどうかで判断できる．

（2）使用者が成立させるべき条件とその検査，調整

（a）傾読式レベル

1. 円形水準器の接平面が鉛直軸と直交すること．

［検査］①器械を堅固に据えて，レベルを上から見て図4・24に示した円形水準器の2個の取付けねじの並びと2個の整準ねじ（たとえばA，B）の並びを平行にする．②2個の整準ねじで気泡をその方向での中央にもたらす（横から見た状態は図4・26(a)）．③レベルを鉛直軸のまわりに180°回転させる（図4・26(b)）．このとき気泡が移動すれば気泡管軸（接平面）が鉛直軸と直交していない．

［調整］気泡の動いた原因は，気泡管軸と鉛直軸とが直角より v だけ狂っていたために，図4・26(a)において鉛直軸が鉛直から v だけ傾いている．図4・26(b)においては鉛直軸の傾きは元のままであって，気泡管軸は水平から $2v$ だけ傾いている状態となっている．

ゆえに次のようにする．ただし，円形水準器の感度が悪いから，下記の操作が円滑に実行され難い．①2個の整準ねじを用いて気泡移動量 e の1/2だけ回復させる．そうすると図4・26(c)のように鉛直軸は鉛直になり，気泡の位置は1/2だけ回復する．②残りの移動量は2個の円形水準器取付けねじを調整することにより回復させる．③

4. 器械の検査と調整

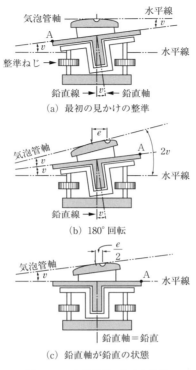

図 4・26 気泡管軸の検査と調整

図4・26と90°異なった方向については，1本の整準ねじC（図4・24）と水準器取付けねじを用いて同様のことを行う．④検査をやり直してみて狂いがあれば再度調整する．

2．十字横線が水平であること．

［検査］　器械を堅固に据えて1点を視準して，そのままの状態で水平微動ねじによって視準線を水平に（横に）回したとき，その点が常に十字横線上にあればよい．

［調整］　もし点が十字横線上からずれるときには，十字横線が傾いているのであるから，十字線取付け枠を鏡筒に取り付けているねじをわずかに緩めて十字線を回転させる．

3．気泡管軸が視準線と平行であること．

［検査］　特殊な構造の器械は便利な検査法が採用できるが，どの器械でも実施可能

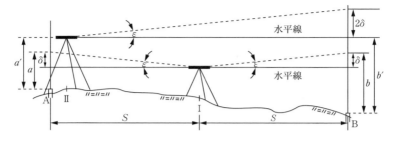

図 4・27　杭打ち調整法

な方法は図4・27に示す杭打ち調整法である．①A，Bに標尺を正しく立て，それから等距離にある点Ⅰに器械を据え，②ⅠからA，B（AB≒100 m）の標尺を視準して読みを取りこれをa，bとする．視準線が角εだけ狂っているとすると，A，Bの読みには同量の誤差δが含まれるから，次のことがわかる．

$$[正しい高低差]=(b-\delta)-(a-\delta)=b-a$$

③器械を一方の標尺Aの近くのⅡに移して十分標尺に接近して据え，Aに立てた標尺の読みa'を取る．次にBに立てた標尺を視準するとその読みb'が次式を満足しなければならない．

$$[正しい高低差]=b'-a'=b-a \qquad (4・6)$$

　［調整］　③における標尺a'の読みには誤差がないから，式(4・6)が成立しなければ図示のように視準線の狂いが原因である．この場合には，式(4・6)より$b'=a'+(b-a)$を計算してその高さを視準できるように望遠鏡を傾けると視準線が水平になっているから，そのとき気泡の両端の像が合致するように（気泡が中央に来るように），管端にある調整ねじで気泡管の傾きを調整する．調整量が微小なときは光路中のプリズムの調整ねじを用いて気泡を合致させることのできる器械もある．

　（b）　自動レベル

1．円形水準器の接平面が鉛直軸と直交すること．

［検査］［調整］　傾読式レベル1．参照．

2．十字横線が水平であること．

［検査］［調整］　傾読式レベル2．参照．

3．許容範囲内の望遠鏡の傾きに対して常に視準線が水平であること．

［検査］　傾読式レベル3．参照．ただし，事前に許容範囲内で望遠鏡の傾きを与え

たときに，コンペンセータが正しく作動していることを確認しておくとよい（本節(1)参照）．

［調整］　式(4・6)が成立しないときには，$a'+(b-a)$ を視準できるように十字線を上下させる．精密な器械では，コンペンセータの振子装置の調整ねじによって視準線の微小な傾斜を補正できるようになっている．

［例4・2］　望遠鏡気泡管感度 $20''/2\,\text{mm}$ の傾読式レベルを用いて，視準距離を後視 20 m，前視 120 m として 2 点間の高低差を求めた．後日調べたところ，調整不完全なために視準線が水平なときに気泡が中央から 1 mm ずれていることがわかったとする．必要な補正量を求めてみよう．

（解）　気泡が 1 mm ずれると，これに対応する視準線の傾きは約 $10'' \fallingdotseq 5\times10^{-5}$ rad となる（図 4・28）．そのための標尺目盛の読みの違いによる高低差は，$5\times10^{-5}\times(120-20)$ m = 5 mm．この値を加えるべきか減ずるべきかは，題意から判断できない．

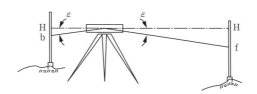

図 4・28　視準線が角 ε だけ下がっている場合

［例4・3］　標尺が鉛直より θ だけ傾いている場合には，高低差にどのような誤差を生じるか．

（解）　図 4・29 の状態になるから，誤差は視準距離には関係なく，標尺の読取りの高さに関係する．読みを h とすれば誤差は，$h-h\cos\theta$ である．$h=1,500$ mm，$\theta=3°$ のときには誤差 2.1 mm となる．

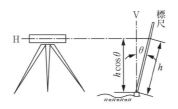

図 4・29　標尺の傾きの影響

5. 直接水準測量の方法と用途

直接水準測量の原理は本章1節(1)に示したとおりである．まず直接水準測量に用いられる術語を挙げておく．

1. 後視［BS］および前視［FS］：高さ既知の点に立てた標尺の読みを後視といい，これから高さを求めようとする点に立てた標尺の読みを前視という．
2. 器械高［IH または HI］：視準線の標高または測点から視準線までの高さをいう．
3. もりかえ点［TP］および中間点［IP］：高低差を求める2点が遠く離れている場合は，何度も器械を据え換える必要がある．このとき，標尺を置いて後視，前視ともに読み取って前後の測量の連絡をつける点をもりかえ点という．これは重要な点であるから，観測中に沈下や移動が生じないように標尺台などを用いて高さを一定に保つ必要がある．これに対して単に前視のみをとる点を中間点という．これはその点の高さを知るためのものにすぎず，誤差があっても他の点に影響を与えない．
4. 水準面および水準線：重力の等ポテンシャル面を水準面という．水準面内の1つの線を水準線という．
5. 水平面および水平線：1点で水準面に接する平面を水平面といい，水平面内にある1つの線が水平線である．

（1） 高低差の観測と標高の算出

図4・30において A を標高既知点，B を未知点とする．両方の点に標尺を鉛直に立て，レベルによって水平視準線を作ってそれが標尺と交わる点の目盛 b_A（後視）および f_B（前視）を読めば，次の関係によって点 B の標高が求められる．

$$H_B = H_A + b_A - f_B = IH - f_B \qquad (4\cdot7)$$

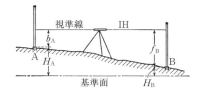

図 4・30　直接水準測量の方法

5. 直接水準測量の方法と用途

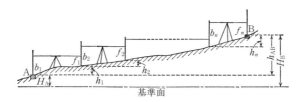

図 4・31　長距離にわたる直接水準測量

もし A, B 間の距離が長くて途中を n 区間に分割して高低差を観測したときには（図 4・31），中間の分割点はもりかえ点となり，A, B 間の高低差 h_{AB} および点 B の標高は次のように計算できる．

$$\left.\begin{array}{l} h_{AB}=\sum_{i=1}^{n} h_i=\sum_{i=1}^{n}(b_i-f_i)=\sum_{i=1}^{n} b_i-\sum_{i=1}^{n} f_i \\ H_B=H_A+h_{AB}=H_A+\sum_{i=1}^{n} b_i-\sum_{i=1}^{n} f_i \end{array}\right\} \quad (4 \cdot 8)$$

視準距離は，大きくするほど作業を敏速にできるが，使用器械の良否・天候・地形および所要精度に応じて適当に定めるべきである．普通のレベルでは 1 目盛 5 mm を確実に読むことのできる最長の視準距離は 120〜200 m であるから，30〜100 m を適当とする．もしあまりに短距離にすると，レベルを据え換える回数が多くなり，したがって誤差の生じる機会を増し，作業にも時間がかかる．またあまりに長距離にすると，不完全調整・目盛読取りその他による誤差が入ってくるから，視準距離を高精度の測量では 40〜50 m に，普通精度の測量では 50〜70 m に，略測量では 80〜100 m ぐらいにとればよい．なお，視準距離の測定はスタジア測量（第 5 章 10 節）によればよい．

直接水準測量では各種の原因によって誤差が入るので，精密な測量を行う場合の注意事項を以下に示そう．

1. 最も大切なことは後視と前視との距離をほぼ等しくすることである．焦準動作をほとんど変更する必要がなくて便利であるのみならず，各種の原因による誤差を消去できる．

2. 円形水準器の気泡がほぼ中央にあること．傾読式レベルでは観測の瞬間に気泡が中央になければならない．

3. 器械が直射日光をうけて不同膨張を起こさないように覆う．

4. 視準線が低ければ地表上のかげろうの影響で視準線が動揺するから，視準線をあまり低くしないのがよい．直射日光のもとで観測をしないのが最良である．

5. 視準線が高い場合には，標尺をとくに正しく鉛直に立てるように心掛ける．

6. 標尺の底面に土が付着しないように気をつける．

7. 多区間に分けて長距離の観測を行う場合，2本の標尺を利用するときには図4・32(a)のような使用は不適であって，図4・32(b)のような使用法をすれば標尺目盛の誤差を消去するのに効果がある．このときの区間数は偶数とすべきである．

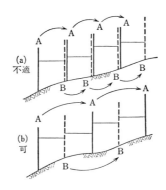

図 4・32 標尺の移動

8. 精密観測の場合には少なくとも後視，前視，前視，後視という順に2回の読みをとる．

（2） 直接水準測量の用途

（a） 水準点の設置

水準点を設置するということは，標高測定の必要な地域内に以後の標高観測の基準となる点，すなわち水準点を設けて，その標高を正確に測量することである．精密に測量を行い，測量誤差の大きさを調べて補正を実施できるようにしなければならない．作業方法は（1）に記したとおりである．以後の利用が便利なように，水準点は付近の標高の平均的な高さで見通しやすい場所に選ぶことが肝要である．

（b） 縦 断 測 量

細長い区域の測量（鉄道・道路・水路などの路線測量では，一定距離（20mのことが多い）ごとに中心杭を打って中心線を確定し，この中心線に沿う距離，地盤高および杭高を測量して縦断面図を作る．この測量を縦断測量という．付近の水準点と結

ぶ水準測量を行って，誤差の検査と補正を実行できるようにする．

（c）横 断 測 量

中心線に直角方向に距離と高低差を観測し，中心杭の位置での横断面の形状を決定することを横断測量という．縦断面と横断面とがわかり，これと別に施工断面が決定されれば，道路・鉄道などの工事のための土工量の計算を行うことができる．

使用器械としては，トータル=ステーションかGNSSによるのが便利であり，精度が悪くてもよい場合にはスタジア測量が採用されることもある．なお，小規模の場合には，距離測量にはガラス繊維製巻尺・鋼製巻尺，水準測量にはハンドレベルやレベルなどが利用され，中心線から直角を設定するときにも，目測・直角設定器具・セオドライトなどを用いる．

（d）地形測量または土工量の算定

一定地域内の地形を知るか土工量を算出したいときには，地域内諸点の平面位置と標高を測量しなければならない．その測量方法は第9章および第10章において説明する．

（e）各 種 工 事

水面の高さおよび勾配の測定，施工基面の現地設置，各種機器の据付け高さの確定など諸方面に活用される．

（f）地殻変動の観測

極めて精密な直接水準測量によれば，距離1kmについて1～2mm程度まで正しく高低差が測れるから（表4・1参照），GNSSによる電子基準点と同様に，地盤沈下や地殻変動観測に利用されている．

（3）野帳の記入法

簡単な測量のときには見取図によってもよいが，多くの場合は複雑になるから一定の書式によって観測値を記録する．水準測量結果を記入する手帳をレベル野帳と称し，記帳法には次の2種がある．

（a）昇降式記帳法（図4・33，表4・2）

A, B, ……, H, Aという順に1つの経路に沿って測量を行い最後の点に戻ったときの例である．これらの点はすべてもりかえ点であるが，C', E', G'という点の高さを観測しておく必要があったので，それぞれC, E, Gを基準として観測したからこれら3点は中間点となる．

表4・2においては左から前視の列までが観測値である．この例では始点と終点と

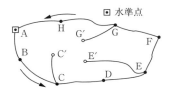

図 4・33 水準環路線の測量

表 4・2 昇降式記帳法と計算例

測点	距離 (m)	後視 (m)	前視 (m) もりかえ点	前視 (m) 中間点	昇 降 (m)	地盤高 (m)	補正値 (m)	調整地盤高 (m)	備 考
A		0.473				60.864		60.864	Aの地盤高
B	54	0.749	1.928		−1.455	59.409	−0.001	59.408	=60.864 m
C	38	0.819	1.873		−1.124	58.285	−0.002	58.283	
C′				1.274	−0.455	57.830		57.828	
D	36	0.942	1.794		−0.975	57.310	−0.003	57.307	
E	40	1.498	1.306		−0.364	56.946	−0.004	56.942	
E′				1.201	+0.297	57.243		57.239	
F	48	0.807	0.512		+0.986	57.932	−0.004	57.928	
G	30	2.539	1.199		−0.392	57.540	−0.005	57.535	
G′				0.922	+1.617	59.157		59.152	
H	40	2.030	0.764		+1.775	59.315	−0.006	59.309	
A	46		0.474		+1.556	60.871	−0.007	60.864	
計		9.857	9.850						

検　9.857−9.850=0.007

が同一点であるから，式(4・8)より

[もりかえ点の後視の和]−[もりかえ点の前視の和]=0　　　(4・9)

という条件が成立するかを調べて最下欄に記してある．この閉合差が許容値以内であれば閉合差を測点間の距離に比例して（重みに反比例して）配分する（[例2・13]の式(f)および式(4・15)）．その値は補正値として示してある．中間点は基準としたもりかえ点に準じて補正すればよい．

（b）　器械高式記帳法（図4・34，表4・3）

式(4・7)に示すように，地盤高は器械高を求めておいてこれから前視を差し引けばよいから，縦断測量・横断測量・地形測量などのように前視の数が多いときに便利な記帳法である．表4・3の例は水準点 No.2 から水準点 No.4 までを測量したもので

5. 直接水準測量の方法と用途

図 4・34 水準測量路線

表 4・3 器械高式記帳法と計算例

測点	距離 (m)	BS (m)	IH (m)	FS(m) TP	FS(m) IP	GH (地盤高) (m)	補正値 (m)	調整 地盤高 (m)	備 考
2		1.728	61.023			59.295		59.295	2の地盤高 =59.295 m
3	72	1.203	61.302	0.924		*60.099*	*+0.004*	*60.103*	
13					1.376	*59.926*		*59.930*	
14					1.340	*59.962*		*59.966*	
15					0.880	*60.422*		*60.426*	
4	47			1.173		*60.129*	*+0.006*	*60.135*	4の地盤高 =60.135 m
計		*2.931*		*2.097*					

検 $59.295+2.931-2.097-60.135=-0.006$

ある.

[**例 4・4**] 勾配10%の道路に沿って，高所から下へ距離300 m にわたって水準測量を行った．分割区間長は30 m，後視の読みは常に0.5 m であった．（ⅰ）すべての標尺が常に鉛直より2°傾いて立てられていたとする．（ⅱ）標尺が標準温度よりも常に10℃高く，使用した合成樹脂製の標尺の熱膨張率が$50\times10^{-6}℃^{-1}$であるとする．2つの場合における補正量を求めてみよう．

(解) 測量の状況図を描けば，前視は3.5 m であることがわかる．（ⅰ）1視準に対して，標尺の読みをl，標尺の傾きをθとすると，正しい読みとするための補正量は，$\Delta l=l(\cos\theta-1)$．ゆえに全区間に対する補正は$(\sum b_i-\sum f_i)(\cos\theta-1)=(0.5\,\text{m}-3.5\,\text{m})\times 10\times(-6.09\times10^{-4})=18.3\,\text{mm}$．この値を加えなければならない．（ⅱ）1区間で観測される高低差$(b-f)$は3 m であるが，標尺の膨張のための誤差は，$50\times10^{-6}℃^{-1}\times10℃\times3,000\,\text{mm}=1.5\,\text{mm}$．10区間に対しては$-15\,\text{mm}$の補正を加える．

6. 直接水準測量における誤差

（1） 誤差の原因と性質

　直接水準測量は非常に高精度の成果が得られるものであるが（表4・1参照），良好な結果を得るためには誤差の原因と消去方法を知っておかなければならない．誤差は全く偶然に起こるもの，系統誤差となるもの，あるいは測量方法や条件によっていずれかの性質を帯びるものがある．完全に偶然誤差となるものを表4・4に示し，それ以外のものを表4・5に示しておく．

表 4・4　直接水準測量の誤差（その1．偶然誤差となるもの）

発生源	原　　因	誤差の性質	誤差の減少法
器　械	コンペンセータ静止位置の不同．	距離に比例して増大．	器械を軽くたたく．
	標尺目盛の不均一．		
観測者	観測時の気泡位置不良．	距離に比例して増大．	注意して点検する．
	標尺目盛読み取り誤差．	距離に応じて増加．	焦準を正しくする．
自然条件	空気の動揺，かげろう．	距離に応じて増加．	炎天を避ける．視準線を高くする．

（2） 偶然誤差とその性質

　図4・31のように長距離の1路線を多区間に分割して水準測量を行うときを考える．各種の原因により標尺目盛の観測値に誤差が含まれるが，それらを総括して後視 b_i および前視 f_i の偶然誤差（標準偏差）を σ_{bi} および σ_{fi} とすると，1路線（標尺設置区間数 n，路線全距離 S）の高低差 h_{AB} に含まれる偶然誤差 $\sigma_{h_{AB}}$ は，式(4・8)に誤差伝播の法則を適用して次式で表される．

$$\sigma_{h_{AB}}^2 = \sum_{i=1}^{n} \sigma_{bi}^2 + \sum_{i=1}^{n} \sigma_{fi}^2 \qquad (4・10)$$

　各区間の観測条件をすべて同一とし，かつ後視と前視との距離も等しくて S_0 とするとき，標尺設置区間の距離は $2S_0$ であって，

$$\sigma_{bi} = \sigma_{fi} \equiv \sigma \quad (\sigma は定数)$$

$$S = 2nS_0 \quad (S は路線全距離，n は区間数)$$

であるから，式(4・10)より次のようになる．

$$\sigma_{h_{AB}} = \sqrt{2n}\,\sigma = \sqrt{\frac{S}{S_0}}\,\sigma = k\sqrt{S} \qquad (4・11)$$

6. 直接水準測量における誤差

表 4・5 直接水準測量の誤差（その 2. 諸種の性格を帯びた誤差）

発生源	原因	誤差の性質	誤差の状態	誤差の消去法または減少法
器械	調整不完全により視準線が水平から傾く.	距離に比例して増大.	多区間に分けて観測すれば偶然誤差となる．ただし前視と後視の距離の一方が常に大であれば系統誤差となる．	前視と後視の視準長を等しくする．
	焦準動作に伴う視準線の振れ.	一定の癖を有することが多い.	同上の傾向を有することが多い.	同上
	標尺目盛が標準長となる.	高低差に比例して増大する.		検定値と使用時の条件により補正する．図 4・32 (b) の方法を適用する．
観測者	標尺の傾き.	目盛の読みが大きくなる.	多区間に分けて観測すれば，目盛間隔が標準長より短いときと同様な影響を与える.	気泡管，下げ振りなどにより正しく鉛直に立てる．
	レベル，標尺の沈下.		後視を先に，前視を後にという観測法を守れば誤差が加算される.	器械を堅固に据える．
自然条件	太陽の直射.	レベルおよび標尺が熱膨張を起こす.	一定方向から太陽が当たれば系統誤差の性格を与える.	レベル，標尺を覆って影に入れる．
	地球曲率の存在.	距離のほぼ二乗に比例して増大.	多区間に分けて観測すれば偶然誤差となる．ただし前視と後視の距離の一方が常に大であれば系統誤差となる.	前視と後視の距離をを等しくする．視準距離を短くする．楕円補正を行う．
	大気による光の屈折.			

$$k = \sigma/\sqrt{S_0} \quad (\text{定数}) \tag{4・12}$$

後視と前視の視準距離を等しくかつ観測条件をすべて同一に保てば k は一定値と考えてよいから，式(4・11)は水準測量の偶然誤差は距離の平方根に比例することを意味する．換言すれば，直接水準測量によって得た高低差の重みは距離に反比例することになる．k の値は水準測量の精密さを示すものであって，水準測量の精度の比較は，同一距離に対する k の値によればよい．普通は距離 $S_0 = 1\,\mathrm{km}$ に対する k の値を使用し，S は km 単位を使用したときの数値を用いる．公共測量作業規定の準則では式(4・11)の表現を用いて許容最大誤差が決められている（表 4・6）．

表 4・6 水準測量の許容誤差(単位:mm)

区分		往復較差	環閉合差	目的
公共測量	1級水準測量	$2.5\sqrt{S}$	$2\sqrt{S}$	地盤変動,2級以下の基準.
	2級水準測量	$5\sqrt{S}$	$5\sqrt{S}$	地盤変動,市街地,河川縦断,3級以下の基準.
	3級水準測量	$10\sqrt{S}$	$10\sqrt{S}$	各種工事,縦断測量,簡易水準の基準.
	4級水準測量	$20\sqrt{S}$	$20\sqrt{S}$	山地で3級水準測量の困難なとき.
	簡易水準測量	$40\sqrt{S}$	$40\sqrt{S}$	精度を要しないとき,写真測量の標高基準点.

(注) S は観測距離を km で表した数.往復の時は片道.

7. 1つの路線の直接水準測量の調整

水準点 A から B まで水準測量を行ったときを考える(図 4・35).このとき点 A および B の標高は正しいものと仮定する.途中を n 区間に分けて $n-1$ 個の水準点を設け,各区間とも同様な方法で水準測量を行ったとし,各区間の距離を S_i,高低差の観測値を h_i,$i=1,2,\cdots,n$ とする.h_i の重みは $p_i \propto 1/S_i$ と仮定すればよく,各区間の高低差の最確値を ΔH_i と書くと,

$$\sum_{i=1}^{n} \Delta H_i = H_B - H_A \quad (定数) \qquad (4\cdot13)$$

という条件が成立しなければならない.この条件は [例 2・13] の式(a)と同じ形であるから,式(b)に従って
閉合差:

$$閉合差:w = (H_B - H_A) - \sum_{i=1}^{n} h_i \qquad (4\cdot14)$$

を計算しておけば,式(f) より

$$\Delta H_i = h_i + w \frac{S_i}{\sum_{i=1}^{n} S_i} \qquad (4\cdot15)$$

となる.すなわち閉合差が出れば,それを距離に比例して分配したものを各区間の高低差の最確値とすればよい.

図 4・35 水準測量経路

各区間の距離が等しい場合について考えてみよう．高低差 h_i の観測の重みはどの区間においても等しいから［例 2・13］の式(l) より

$$\Delta H_i = h_i + \frac{w}{n} = h_i - \frac{1}{n}\sum_{i=1}^{n} h_i + \frac{H_B - H_A}{n} \tag{4・16}$$

さて，点 i, $i=1, 2, \cdots, n-1$ の標高の最確値を H_i で表すと，

$$H_i = H_A + \sum_{j=1}^{i} \Delta H_j \tag{4・17}$$

であって，ΔH_i は観測値の関数であるから，式(4・16)によって独立な観測値によって表すと，

$$\left.\begin{aligned}H_i &= H_A + \sum_{j=1}^{i} h_j - \frac{i}{n}\sum_{j=1}^{n} h_j + \frac{i}{n}(H_B - H_A) \\ &= H_A + \left(1-\frac{i}{n}\right)\sum_{j=1}^{i} h_j - \frac{i}{n}\sum_{j=i+1}^{n} h_j + \frac{i}{n}(H_B - H_A)\end{aligned}\right\} \tag{4・18}$$

ここで，観測値 h_i の分散を［例 2・13］の式(m)によって $s_0 = w^2/n$ （一定）と推定すると，H_i の分散 $s_{H_i}^2$ は次式で求められる．

$$s_{H_i}^2 = \left\{\left(1-\frac{i}{n}\right)^2 i + \left(\frac{i}{n}\right)^2 (n-i)\right\} s_0^2 = i\left(1-\frac{i}{n}\right) s_0^2 \tag{4・19}$$

この結果は，標高最確値の誤差が水準点より離れるほど大きくなることを示している．たとえば A, B 間を 8 等分したときに中間 7 点の標高誤差の比は，0.66：0.87：0.97：1.00：0.97：0.87：0.66 となる．

8. 直接水準測量網の調整——図形調整法と座標調整法

直接水準測量における誤差には系統誤差と偶然誤差とが含まれるが，前者は所要の正確さを失わない程度に補正されていると考え，観測値に含まれる誤差は偶然誤差のみであると仮定する．観測区間距離を同一とし，一定の観測方式によって長距離の路線（交点および基準点間を結ぶ区間を 1 つの路線と呼ぶ）を水準測量したとすれば，高低差の偶然誤差は路線延長（すなわち観測区間数）の平方根に比例することになる．したがって，規則正しい直接水準測量においては，観測された路線両端の標高差の重みは路線延長に反比例すると仮定する．

上記の仮定を採用して多くの交点を有する水準測量網（たとえば図 4・36）を最小二乗法によって調整すると，まず最初に路線ごとの残差，したがって補正量が決定さ

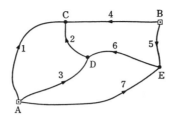

図 4・36 水準測量網の例

れる.すなわち,各路線両端の高低差と交点の標高が確定する.次に各路線の中間測点の標高補正量を求めるには,その路線の両端における標高補正量(閉合差)を距離に応じて配分すればよい(式(4・15)).

　直接水準測量網の調整は比較的簡単であるから,水準測量網全体を同時に調整することが多い.ただし,複雑かつ大規模な水準測量網では,主要路線ほど高精度の観測を行い,一次,二次,…と分類して高精度のものから順次調整を行うことがある.いずれの場合でも近似的な調整法も用いられる.

(1) 条件付き独立観測と考えたときの調整法(図形調整法,条件方程式法)

　標高既知の水準点 A,B を含む水準測量網を図 4・36 の例によって考えてみる.各路線の両端間の高低差をそれぞれ独立に観測して h_i, $i=1, 2, \cdots, 7$ という値を得たとする.

　路線ごとの高低差の最確値を ΔH_i で表すと,次の残差方程式が得られる.

$$\Delta H_i = h_i - v_i, \qquad p_i = 1/S_i, \qquad i = 1, 2, \cdots, 7 \qquad (4 \cdot 20)$$

ところが,この観測では 3 つの点 C,D,E の高さを定めるのには,たとえば高低差 h_1, h_3, h_5 のみを測ればよい.したがって,h_2, h_6, h_7, h_4 を測るごとに順次,次の 4 つの独立な条件ができる[*1].

$$\left. \begin{array}{l} \Delta H_1 - \Delta H_2 - \Delta H_3 = 0 \\ \Delta H_2 - \Delta H_4 + \Delta H_5 + \Delta H_6 = 0 \\ \Delta H_3 - \Delta H_6 - \Delta H_7 = 0 \\ \Delta H_1 - \Delta H_4 = H_B - H_A \end{array} \right\} \qquad (4 \cdot 21)$$

[*1] たとえば,$\Delta H_7 - \Delta H_5 = H_B - H_A$ というように,異なった条件式が作れる.ただし独立な条件式は 4 つしか存在しない(たとえば,式(4・21)の最初の 3 式を加え合わせて第 4 式を減ずれば,脚注の式になる).なお,図形がただ 1 つ確定するように条件を作るから図形調整法といわれる.条件式を成立させることから条件方程式法ともいわれる.

8. 直接水準測量網の調整——図形調整法と座標調整法

式(4・20)を用いて，条件式を残差で表すと，次のようになる．

$$\left.\begin{aligned}
\varphi_1 &\equiv v_1 - v_2 - v_3 + w_1 = 0, & w_1 &= -h_1 + h_2 + h_3 \\
\varphi_2 &\equiv v_2 - v_4 + v_5 + v_6 + w_2 = 0, & w_2 &= -h_2 + h_4 - h_5 - h_6 \\
\varphi_3 &\equiv v_3 - v_6 - v_7 + w_3 = 0, & w_3 &= -h_3 + h_6 + h_7 \\
\varphi_4 &\equiv v_1 - v_4 + w_4 = 0, & w_4 &= -H_A + H_B - h_1 + h_4
\end{aligned}\right\} \quad (4 \cdot 22)$$

次に条件付き最小二乗法

$$\sum_{i=1}^{7} v_i^2 / S_i - 2 \sum_{k=1}^{4} \lambda_k \varphi_k \Rightarrow [\text{最小}]$$

を適用すると次式が得られる．

$$\left.\begin{aligned}
v_1 &= S_1(\lambda_1 - \lambda_4), & v_2 &= S_2(-\lambda_1 + \lambda_2), & v_3 &= S_3(-\lambda_1 + \lambda_3) \\
v_4 &= S_4(-\lambda_2 + \lambda_4), & v_5 &= S_5 \lambda_2, & v_6 &= S_6(\lambda_2 - \lambda_3), & v_7 &= -S_7 \lambda_3
\end{aligned}\right\} \quad (4 \cdot 23)$$

上式を式(4・22)に代入すると，次の正規方程式が導かれる．

$$\left.\begin{aligned}
(S_1 + S_2 + S_3)\lambda_1 - S_2 \lambda_2 - S_3 \lambda_3 - S_1 \lambda_4 + w_1 &= 0 \\
-S_2 \lambda_1 + (S_2 + S_4 + S_5 + S_6)\lambda_2 - S_6 \lambda_3 - S_4 \lambda_4 + w_2 &= 0 \\
-S_3 \lambda_1 - S_6 \lambda_2 + (S_3 + S_6 + S_7)\lambda_3 + w_3 &= 0 \\
-S_1 \lambda_1 - S_4 \lambda_2 + (S_1 + S_4)\lambda_4 + w_4 &= 0
\end{aligned}\right\} \quad (4 \cdot 24)$$

S_i は正の数であるから，正規方程式(4・24)の係数行列の対角線要素の絶対値は他の要素の絶対値よりも大きく，かつ他の要素は対角線に関して対称である．

この正規方程式を解いて λ_k, $k=1,2,3,4$ を求め，式(4・23)に代入すると残差が決定できる．観測誤差の算出は第2章10節(1)(b)に従えばよい．

(2) 独立間接観測と考えたときの調整法（座標調整法，残差方程式法）

前項(1)の水準測量については，3つの交点の標高 H_j, j=C, D, E を未知量と考え，測点間の高低差

$$\Delta H_1 = H_C - H_A, \quad \Delta H_2 = H_C - H_D, \cdots, \Delta H_7 = H_E - H_A \quad (4 \cdot 25)$$

を観測したものとみなして解くこともできる．

図4・36において交点の標高の近似値 $\tilde{H}_j$ を推定し，未知の補正 δH_j を導入して標高の最確値を次のように置く[*2]．

$$H_j = \tilde{H}_j + \delta H_j, \qquad j = \text{C, D, E} \quad (4 \cdot 26)$$

[*2] 残差方程式が線形だから，論理上はこのようにして小さい補正を未知数とする必要はない．ただし，このようにすれば数値計算において有効数字桁数の小さい計算で済ますことができる．なお，座標（標高）を未知数としているから座標調整法といわれる．式(4・27)のような残差方程式から出発するから残差方程式法ともいわれる．

式 (4・25) および (4・26) を式 (4・20) に代入すると，次の 7 つの残差方程式が得られる．これは 3 つの未知数 δH_C, δH_D, δH_E に関する間接観測の残差方程式である．

$$\left.\begin{aligned}
v_1 &= -\delta H_C + l_1, & l_1 &= h_1 - \widetilde{H}_C + H_A, & p_1 &= 1/S_1 \\
v_2 &= -\delta H_C + \delta H_D + l_2, & l_2 &= h_2 - \widetilde{H}_C + \widetilde{H}_D, & p_2 &= 1/S_2 \\
v_3 &= -\delta H_D + l_3, & l_3 &= h_3 - \widetilde{H}_D + H_A, & p_3 &= 1/S_3 \\
v_4 &= -\delta H_C + l_4, & l_4 &= h_4 - \widetilde{H}_C + H_B, & p_4 &= 1/S_4 \\
v_5 &= -\delta H_E + l_5, & l_5 &= h_5 - \widetilde{H}_E + H_B, & p_5 &= 1/S_5 \\
v_6 &= -\delta H_D + \delta H_E + l_6, & l_6 &= h_6 - \widetilde{H}_D + \widetilde{H}_E, & p_6 &= 1/S_6 \\
v_7 &= -\delta H_E + l_7, & l_7 &= h_7 - \widetilde{H}_E + H_A, & p_7 &= 1/S_7
\end{aligned}\right\} \quad (4\cdot 27)$$

これより正規方程式は次のようになり，それを解いて δH_j, 残差 v_j などが求められる．正規方程式の係数行列は，この場合も対角線要素の絶対値が他よりも大きく，対角線要素に関して対称である．

$$\left.\begin{aligned}
\left(\frac{1}{S_1}+\frac{1}{S_2}+\frac{1}{S_4}\right)\delta H_C - \frac{1}{S_2}\delta H_D &= \frac{l_1}{S_1}+\frac{l_2}{S_2}+\frac{l_4}{S_4} \\
-\frac{1}{S_2}\delta H_C + \left(\frac{1}{S_2}+\frac{1}{S_3}+\frac{1}{S_6}\right)\delta H_D - \frac{1}{S_6}\delta H_E &= -\frac{l_2}{S_2}+\frac{l_3}{S_3}+\frac{l_6}{S_6} \\
-\frac{1}{S_6}\delta H_D + \left(\frac{1}{S_5}+\frac{1}{S_6}+\frac{1}{S_7}\right)\delta H_E &= \frac{l_5}{S_5}-\frac{l_6}{S_6}+\frac{l_7}{S_7}
\end{aligned}\right\} \quad (4\cdot 28)$$

誤差の計算は第 2 章 8 節 (1) (b) に従えばよい．

(3) 図形調整法と座標調整法

以上のように，1 つの測量結果を 2 つの異なった方法で調整することができた．このことは，第 2 章 9 節において，1 つの測量を条件付き観測，または間接観測のいずれと考えても調整できるという事実を示したことに相当するものである．数値計算をしてみれば，両者の解の一致することがわかる．両者の方法と特徴を比較して表 4・7 に示した．

要点を示せば，図形調整法［条件方程式法］は，図上で幾何学的な考察に基づいて条件式を作ることから，この名前がつけられている．誤りなく条件式を作ることに頭を使わなければならないが，条件式が少なければ正規方程式の個数が少なく，かつ最初に残差が求まるから，測定および計算の良否が早くわかる．

座標調整法［残差方程式法］は，座標（標高）を未知量とし，間接観測としての残差方程式から出発するからこの名前がつけられている．残差方程式を作るのは面倒で

表 4・7 測量調整法の比較

調整法	図形調整法	座標調整法
未知量	観測量自身.	観測していない量(座標値), 観測量も未知.
残差方程式	直接観測の残差方程式を書く. [残差]=[観測値]-[最確値]	[残差]=[観測値]-[未知座標値の関数]という形に書く. 少し面倒だが組織的に作れる.
条件式	独立で必要十分な個数の式を作る.	特別な場合以外は不要.
非線形の場合	条件式を未知数に関して線形にする.	残差方程式を未知座標に関して線形にする.
正規方程式	条件式の個数だけできる.	未知座標の個数だけできる.
最初に求まる値	残差 (残差の値によって, 直ちに測量および計算の良否が推定できる.)	座標値 (座標値を用いて, 残差を求めなければ, 測量および計算の良否が確かめられない.)

あるが, それらを組織的に作ることができるから大きな欠点とはならない. 未知座標の個数が少なければ正規方程式の個数が少なくなる. ただし, 残差方程式の計算を含めて全体の計算を電子計算機で処理しやすいので, 未知座標の個数が多くてもこの方法で調整することが多くなってきている.

[**例 4・5**] 最小二乗法を実行すると, 正規方程式(これは連立多元一次連立方程式である)を解かなければならない. 前節の例によって正規方程式の未知数の個数を比較すると, (1)においては4個, (2)においては3個である.

9. 交互水準測量

海や広い川を横断して水準測量を行うような場合は, 前視と後視の距離が著しく相違するために不正確になる恐れがある. この場合には, 同一の器械を用いて図 4・37 のように海を挟んで標尺と器械の位置を対称に配置してどちらの側からも観測し, その高低差の平均を求める. これを交互水準測量[渡海水準測量]という. 遠方の標尺を視準するから視準標付き標尺を用いる.

この方法の成立する理由を説明しよう. 図 4・37 の破線は水平線を示すものとする. 図のCからA, Bの標尺を視準して読み a, b を得たときに水平線からの狂い e_1, e_2 があるとする. 同じくDからB, Aの標尺を視準したときの観測値が b', a' であって, 狂いが e_1', e_2' であるとすれば, 正しい標高差は

$$H_B - H_A = (a-e_1) - (b-e_2) = (a'-e_2') - (b'-e_1')$$

しかるに, 両側において同一の器械で観測するから, 調整が不完全であっても狂いは

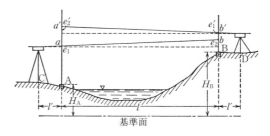

図 4・37 交互水準測量

同じと仮定してよい．そのうえ次節で示す両差の影響も同じ値となるから，$e_1=e_1'$，$e_2=e_2'$となる．ゆえに両側観測値から求められる標高差の平均をとると，上式より次のように正しい高低差が得られる．

$$\frac{(a-b)+(a'-b')}{2}=H_\mathrm{B}-H_\mathrm{A} \qquad (4・29)$$

器械の狂いと両差（10節(2)）以外の影響を軽減する方法を示そう．

1．両岸から同時観測をすることによって大気変動の影響を消去するために，2台の器械を用いる．

2．視準線の狂いの影響を消去するために，図4・38に示す交互水準測量装置を用いる．これは1つの基台上に2台のレベルを据えた装置である．観測する前に，図4・39のように2台のレベルの対物レンズ同士を対向させ，各レベルで互いに相手の十字線が正しく視準できるように調整する（コリメーションという）．この状態では両視準線が平行であることが保証され，一方の視準線がεだけ傾いていれば他方は$-\varepsilon$だけ傾いていることになる．したがって，両レベルで対岸の標尺目盛を読み，そ

図 4・38 交互水準測量装置（Zeiss）

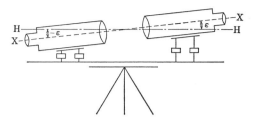

図 4・39 コリメーションの状態

の平均値を採用すれば視準線の傾きによる誤差が消去される．もちろん対岸からも同時に同様のことを行って平均値を採用する．

3. 交互水準測量では観測値のばらつきが大きいので多数回の観測を行う（たとえば距離 500 m に対して 50 回以上）．このようなときには観測回数を分割し，正午頃を中心として時刻および日を変えた観測値の平均をとるとよい．

なお，両岸から同時観測を行うという原則を守って次のような方法も採用される．

1. 傾読式レベルを用いる場合は，1本の標尺につけた上，下2つの視準標を観測し，それぞれの視準線の傾きを傾読ねじの目盛で測る（俯仰ねじ法と呼ばれている）．

2. 三角水準測量による（次節），または GNSS 観測値を用いる．

10. 三角水準測量

間接水準測量の1種であって，図 3・21 のように高低角と距離を測って計算より2点の高低差を求める測量を三角水準測量という．遠く離れた測点間，あるいは高低差の著しい場所での測量に適し，直接水準測量に比べて費用と時間は節約できるが正確さははるかに劣る．正確さの劣る理由は，高低角観測が高精度でないこと，大気による光線屈折の影響が入ること，地球表面が曲面であると仮定して補正計算するがジオイドが不規則形状であることなどである．

（1） 観測と近距離の場合の計算

測点 A，B 間の高低差を求めるためには，図 3・21 のようにセオドライトにより高低角を観測する．水平距離 S が不明の場合にはトータル＝ステーション，光波測距儀またはスタジア測量によって斜距離 L を得る．さらに器高 I および視準高 m を測ることによって，式(3・16)と同様に A，B 間の高低差は次式で計算できる．

$$\left. \begin{array}{l} \Delta H = h + I - m = S\tan\beta + I - m \\ = L\sin\beta + I - m \end{array} \right\} \quad (4\cdot30)$$

三角水準測量の誤差は，距離に比例して増大するものと考えられている．

　高低角の観測に際して次の注意が必要である．①セオドライトをよく調整しておく．②望遠鏡を正，反の両位置で観測した値の平均をとる．③長距離で高精度を要求される場合には，さらに両差の補正をする（次項参照）．④大気による光の屈折の影響などを消去するためにA，B双方の点から同時観測して平均値をとる．⑤朝夕は，大気が静穏な成層状態となるために光の屈折が大きくなるので観測を避ける．

（2） 両差——遠距離観測の場合の補正

　図4・40のように点Aは基準面上にあるとし，これより同標高の点Bに向けて水平線AHを視準したとしよう．地球表面が曲率を持っているためA，B間の高低差は$\overline{BH}=\Delta H_q$だけ低く測られる．弧$\overset{\frown}{AB}=S$の地球中心Oにおいて張る角をγとすると，$\angle HAB=\gamma/2$に相当する補正を要することになる．

　$\triangle AOH$において$\angle AHB=\alpha$とすると，

$$90°+\gamma+\alpha=180° \quad \therefore \quad \alpha=90°-\gamma$$

一方，$\triangle ABH$において，$\overline{AB}\fallingdotseq S$とすると，$\gamma$は非常に小さい値と考えてよいから，$\overline{BH}=\Delta H_q$は次の関係より求められる．

$$\frac{\Delta H_q}{S} \fallingdotseq \frac{\sin(\gamma/2)}{\sin\alpha} = \frac{\sin(\gamma/2)}{\cos\gamma} \fallingdotseq \sin(\gamma/2) \fallingdotseq \frac{\gamma}{2} = \frac{S}{2R} \quad \text{（Rは地球の半径）}$$

$$\therefore \quad \Delta H_q = S^2/(2R) \quad (4\cdot31)$$

この値を球差という．

　もう1つの影響は，大気が上層ほど密度が小さくて地球の形に似て球状の層をなしていることによるものである．Aから水平に出た光は，大気による屈折のために図4・40のように高低角にδだけのずれを生じて，点Pを観測することになる．光の経路を円弧と仮定し，その半径R'を次のように表す．

$$KR' = R \quad \text{（Kは屈折係数と称し，日本では0.133，Rは地球の半径）}$$

屈折の影響による高低差の補正を求めるために$\overset{\frown}{AP}=\overset{\frown}{AB}$と仮定すると，

$$2\delta\cdot R' = \gamma R = \gamma KR' \quad \therefore \quad \delta = \frac{K}{2}\gamma = \frac{KS}{2R}$$

さらに，$\triangle APH$において$\overline{AP}=S$と仮定すると，$\overline{HP}=-\Delta H_a$と記せば，

$$\Delta H_a \fallingdotseq -S\frac{\sin\delta}{\sin\alpha} \fallingdotseq -S\cdot\delta = -KS^2/(2R) \quad (4\cdot32)$$

問　題

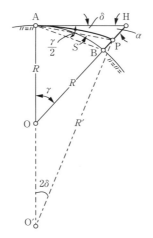

図 4・40　球差と気差

となる．この値を気差という．

式(4・30)の補正に必要な球差と気差を加えた量を両差という．その値は

$$\frac{S^2}{2R} - \frac{KS^2}{2R} = \frac{1-K}{2R}S^2 \tag{4・33}$$

である．球差，気差ともに A，B のいずれの側から観測しても同値で表れると考えてよいから，両差についても同様である．これが両側測点からの観測値を用いればよいという根拠である．

[**例 4・6**]　[例 4・1]を三角水準測量によった場合について両差を計算し，楕円補正の大きさと比べてみよ．

（解）　両差は 272 mm．

問　題

(1)　急傾斜地を降下しながらかなり長距離にわたって直接水準測量を行うとき，後視に比べて前視の視準距離が常に長かったとする．この場合に限って出現する可能性のある誤差（系統誤差）を指摘せよ．

(2)　前視と後視の視準長を等しくすることによって，補正できる誤差と補正できない誤差とを分類して示せ．

(3)　7つの異なった路線を同じ方法で直接水準測量を実施した結果は表 A4・1 のとおりで

あった．この水準測量方法では1kmあたりの標準偏差はいくらと考えればよいかを次の2つの考え方に従って求めよ．
　（a）　複観測の資料と考える．
　（b）　1路線ごとに閉合差を計算して［例2・13］の式(g)が利用できると考える．

表 A4・1

路線	距離(km)	観測高低差(m) 往	観測高低差(m) 復
1	2.0	6.912	6.919
2	1.2	1.155	1.160
3	1.9	−2.742	−2.750
4	1.1	0.775	0.772
5	1.5	−5.250	−5.255
6	0.8	0.473	0.471
7	1.5	−1.286	−1.289

（4）　表A4・1の第1路線の出発点から7路線を順次連ねると出発点に閉合するような路線であるとき，出発点の標高を0と仮定して各路線接続点の標高の最確値とその標準偏差を求めよ．

（5）　図A4・1に示す番号の路線の水準測量を行って表A4・2の結果を得た．各路線の高低差の間に成立する独立な条件式を記せ．次に閉合差の制限が$10\,\text{mm}\sqrt{S}$（Sはkm単位の数）であるときに，再測の必要な路線を指摘せよ．

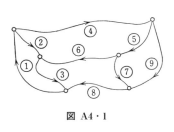

図 A4・1

表 A4・2

番号	距離(km)	高低差(m)
1	4.1	+2.474
2	2.2	−1.250
3	2.4	−1.241
4	6.0	−2.233
5	3.6	+3.117
6	4.0	−2.115
7	2.2	−0.378
8	2.3	−3.094
9	3.5	+2.822

（6）　図4・32のように登りながら水準測量を行う場合，全長は10区間であって各区間ごとに常に後視2.5m，前視0.5mであるとする．次の場合について補正量を求めよ．
　（a）　標尺Aのみが3°傾いていて，（i）図(a)のような標尺の置き方をした場合，（ii）図(b)のような標尺の置き方をした場合．
　（b）　A，B2本の標尺がともに常に3°傾いていて，（iii）図(a)のような標尺の置き方をした場合，（iv）図(b)のような標尺の置き方をした場合．

（7）　問題（6）において，標尺Aのゼロ点が狂っていて，正しいゼロ点は目盛2mmの箇所であったとする．（i）図4・32(a)のような標尺の置き方をした場合，（ii）図(b)のよう

な標尺の置き方をした場合について補正量を求めよ．
(8) 水準測量における系統誤差の主要原因は，（ⅰ）視準線の狂い，（ⅱ）標尺目盛の不正，（ⅲ）標尺の傾き，（ⅳ）地球曲率の存在である．この中で野外作業で消去できるものを指摘し，消去方法を示せ．
(9) 直接水準測量に関する次の記述の中で誤りのものを指摘せよ．
  (a) 高低差の大きい路線の水準測量ほど，標尺の傾きによる影響は大きい系統誤差になる．
  (b) 路線長5km程度の長距離の水準測量になれば，必ず地球曲率の影響を補正する必要がある．
  (c) 原則として2本の標尺を用い，第1の標尺は前視のみ，第2の標尺は後視のみに使用するのがよい．
  (d) 自動レベルは器械の点検・調整の必要がないから，大変都合がよい．
  (e) 1つの視準区間において標尺目盛を2回読んで平均値を採用する場合，目盛を読む順は，後視→前視→前視→後視とするのがよい．
  (f) 精度を向上させようとすれば，標尺目盛読取り回数の増加による誤差の増大を避けるために標尺間隔を拡げて視準線長を約100m以上にするのがよい．
(10) 図A4・2において，点OおよびPを含む鉛直面内に2点A，Bを選び，距離a，bおよび4つの高低角を測った．これらの観測値からO，P間の距離$\overline{OC}$と高低差$\overline{CP}$を求める式を誘導せよ．

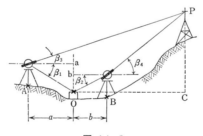

図 A4・2

(11) 3点A，B，Cより点Pに向かって三角水準測量を行った結果を表A4・3に示す．観測標高誤差が距離に比例すると考えて，点Pの標高の最確値とその標準偏差を求めよ．ただし屈折係数$K=0.133$とせよ．

表 A4・3

観測点	標高(m)	水平距離(m)	高低角	器高(m)	視準高(m)
A	3.14	2,140.01	8°12′57″	0.756	2.000
B	5.88	1,344.15	12°48′39″	1.010	2.000
C	11.46	420.70	35°28′10″	1.487	2.000

第5章　角測量の器械と測量方法

　角を測ることも前2章とともに測量における重要な基本事項の1つである．まず角の定義を示し，角を測るために使用される代表的な機器の特徴・使用法・誤差の現れ方などを説明する．1点から出る2本の直線のなす角といえば，それらの直線で作られる平面内での角であるが，測量においてはそれとは異なった角を測ることを説明する．地球上では北を基準の方向とするから真北を知る方法についても略述する．

　距離の遠近にかかわらず角観測が比較的容易かつ精密に実施できること，多種多様な角観測の手段ならびに機器が実用化されていることから，角測量は地表位置の測量のみならず各種工業計測に適用されている．平板ならびに写真は原理上からは角測量の器具であるが，前者は地図を作成するという用途に主な特徴のあること，後者は地図作成のみならず多方面の用途を持っているので，これらは章を改めて解説する．

1．概　　説

（1）角

（a）角の種類

　図5・1のように点Oより2つの測点P_1，P_2を視準するとき，測量においては夾角∠P_1OP_2を観測することは少なく，各視準線を水平面に投影したときの測線のなす角α（水平角）と，鉛直面内において視準線と水平線とのなす角β（高低角［高度角］）または視準線を鉛直上方から測った角Z（鉛直角［天頂角］）を観測する．高低角，鉛直角ともに鉛直面内の角であるが，角測量においては，鉛直角といえば一般には天頂角を指す．

　水平角において，任意の基準方向から右回りに測った角α_0を方向角といい，特に基準方向を真北に選んだときには方位角という．高低角は水平より上を仰角，水平より下を俯角［伏角］と称して区別することがある．

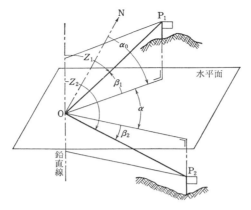

図 5・1 角の種類

(b) 角度の単位

わが国でしばしば用いられるものは次の2つである（図5・2）．

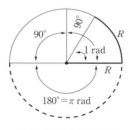

図 5・2 度とラジアン

1. 度：円周を360等分した弧に対する中心角を1度（°）とし，60分割するごとに分（′），秒（″）と名付ける．

2. 弧度：円の半径に等しい弧に対する中心角を1ラジアン（rad）とする．弧度を用いれば数学的取扱いが便利であるが，測量において使用する機器の目盛は度であるから，必要に応じて度，分，秒と弧度の間の換算を行わなければならない．それらの換算数値を表5・1に示しておく．1弧度を度，分，秒で表した数をそれぞれ，$\rho°$，ρ'，ρ''と記すことがある．

（2） 角観測の用途

測点間を見通すことさえできれば途中の地表状態に関係なく角が観測できること，

2. セオドライト

表 5・1 角の換算

$\rho°$(度/rad)	57.295 78	$1/\rho°$(rad/度)	17.45329×10^{-3}
ρ'(分/rad)	3,437.747	$1/\rho'$(rad/分)	290.8882×10^{-6}
ρ''(秒/rad)	206,264.8	$1/\rho''$(rad/秒)	4.848137×10^{-6}

遠距離の観測も容易なこと，正確かつ高精度の観測ができることなどから，光波測距儀が出現するまでは広域にわたる高精度の位置測量にはもっぱら角観測値が用いられた．その代表的な用途が三角測量（前方交会法，後方交会法，補助基線法などを含む）であって，多角測量，間接水準測量など諸種の測量方法に角観測が利用される．未知測点の位置決定に際しては，第1章6節(3)，(4)で示した諸事項に留意すべきである．

2. セオドライト

（1） 機能と構造の概要

セオドライト［トランシット，経緯儀］は望遠鏡と精密な目盛盤を備えた精度の高い測角器械で，主として水平角および高低角を正確に測るのに用いられるが，付属装置を利用して各種の測量を行うことができる．その例としては，直線の延長，角の測設，鉛直線観測，スタジア測量，磁針によるコンパス測量，光波測距儀との併用またはトータル＝ステーションによる三次元位置測量，レベルの代用などがある．

セオドライトは通常三脚上に固定して使用する．器械本体の概要は，図5・3に示すように最下部に整準装置があり，鉛直軸の軸受けによって全体を支えている．

鉛直軸2に直角に上盤11を取り付け，これに支柱12を立てて水平軸3を支えている．水平軸の中央に直角に望遠鏡4を置き，これによって任意方向を視準できるようにしてある．鉛直軸の水平回転量および水平軸の鉛直回転量を測るために，それぞれ水平および鉛直目盛盤5，6を備え，各軸の回転を止めるために締付けねじ8，9がある．締付けねじによって軸の回転を止めた後は，目標を正確に視準するために微動ねじによって軸を微小回転できるようになっている．器械鉛直軸の鉛直性を判断するために上盤気泡管10があり，方位観測のために磁針を付けることができる．

整準台から本体上部を取り外すことのできるものが多い．その目的は，同一測点上でセオドライトの代わりに視準標［ターゲット］その他のものと置き代えることにある．図5・4は，光学マイクロメータ読みの複軸型セオドライトと単軸型ディジタル＝セオドライトの外観である．図5・5は前者の内部構造を示したものであり，構成部

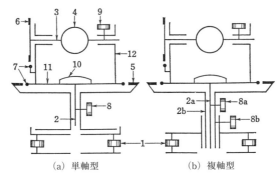

(a) 単軸型　　　　　(b) 複軸型

1　整準ねじ，2　鉛直軸，2a　内軸，2b　外軸，3　水平軸，
4　望遠鏡，5　水平目盛盤，6　鉛直目盛盤，7　指標，
8　鉛直軸締付けねじ，8a　上部締付けねじ，8b　下部締付けねじ，
9　水平軸締付けねじ，10　上盤気泡管，11　上盤，12　支柱

図 5・3　セオドライトの構造概要

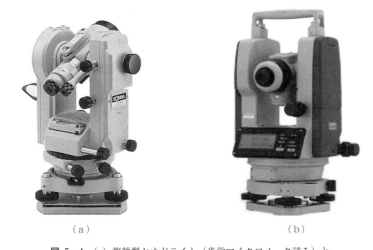

(a)　　　　　　　　　　　　　(b)

図 5・4　(a) 複軸型セオドライト（光学マイクロメータ読み）と
　　　　 (b) 単軸型ディジタル=セオドライト（いずれもトプコンソキ
　　　　　　アポジショニングジャパン）

分を以下に説明する．単軸型と複軸型の相違については，次項にあらためて説明する．表5・2に各種のセオドライトならびにトータル=ステーションの性能概要を挙げておく．

2. セオドライト

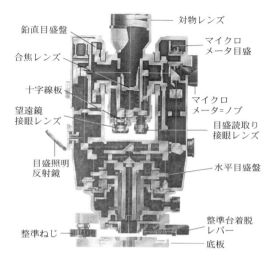

図 5・5 マイクロメータ読みセオドライトの構造例

表 5・2 セオドライトおよびトータル=ステーションの性能概要

種類	目盛読取り	軸	望遠鏡		最小読取り目盛		距離誤差
			口径(mm)	倍率	水平(秒)	鉛直(秒)	(D は距離)
セオドライト	光学式	単軸	72 40	60 30	0.2 1	0.2 1	
		複軸	40	30	20	20	
	電子式	単軸	52 45	43 30	0.1 1	0.1 1	
		複軸	45	30	10	10	
トータル=ステーション	電子式	単軸	45	30	1	1	$2\,\text{mm}+2\times10^{-6}D$
		複軸	45 40	30 30	5 10	5 10	$2\,\text{mm}+2\times10^{-6}D$ $5\,\text{mm}+2\times10^{-6}D$

(2) 軸

軸は回転が滑らかでかつ遊びの少ない構造としなければならない．特に鉛直軸には器械の重量の大部分が加わるので，製作者が各種の工夫をしている．

(a) 鉛直軸——単軸と複軸

図 5・3 に示すようにセオドライトには単軸型と複軸型とがあり，両者の違いは，後者では鉛直軸が内軸と外軸の二重構造となっていることである．後者のものは構造

が複雑となるから機械的精度は劣るが，後述するように目盛が粗くても反復法を採用することによって比較的簡単に測量精度を高めることが可能であって，中級またはそれ以下の器械に採用されている．

複軸型のものでは，下部締付けねじで外軸を固定して上部締付けねじを緩めて内軸のみを回転させることを上部運動といい，その逆に上部締付けねじで内軸を固定して下部締付けねじを緩めて内軸と外軸を一緒に回転させることを下部運動という．上部運動のときには軸が回転すれば目盛盤と指標とが相対的に回転するから回転角を知ることができるが，下部運動のときには目盛盤と指標との相対的回転を起こさないから目盛の読みは不変，したがって角は測れない．

（b） 水平軸および微動ねじ

水平軸は鉛直軸に直角になるように作られているが，この直交性が狂ったときに簡単に調整できるものとそうでないものとがある．

各軸に備えられている微動ねじは，締付けねじによって軸を固定した後に有効に働く機構となっているものが多く，これを用いて目標を正しく十字線の交点にもたらすことが可能となる．

（3） 整準装置および求心装置

整準装置はレベルとほぼ同様であるが，次の機能が付加されている．三脚頭部で器械を数 cm 水平移動させることができ，器械の下端中心から下げ振りを吊すようになっているから，これらによって器械中心を観測点を通る鉛直線上にもたらすことができる．これを求心という．なお，器械の側方から鉛直軸の中心を通して直下を観測できる小倍率の望遠鏡を備えたものが多い．これを光学求心装置（図5・6）と呼んでいて，精密な求心に使用する．

整準装置は器械本体に固定されたものと着脱できるものとがある．後者のものは，一度正しく求心しておけば，整準台の上にセオドライト，トータル＝ステーション，光波測距儀，視準標など各種の器械を自由に取り替えて置くことができるので，迅速な測量を実施することができる（第6章3節参照）．

（4） 望遠鏡および気泡管

レベルに用いられるものと同様な望遠鏡が使用される．目標を正しく視準できるように，十字線の形は図5・7のように各種の工夫がなされている．上下にある横線はスタジア線である．

上盤気泡管は鉛直軸に直角に取り付けられていて，これによって鉛直軸が鉛直であ

2. セオドライト

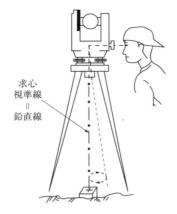

図 5・6 光学求心装置

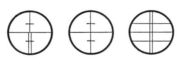

図 5・7 十字線（セオドライト用）

るかどうかを知ることができる．この気泡管の感度は 20″〜60″/2 mm のものが多い．なお，望遠鏡には視準線と軸が平行な高感度の気泡管が備えられており，これにより水平視準線の基準が得られる．この気泡管を備えていないものは，視準線が水平のときに鉛直角目盛が 90°（または高低角目盛が 0°）となるような自動補正機構を備えている（本章 5 節(1)参照）．

（5） 目盛盤と目盛読取り装置

目盛盤自身に表 5・2 に示すような最小目盛を刻むことは困難であるから，主目盛の最小目盛間隔以下の端数を精密に読み取る方策として，バーニア方式，光学マイクロメータ方式などが工夫されている．これらの方式で目盛を精密に読み取る場合も，目盛中心の偏心による誤差を消去するためには，少なくとも 180° 対向する場所で目盛を読みを取って平均するようにしなければならない．近年ではコード化した目盛の対向値を電子工学的に読取る方式が主流であり，このタイプでは目盛盤を直接見ることはできない．

（a） 光学マイクロメータ

ガラス盤に目盛が刻まれるようになって以来急速に普及した方法であって，主目盛の端数が非常に細分して読み取れること（表5・2）と，180°対向した位置の目盛の平均を一度に得られるという優れた特徴がある．そのための光学系はかなり複雑になる．図5・8は180°対向した位置の目盛から角度の端数を読取り用顕微鏡で眺めた例である．

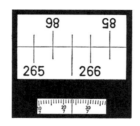

265°40′+7′23.4″＝265°47′23.4″

図 5・8 目盛読取り（Wild, T2）

（b） 電子光学的測定

ガラス円板に明暗の細かい縞を描き，これに一方から光を当てて隙間を通った光量を光検出素子で測り，それから円板の回転角を知る方法である．よく用いられているのは次の2方式であり，測定値はディジタル表示される．

1．インクリメンタル方式 ［逓増方式］

図5・9のように，ガラス円板Ⅰには細かい等間隔の明暗縞が描かれ，これと平行なガラス円板Ⅱには同じ間隔の縞A，Bが描かれている．ただし，一方の縞の位置は

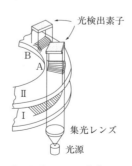

図 5・9 インクリメンタル方式による目盛検出

2. セオドライト

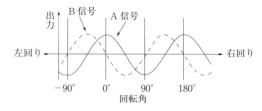

図 5・10 回転角と検出素子の出力

間隔の 1/4 だけずらしてある．2 つの板に平行光線を当ててその透過光量を測ると，円板 I の回転に応じて光検出素子の出力電圧は図 5・10 のようになる．たとえば円周を 16,200 分割した縞が描かれている場合には図 5・10 の 1 周期は 80″ に相当するから，回転によって観測された波の個数を知り，さらに 1 周期の 1/8 まで細かく内挿して知ることができれば，回転角を 10″ まで求めることができる．

回転の向きは，A，B の出力電圧の増減が反対になることによって判断できる．角度 0 の指定が必要な場合には 0 位置を示す記号をつける必要がある．

2. アブソリュート方式［絶対値方式］

ガラス円板には図 5・11 のような特殊な模様が幾重もの同心円状に描かれている．この模様の明暗を半径方向に測って行くと，明暗の変化の状態によって半径方向の線の方向がわかるようになっている．電源の投入後すぐに角度を読み取れること，安定した測角精度が得られることなどにより，現在ではアブソリュート方式が主流になっている．

図 5・11 アブソリュート方式による目盛の検出

3. セオドライトによる角観測作業の原則

(1) 観測する角と器械の据付け——求心と整準

図 5・12 において点 O から点 A, B に向かっての水平角 α や高低角 β を測ろうとすると,まず観測点 O に器械を堅固かつ正しく据える.器械を正しく据えるということは,求心と整準を行うことである.ここに求心とは器械中心を測点を通る鉛直線上にもたらすことであり,整準とは器械の鉛直軸を正しく鉛直にすることである.

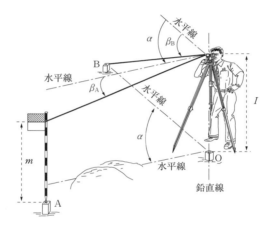

図 5・12 角観測の状況

点 O から点 A, B を観測すると表現する場合に,視準線は図 5・12 における太い実線であるが,観測する角は α および β_A, β_B である.

(2) 観測——正位と反位,その他

2 回以上繰り返して角を測る場合には,正位と反位の観測をして平均値を採用するように心掛ける.ここで正位(記号 r で示す)とは,望遠鏡が鉛直目盛盤の右側となり,ほとんどのねじが手前に来る状態である.この状態から望遠鏡を水平軸のまわりに 180° 回転(これを転鏡という)した状態を反位(記号 l で示す)という(図 5・13).正位と反位の観測値の平均をとる理由は,後述のように,発生する誤差の中で消去できるものが多いからであって,正位と反位の観測を行うことを 1 対回という.さらに観測回数を多くするときには,時計回り(右回り)と反時計回り(左回り)の

4. セオドライトによる水平角の測量方法

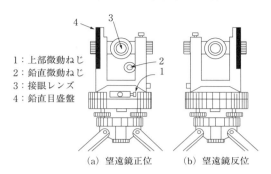

1：上部微動ねじ
2：鉛直微動ねじ
3：接眼レンズ
4：鉛直目盛盤

(a) 望遠鏡正位　　(b) 望遠鏡反位

図 5・13　望遠鏡正位と反位の状態

観測を行う．

もう1つの原則は，目盛分割誤差の影響を小さくするために，水平角観測においてはなるべく目盛全周を均等に使用することである．n 回観測するときには，180°対向目盛を読む場合に始読を $180°/n$ ずつ変えればよい．

4. セオドライトによる水平角の測量方法

(1) 単　測　法

図5・14 の点 O より水平角を測るのに1つずつの角を独立に観測する方法の1つであって，単軸型，複軸型いずれの器械でも利用できるが，複軸型を用いるときには略測を目的としている．

∠AOB を測る方法を説明しよう．①まず望遠鏡を正位にして器械を点 O に据え，②初目盛をおおよそ所定の値として下部運動（以下単軸型の器械では上部運動と下部

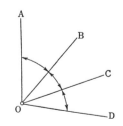

図 5・14　単測法および反復法

表 5・3 単測法記帳例

観測点	視準点	初目盛	望遠鏡	観測方向	読取り値 °	′	″	観測値 °	′	″	観測値の検査(秒) 較差	観測差	倍角	倍角差
O	A	0	r	右回り	0	02	10							
	B				62	27	50	62	25	40	+20		60	
	B		l	左回り	242	27	40	62	25	20				
	A				180	02	20							
O	A	90	l	右回り	270	00	40							
	B				332	26	30	62	25	50	−10		90	
	B		r	左回り	152	26	20	62	25	40				
	A				90	00	40							
								62	25	37.5		30		30

(注) r, l はそれぞれ正位,反位を意味する.

運動の区別がない)で点 A を視準して,水平目盛盤の読みを得る(これを始読という).③次に上部運動で点 B を視準して目盛を読み取る(これを終読という).終読から始読を引けば,∠AOB の値が得られる.

記帳例を表 5・3 の上の 2 行に示す.望遠鏡正位で右回りに観測をはじめるのが通例である.ただし,これでは 1 対回の半分の観測にすぎない.1 対回の観測とするには,④正位右回りで点 B の角の終読をした状態から,望遠鏡を反位にして点 B を観測して始読とし,⑤反位左回りで点 A に戻って終読を得る.表 5・3 の 3〜4 行がこの観測記録である.

2 対回目の観測は,始読値を 180°/2=90° ずらして望遠鏡反位で始めるのがよい.その記録は 5〜8 行に記載してある.なお,表の最右欄に示した観測値の検査に関する事項は本章 7 節(5)に説明する.

(2) 反復法[倍角法]

これも 1 つずつの角を独立に観測する方法であるが,複軸型セオドライトで精密に測量するときに適用する方法である.

∠AOB の観測法を図 5・15 によって説明しよう.①望遠鏡を正位にして器械を点 O に据え,②初目盛をおおよそ所定値にして下部運動により点 A を視準し,始読を得る.③上部運動により点 B を視準する(水平目盛は進む).このときに照査のために目盛の概数を読んで備考欄に記入する.④下部運動により再び点 A を視準する(水平目盛は不変).⑤さらに上部運動によって点 B を視準する(水平目盛は進む).⑥所定回数になるまで④,⑤を繰り返し,点 B を視準した状態で終読を得る.終読

4. セオドライトによる水平角の測量方法

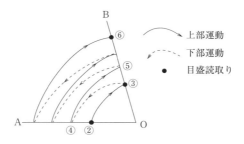

図 5・15 反復法による角観測

表 5・4 反復法記帳例

　　　年　　月　　日
観測者：　　　　記帳者：　　　　器械番号：

観測点	視準点	初目盛	望遠鏡	観測方向	反復数	読取り値 °	′	″	累計角 °	′	″	観測角 °	′	″	備考
O	A B	0	r	右回り	3	0 212	39 29	30 10		*211*	*49*	*40*	*70*	*36*	*33.3*	71°16′
O	A B	0	l	右回り	3	180 32	31 21	20 20		*211*	*50*	*00*	*70*	*36*	*40.0*	251°08′
O	B A	90	r	左回り	3	90 302	29 19	20 10		*211*	*49*	*50*	*70*	*36*	*36.7*	161°06′
O	B A	90	l	左回り	3	270 121	05 54	10 30		*211*	*49*	*20*	*70*	*36*	*26.7*	340°41′
									平均			*70*	*36*	*34.2*	

と始読との差を反復回数で割れば所要の角の観測値となる．これで対回の半分であって，望遠鏡反位で同様の観測を行い1対回の観測とする．

反復回数は3〜6回とするのが通例である．得られた観測値は反復回数に等しい回数の単測法による観測値の平均に近い精度があり，これに対して目盛はわずか2回（別に略測1回）読み取ればよい．記帳例を表5・4に示す．

(3) 方 向 法

図5・14のように1点のまわりに多数の角があるときに用いられる方法であって，単軸型の器械を用いて測量するときに適用されることが多い．この方法は比較的簡単でかなりの精度が期待できることから，二等三角測量以下の測量によく用いられてきた．観測結果はどの目標も基準方向からの角すなわち方向角が得られることになる．

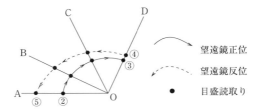

図 5・16 方向法による角観測

　観測方法を図5・16によって説明しよう．①点Oに器械を据えておおよそ所定の初目盛にし，②基準となるA方向を正位で視準し，目盛を読み取る．③続いて右回りに順次B,C,……の目標を視準して目盛を読み，最後の目標に至る．④ここで望遠鏡を反位にして再び最終目標を視準して目盛りを読み取り，⑤その後順次左回りに観測して最初の基準目標まで戻る．これで1対回が終る．

　2対回目は望遠鏡を反位にして基準方向から再び右回りで観測して最終目標に達し，正位左回りで基準方向（A方向）に戻る．3対回観測の記帳例は表5・5のとお

表 5・5 方向法記帳例

観測点	視準点	初目盛	望遠鏡	観測方向	読取り値			観測値			観測値の検査(秒)			
					°	′	″	°	′	″	較差	観測差	倍角	倍角差
O	A	0	r	右回り	0	1	20	*0*	*0*	*0*				
	B				90	11	10	*90*	*09*	*50*	−10		−10	
	C				143	32	30	*143*	*31*	*10*	+10		10	
	C		l	左回り	323	32	30	*143*	*31*	*00*				
	B				270	11	30	*90*	*10*	*00*				
	A				180	01	30	*0*	*0*	*0*				
O	A	60	l	右回り	240	01	20	*0*	*0*	*0*				
	B				330	11	20	*9*	*10*	*00*	0		0	
	C				23	32	30	*143*	*31*	*10*	+10		30	
	C		r	左回り	203	32	20	*143*	*31*	*20*				
	B				150	11	00	*90*	*10*	*00*				
	A				60	01	00	*0*	*0*	*0*				
O	A	120	r	右回り	120	00	00	*0*	*0*	*0*				
	B				210	10	10	*90*	*10*	*10*	−10	10	30	40
	C				263	31	10	*143*	*31*	*10*	−10	20	30	20
	C		l	左回り	83	31	20	*143*	*31*	*20*				
	B				30	10	20	*90*	*10*	*20*				
	A				300	00	00	*0*	*0*	*0*				

りである.観測値の検査については後述する.

この方法を用いるときの注意は次のとおりである.①最後に基準方向に戻ったとき,器械が動いて大きな狂いを生じていないかどうかを調べる.②基準方向の目標は,正確に視準でき,平均距離に近く,観測点とほぼ同高の点が最良である.③視準目標が多すぎるときには,4〜6個を一連列として幾つかの連列に分割する.このとき目標までの距離に非常な差があれば,ほぼ同一距離の目標を同一連列のものとするのがよい.

(4) 角観測法

図5・17のように測るべき方向が数個あるとき,各方向が互いに挟む角のすべてを1つずつ独立に精測する方法であって,最も正確な結果が得られる.もちろん各角について望遠鏡の正位および反位でそれぞれ時計回りおよび反時計回りに観測し,水平目盛盤の各部分を一様に用いるようにし,所要対回数の観測値の平均をとる.各角の観測は単測法,反復法のいずれかによればよいが,単軸型の器械によって単測法を適用するのが普通であって,一等三角測量はこの方法によっていた.

1点で観測すべき方向数がkのとき,方向線を組み合わせてできる角の総数は$k(k-1)/2$であって,これと求める角数 $(k-1)$ との差

$$\frac{1}{2}k(k-1)-(k-1)=\frac{1}{2}(k-1)(k-2) \tag{5・1}$$

だけ条件式を生ずることになり,最小二乗法を適用して各角の最確値を求めなければならないが,それだけに精密な結果が得られる.図5・17では,$k=5$であって,観測角数10,求める角数4,条件式数6である.

角観測法を適用したときに,観測値を調整して得られた各角の最確値の誤差は個別

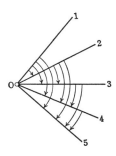

図 5・17 角観測法

の観測値より誤差が小さくなる．各角を等精度で観測したときの結果は次のようである．図5・17において方向線がk個あるときについて示せば，

$$\text{各角の最確値の不偏分散} = \text{個々の角の観測値の不偏分散} \times 2/k \quad (5 \cdot 2)$$

すなわち，最確値の重みは観測値の重みの$k/2$になる．

[**例5・1**] $k=4$の場合について式(5・2)の成立することを確かめよう．
(解) (i) 図形調整法：図5・18(a)において，2方向線を組み合わせて得られる各角をすべて未知量X_iであると考え，それらの最確値をx_iで表し，それぞれの独立な観測値をl_i，重みは等しいとする．独立な条件式は

$$x_2 = x_1 + x_4, \qquad x_3 = x_2 + x_6, \qquad x_5 = x_4 + x_6 \quad (a)$$

であって，残差 $\qquad\qquad\qquad v_i = l_i - x_i \qquad\qquad\qquad (b)$

を用いて式(a)を書き直すと，条件式は次のようになる．

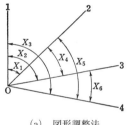 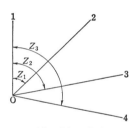

(a) 図形調整法　　　　　(b) 座標調整法

図 5・18 角観測法の調整

$$\left.\begin{array}{l} v_1 - v_2 + v_4 + (-l_1 + l_2 - l_4) = 0 \\ v_2 - v_3 + v_6 + (-l_2 + l_3 - l_6) = 0 \\ v_4 - v_5 + v_6 + (-l_4 + l_5 - l_6) = 0 \end{array}\right\} \quad (c)$$

最小二乗法を適用した結果を示すと，最確値は次のようになる．

$$\left.\begin{array}{l} x_1 = \dfrac{1}{2}\left\{l_1 + \dfrac{1}{2}(l_2 - l_4) + \dfrac{1}{2}(l_3 - l_5)\right\}, \quad x_2 = \dfrac{1}{2}\left\{l_2 + \dfrac{1}{2}(l_1 + l_4) + \dfrac{1}{2}(l_3 - l_6)\right\} \\ x_3 = \dfrac{1}{2}\left\{l_3 + \dfrac{1}{2}(l_1 + l_5) + \dfrac{1}{2}(l_2 + l_6)\right\}, \quad x_4 = \dfrac{1}{2}\left\{l_4 + \dfrac{1}{2}(l_2 - l_1) + \dfrac{1}{2}(l_5 - l_6)\right\} \\ x_5 = \dfrac{1}{2}\left\{l_5 + \dfrac{1}{2}(l_3 - l_1) + \dfrac{1}{2}(l_4 + l_6)\right\}, \quad x_6 = \dfrac{1}{2}\left\{l_6 + \dfrac{1}{2}(l_3 - l_2) + \dfrac{1}{2}(l_5 - l_4)\right\} \end{array}\right\} \quad (d)$$

式(d)によって計算すれば，x_iの不偏分散は各観測値l_iの不偏分散（一定）の$1/2$となる．すなわち重みは2倍となる．なお各角の最確値を求めるには，それ自身の角の観測値の重みを1とし，2つの角の観測値から計算できるものも採用して，それらの重みを$1/2$として計算すればよいことを示している．

(ii) 座標調整法：図5・18(b)において，第1方向からの角 Z_1, Z_2, Z_3 が未知量であると考えて，それらの最確値を z_1, z_2, z_3 で表すと，観測方程式は次のようになる．

$$z_1=l_1, \quad z_2=l_2, \quad z_3=l_3, \quad -z_1+z_2=l_4, \quad -z_1+z_3=l_5, \quad -z_2+z_3=l_6$$

したがって，残差方程式は次のようになる．

$$v_1=l_1-z_1, \quad v_2=l_2-z_2, \quad v_3=l_3-z_3$$
$$v_4=l_4+z_1-z_2, \quad v_5=l_5+z_1-z_3, \quad v_6=l_6+z_2-z_3$$

これらから正規方程式は表5・6のように計算できる．

表5・6 正規方程式の計算

i	a_{i1}	a_{i2}	a_{i3}	l_i	$a_{i1}a_{i1}$	$a_{i1}a_{i2}$	$a_{i1}a_{i3}$	$a_{i1}l_i$	$a_{i2}a_{i2}$	$a_{i2}a_{i3}$	$a_{i2}l_i$	$a_{i3}a_{i3}$	$a_{i3}l_i$
1	1	0	0	1	1	0	0	l_1	0	0	0	0	0
2	0	1	0	1	0	0	0	0	1	0	l_2	0	0
3	0	0	1	1	0	0	0	0	0	0	0	1	l_3
4	-1	1	0	1	1	-1	0	$-l_4$	1	0	l_4	0	0
5	-1	0	1	1	1	0	-1	$-l_5$	0	0	0	1	l_5
6	0	-1	1	1	0	0	0	0	1	-1	$-l_6$	1	l_6
和					3	-1	-1	$l_1-l_4-l_5$	3	-1	$l_2+l_4-l_6$	3	$l_3+l_5+l_6$

正規方程式：
$$\left.\begin{array}{l} 3z_1-z_2-z_3=l_1-l_4-l_5 \\ -z_1+3z_2-z_3=l_2+l_4-l_6 \\ -z_1-z_2+3z_3=l_3+l_5+l_6 \end{array}\right\}$$

解：
$$\left.\begin{array}{l} z_1=\dfrac{1}{2}\left\{l_1+\dfrac{1}{2}(l_2-l_4)+\dfrac{1}{2}(l_3-l_5)\right\} \\ z_2=\dfrac{1}{2}\left\{l_2+\dfrac{1}{2}(l_1+l_4)+\dfrac{1}{2}(l_3-l_6)\right\} \\ z_3=\dfrac{1}{2}\left\{l_3+\dfrac{1}{2}(l_1+l_5)+\dfrac{1}{2}(l_2+l_6)\right\} \end{array}\right\}$$

これらの結果は式(d)の x_1, x_2, x_3 と一致する．

5. セオドライトによる高低角（天頂角）の測量方法

(1) 器械の特徴と測角方針

高低角の測定は水平角の場合に比べて精度が悪くなる．その理由は，基準となる鉛直または水平の方向を正しく定め難いこと，大気の密度が高さにより異なるので光が屈折することなどである．器械自体においても，水平角観測のときと比べると，目盛盤の直径が小さくて目盛が粗く，目盛読取りを1箇所のみで行うというように簡略化されたものもあり，反復法も採用できない．なお，高低角を極めて高精度で観測する必要のあることはまれである．

個々の観測に際しては，器械に備わっている上盤気泡管によって水平基準またはそ

れに直角な鉛直基準を定めて，目標ごとにそれぞれの高低角を独立に測定することになる．この基準設定が重要であるから，最近の器械では，ほぼ正しく器械を整準すれば自動的に基準からの目盛の読みの補正を行って，正しい高低角（天頂角）を示す機構を組み込んだものが多い．これを鉛直目盛自動補正機構と称し，誤差は ±1″〜5″ 程度である．

（2） 高低角（天頂角）の観測

測角に際してはセオドライトを堅固に正しく据えること，精密観測のためには正位と反位の観測を行って平均をとることなどの注意は水平角観測の場合と同様であるが，特に整準を厳密に行うべきである．基準となる水平方向を視準したときに正しく目盛が 0°（または 90°）を示していれば，目標を視準したときの目盛の読みが，高低角（または天頂角）を与えることになる．高低差を求めたいときを考えると，図 5・12 または図 3・21 のような状態になるから，器械高および視準高を測定しておき，正確を期するためには第 4 章 10 節で述べたように双方の測点から同時観測を行うことと補正計算を行わなければならない．

誤差をできるだけ消去するために正位と反位の観測を行うが，このときの観測値の性質を調べてみよう．

たとえば天頂を 0° として 360° まで右回りに目盛った器械を考えてみる（図 5・19）．望遠鏡視準線は鉛直目盛が 90° から 270° の方向であるべきところが，その取付けが角度 c だけ狂っており，かつ目盛を読み取る役目の指標 M が水平線 H—H′ から角度 n だけずれていたとする．天頂角が Z の点を望遠鏡正位と反位とで観測して，それぞ

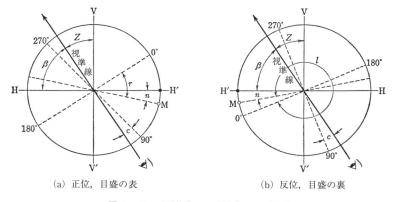

(a) 正位，目盛の表　　　(b) 反位，目盛の裏

図 5・19　天頂基準，360° 目盛による観測

れ目盛 r および l を得たとすると，図5・19より明らかなように次の関係が成立する．

$$\text{正位のとき}：90°-Z=90°-r+n+c$$

$$\text{反位のとき}：90°-Z=-270°+l-n-c$$

これより，

$$\text{天頂角}：Z=\frac{r-l}{2}+180° \tag{5・3}$$

$$\text{高低角}：\beta=90°-Z=\frac{-r+l}{2}-90° \tag{5・4}$$

$$r+l=360°+2(n+c)$$

$$\therefore \quad \text{高度定数}：K=2(n+c)=(r+l)-360° \tag{5・5}$$

したがって，正位と反位の観測値を用いて式(5・3)または(5・4)によって計算すれば，c および n の狂いが消去された結果が得られ，式(5・5)によれば正位と反位の観測値の和が器械に固有な一定値となることを示している．式(5・5)で与えられる K の値は器械の調整不完全の程度を示す値であって，高度定数ということがある．同一器械による観測値であれば，K は一定値を示すべきであるから，計算した K が一定の範囲内にあれば観測に誤りがないものと認めてよいことになる．公共測量作業規程の準則による高度定数の最大と最小の差の制限値を表5・7に記載した．

表5・7 角の観測方法と許容誤差（公共測量）

基準点測量級別	1級	2級	3級	4級
使用セオドライト	1級	1級 2級	2級	3級
対回数（方向法）	2	2 3	2	2
倍　　角　　差	15″	20″ 30″	30″	60″
観　　測　　差	8″	10″ 20″	20″	40″
高 度 定 数 の 差	10″	15″ 30″	30″	60″

（注）使用セオドライトの性能の良いものから1級，2級と区別している．1級は1秒読み以上，2級は10秒読み以上，3級は20秒読み以上の性能のものである．

図5・20のように，水平視準線を 0° として 90° までの目盛が刻まれている形式の場合には次の関係が成立する．

$$\text{正位のとき}：90°-\beta=90°-r-c-n$$

$$\text{反位のとき}：90°-\beta=90°-l+c+n$$

$$\text{天頂角}：Z=90°-\frac{r+l}{2} \tag{5・6}$$

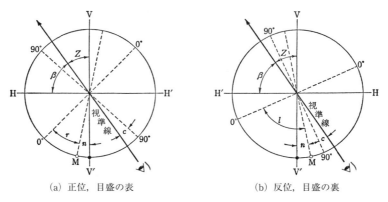

(a) 正位，目盛の表　　　　　(b) 反位，目盛の裏

図 5・20　水平基準，90°目盛による観測

$$\text{高低角}: \beta = \frac{r+l}{2} \tag{5・7}$$

$$\text{高度定数}: K = 2(n+c) = -r+l \tag{5・8}$$

表5・8および5・9は高低角観測の記帳例である．

表 5・8 高低角観測記帳例（その1，図5・19参照）

年		月		日									
観測者：				記帳者：					器械番号：				
観測点	視準点	目標	望遠鏡	読取り値			$-r+l$			高低角			K	注
				°	′	″	°	′	″	°	′	″		
O	A		r	78	43	40								機械高 1.24 m
			l	281	16	10	202	32	30	11	16	15	$-10″$	視準高 2.46 m

表 5・9 高低角観測記帳例（その2，図5・20参照）

年		月		日							
観測者：				記帳者：			器械番号：				
観測点	視準点	目標	望遠鏡	読取り値			高低角			K	注
				°	′	″	°	′	″		
O	A		r	11	16	20					機械高 1.24 m
			l	11	16	10	11	16	15	$-10″$	視準高 2.46 m

6. セオドライトの検査と調整

角観測値を誤らせるようなセオドライトの器械自身の欠点は次の2つに大別される．

1. 構造上の欠陥であって，修理を要するもの．
2. 使用者が行うべき器械調整の不完全．

これらに関する検査は，特別な検査装置を用いて精密に行うことができるが，ここでは1．についての主要事項，2．については，使用者自身が特殊な装置を使用することなく検査する方法ならびに調整する方法を説明する．欠陥のある器械または調整不完全の器械を用いた場合に生じる誤差については次節で述べる．なお，公共測量作業規程の準則「付録2：公共測量における測量機器の現場試験の基準」に現場でセオドライトの良否を試験する場合の基準が示されているので，参照されたい．

(1) 構造上の欠陥
(a) 軸の遊び
(b) 視準線の振れ

合焦動作のときにレンズの移動に伴って視準線方向に振れを生ずることである．

(c) 目盛の不正（目盛誤差）
(d) 目盛盤の偏心（偏心誤差）

目盛盤の中心が回転中心からずれていることである．

(2) 使用者が成立させるべき条件とその検査・調整

諸種の特徴をもったセオドライトが製作されているので，器械に成立させておかなければならない条件および調整法は，器械ごとに幾分の差がある．ここではセオドライトに関する一般原則を示すにとどめるから，使用器械ごとに説明書を参照して器械の特徴を理解されたい．なお，これらの検査および調整は1度で正しく完了するものでないから，2～3度繰り返すことが必要である．

以下の条件の中で，水平角観測のみを目的とするときには(a)～(d)の条件が満足されていればよく，高低角観測のときには全部の条件が成立していなければならない．

ただし，(a)と(b)との条件を除けば，正・反観測値の平均を採用することによって不完全調整の影響による測角誤差の大部分を消去できることは，本章5節および次の7節(2)に記すとおりである．

(a) 光学求心装置の視準線が鉛直軸の軸線と一致すること．

[検査] 器械を据えて求心装置によって下方の測点を視準し，器械上部を水平回転した場合に図5・6の破線のように測点が十字線交点から外れれば狂いがわかる．

[調整] 最大のずれを生ずる方向の視準点と測点を結ぶ線の中点が正しい視準点で

154　第5章　角測量の器械と測量方法

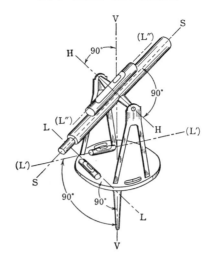

図 5・21 セオドライトの軸と直交性

あるから，この点を視準するように求心望遠鏡の十字線を移動させる．
　（b）　上盤気泡管軸（L, L′）が鉛直軸（V）に垂直であること（図5・21）．
　［検査］　第4章4節(2)傾読式レベルの1.と類似している．この場合は図5・22(a)のようにまず1つの上盤気泡管を整準ねじA, Bに平行に置いて注意深く整準し，次にはこれと直角をなす方向で整準する（図5・22(b)）．もしもⅡの気泡管がなければ器械を水平に90°回転させて整準する．その後器械を上部運動で180°水平回転させたとき気泡が移動しなければよい．
　［調整］　上盤気泡管の調整：もし気泡が移動すれば，上盤気泡管調整ねじを用いて気泡管を傾けて気泡移動量の1/2だけ戻す．残る1/2の移動量は整準ねじによって戻

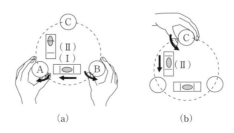

図 5・22 上盤気泡管軸の検査

(c) (ⅰ) 十字縦線が水平軸 (H) と直交し, (ⅱ) 視準線 (S) が水平軸 (H) と直交し, (ⅲ) 視準線 (S) が鉛直軸 (V) の中心を通ること (図5・21).

[検査] (ⅰ) 遠方の1点に十字縦線を合わせ, 鉛直微動ねじによって視準線を水平軸のまわりに回転させたとき, その点が十字縦線上を動けば条件の成立していることがわかる.

(ⅱ) 図5・23の点Oにセオドライトを据えて整準し, 50～100m離れた明瞭な1点Aに視準線を合わせ, そのまま転鏡してOAとほぼ等距離の所において視準線上に点Bを記す. O, A, Bはほぼ同高であるのがよい. 次に鉛直軸のまわりに180°回転して点Aを視準し, そのまま再び転鏡したとき点Bが正しく視準線上にあればよい.

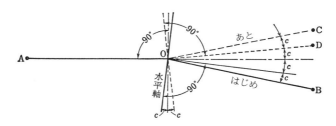

図 5・23 水平軸と視準線とが垂直でないとき (平面図)

(ⅲ) ごく近くの1点を視準し, 望遠鏡を転鏡して水平目盛をちょうど180°進めて再び視準したときに, 同一点が視準できるかどうかによって判断できる. ただし, この検査で狂いのわかるほど視準線の偏心していることはほとんどない.

[調整] 十字縦線の調整：(ⅰ) 十字縦線上を点が動かなければ十字縦線を回転させる. (ⅱ) の検査をしたときに最後の状態で点Bが視準線から外れれば, そのときの視準線中に1点Cを記す. 両者が一致しない原因は角cだけ狂っていたのであるから, BCを4等分して点Cに近い4等分点Dを正しく視準するように十字縦線を左右に移動させればよい.

(ⅲ) の検査においてもし同一点が視準できなければ十字線を左右に動かさなければならないが, これによって (ⅱ) の条件が狂う恐れが大きいから通常は調整しない.

(d) 水平軸 (H) と鉛直軸 (V) とが垂直であること (図5・21).

この条件が成立すれば, 鉛直軸が正しく鉛直のときに水平軸は水平になる.

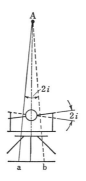

図 5・24 水平軸と鉛直軸とが垂直でないとき

［検査］ 仰角を十分大きくして1点Aを視準できる場所を選んで器械を正しく整準する．そして高い点Aを正位で視準して望遠鏡を下に向け，地上に置いた物指を十字縦線が切る点の読みaを求める（図5・24）．次に望遠鏡を反位として，前と同様に点Aを視準して再び望遠鏡の視準線を下して物指の目盛bを読む．もし両方の目盛が一致すれば，標記の条件が成立している．

［調整］ 水平軸の調整：a, bの読みが一致しなければ，視準線がその平均値に合うように水平軸の傾きを調整する．この調整ねじは一方の支柱の上部に備えられているのが普通である．ただし器種によってはこの調整を実施できないものもある．

（e）（i）十字横線が水平軸（H）と平行であり，（ii）かつ視準線（S）が水平軸の中心を通ること（図5・21）．

［検査］（i） 器械を整準して遠方の1点を視準し，上部微動ねじを用いて鉛直軸のまわりに視準線を回転させるとき，目標が常に十字横線上にあればよい．前記（c）の調整が完全であればこの条件は満足されているはずである．

（ii） 器械を正しく据え，望遠鏡正位で高低角0°の状態で近くに立てた標尺の読みをとる．次に望遠鏡を反位にして高低角を再び0°に合わせて前の標尺上の読みをとる．この両回の読みが一致すればよい．ただし，この検査で視準線位置のずれがわかるほど狂うことはほとんどない．

［調整］ 十字横線の調整：（i）の調整は十字線を回転させることによって行う．（ii）2回の読みが一致しなければ，その平均値を視準できるように十字横線の高さを加減すればよい．このとき（c）の条件を損なわないか照査が必要である．

（f） 望遠鏡気泡管軸（L″）と視準線（S）とが平行であること（図5・21）．鉛直

角自動補正装置を備えているものはこの種の気泡管がない．

　［検査］，［調整］　望遠鏡気泡管の調整：第4章4節(2)で述べた杭打ち調整法によればよい．

　（g）　視準線（S）が水平なとき鉛直目盛が0を示すこと．

　1．望遠鏡気泡管を有するもの

　［検査］　前記（f）の検査において，視準線が水平のときに鉛直目盛の読みが0であればよい．

　［調整］　もし鉛直目盛の読みが0を示さなければ，読取り指標取付けねじを緩めて指標位置をずらす．

　2．望遠鏡気泡管を有しないもの

　［検査］　鉛直目盛を0として，杭打ち調整法により検査を行うことができる．

　［調整］　前記1．のように目盛読取り位置をずらせる器械，光学系を移動させて調整する器械，十字横線を調整する器械などがある．

7．セオドライトによる水平角観測誤差とその消去法

（1）　器械の欠陥に基づく誤差

　精密観測を成功させるためには，水準測量で示したように，第1に自然条件を考慮に入れなければならないだけでなく，第2に観測器械の特性と欠点を知って観測誤差を最小にする方法を採用しなければならない．セオドライトを用いる場合に対して第2の要点を説明する．

　本節の理解ができた後にはじめて，観測条件や所要精度に応じて前節の調整をどの程度厳密に行うべきかを知り，また観測値の変動の原因を推定したり錯誤の有無の判断を行うことができる．

　（a）　軸の遊び

　偶然的な影響と締付けねじによって押し付けられる方向による一定の癖によるものとがある．

　（b）　視準線の振れ

　視準線の振れには，焦準動作に伴うレンズの移動に際する遊びによって生ずる不定のものと一定の癖によって生ずるものとがある．後者の影響は望遠鏡正位と反位の観測値の平均を採用することによって消去できる．

（c） 目盛分割誤差

目盛の分割には一定の周期をもった誤差と偶然誤差とが存在する．観測値に前者の誤差の入ることを防ぐには，反復法により全周を使用するか，幾回か観測するときに始読の目盛位置を変更し，目盛の各部分を均等に使用する．

（d） 目盛盤の偏心（偏心誤差）（図5・25）

目盛盤の中心 C と回転軸の中心 M とがずれていて，読取り指標が回転軸に付いていて視準線と同方向にあるときを考える．P_1 と P_2 を視準したとき，指標が A_1'，A_2' の場所にあって目盛 x_1，x_2 を読む．反位にして再び P_1，P_2 を視準すると視標は A_1'，A_2' の場所に来て目盛 y_1，y_2 を読む．そのため指標 A で読みとった角はそれぞれ w_1，w_2 となる．正しい角を w とすると，

$$w = w_1 + \alpha + \beta, \qquad w = w_2 - \alpha - \beta$$
$$\therefore \quad w = (w_1 + w_2)/2 \qquad (5 \cdot 9)$$

すなわち，正位と反位の目盛の読みを平均すれば誤差を消去できる．

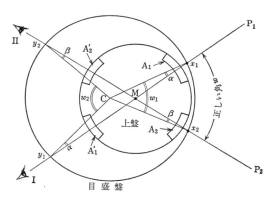

図 5・25 偏心誤差の消去

また180°対向して2つの指標 A，A′ が備わっている器械であれば，正位のみで図5・25の状態となるから，2つの対向指標の読みを平均すればよい．

（2） 不完全調整に基づく誤差

（a） 求心視準線が鉛直軸中心からずれているときの影響（本章6節(2)条件(a)）（求心誤差）

図5・26（平面図）のように測点 O から e だけずれた点 O′ に器械を据えたとすれば，正しい水平角 ∠P_1OP_2 と観測角 ∠$P_1O'P_2$ との差は，

7. セオドライトによる水平角観測誤差とその消去法

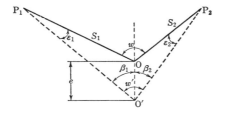

図 5・26 求心誤差

$$\varDelta w = w - w' = \varepsilon_1 + \varepsilon_2 \fallingdotseq e\left(\frac{\sin\beta_1}{S_1} + \frac{\sin\beta_2}{S_2}\right) \tag{5・10}$$

明らかに $\beta_1 = \beta_2 = 90°$($P_1O'P_2$ が直線となる)のとき誤差が最大であり，距離 $S_1 = S_2 = S$ とすれば，

$$\varDelta w = 2e/S \tag{5・11}$$

となる．すなわち求心不良による水平角観測誤差は偏心量に比例し，視準距離に反比例するものと心得ておけばよい．なお，望遠鏡を正位から反位に替えても O' の位置は不変であるから，同じ誤差が生じる．

（b）　上盤気泡管軸と鉛直軸とが直交していないときの影響（本章 6 節(2)条件(b)）（鉛直軸誤差）

両軸のなす角が直角から v だけずれているとする．このために気泡が上盤気泡管の中央に来ても，鉛直軸が図 5・27 の点 A，Z，B を含む平面内（OZ は鉛直線，AB は水平線，3 点は単位球上にあるとする）で傾き，OZ' の位置にあるものとする．こ

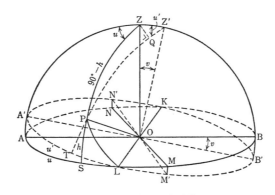

図 5・27 鉛直軸傾斜の影響

の状態では AZB 面外の点 P を視準した場合の点 P の水平目盛盤上への投影は，正しくは S にあるべきものが T にくることになる．このために生ずる水平目盛の差を e_v とすれば，水平角 u，高低角 h の場合には図より $e_v = u - u'$ であって，これは次式で与えられる．

$$e_v \fallingdotseq v \sin u \tan h \quad (証明略) \qquad (5 \cdot 12)$$

上式は，点 P の高低角が大きくなるほど e_v が増大することを示している．

ゆえに，2 点 $P_1(h_1, u_1)$ と $P_2(h_2, u_2)$ との間の水平角に対する誤差を $\varDelta v$ とすれば，

$$\varDelta v = v(\sin u_1 \tan h_1 - \sin u_2 \tan h_2) \qquad (5 \cdot 13)$$

この式で注目すべきことは，望遠鏡を転鏡しても傾き v は不変であるから，正位，反位のいずれで観測しても v の符号は変じないことである．そのために正，反観測値の平均をとっても誤差を消去できない．また 2 点が同一高低角のときでも $\varDelta v$ が 0 になるとは限らない．$|h_1|=|h_2|=h$ のときを考えると，$\varDelta v$ が最大になるのは，$|\sin u_1|=|\sin u_2|=1$ のときであって，その値は，

$$\varDelta v_{\max} = 2v \tan h \qquad (5 \cdot 14)$$

したがって，水平角誤差は近似的に v と $\tan h$ とに比例すると考えればよい．

（c） 水平軸と視準線とが直交していないときの影響（本章 6 節 (2) 条件 (c)（ⅱ））（視準軸誤差）

視準線が水平軸 MN に直交しているセオドライトで点 P を視準した場合には，図 5・28 のように望遠鏡を水平軸のまわりに回転させたときの視準線の通る面は大円 ZPS であって，水平目盛は S を指す．ところが水平軸 MN に垂直であるべき視準線が，図 5・28 のように c だけ傾いているセオドライトで点 P を視準した場合には，

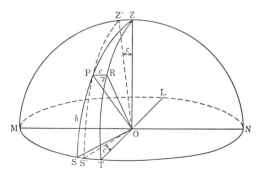

図 5・28　視準線傾きの影響

望遠鏡を水平軸のまわりに回転するとき視準点Pを通る道はOを頂点とする錐面を描くから，円ZRTに平行な小円Z'PS'になる．ただし，セオドライトの向きは鉛直面ZRTであるから，目盛は$\widehat{\text{ST}}$だけ誤差を生じている．$\widehat{\text{PR}}=\widehat{Z'Z}=c$，$\widehat{\text{PR}}=\widehat{\text{ST}}\cos h$であるから，この角の大きさは次式で与えられる．

$$e_c=\widehat{\text{ST}}=c\sec h \qquad (5\cdot15)$$

上式より，点Pの高低角hが増すほどe_cが大きくなることが分かる．

2点$P_1(h_1)$と$P_2(h_2)$とを視準して水平角を求めたときの誤差Δcは，

$$\Delta c=c(\sec h_1-\sec h_2) \qquad (5\cdot16)$$

したがって，水平角に及ぼす影響は2点の高低角の大きさの差に関係する．しかしながら望遠鏡を転鏡して点Pを視準すれば視準線の傾き方が図5・28と逆になる．そうすると式(5・16)におけるcの符号を変ずるから，正位と反位の観測を行って平均値を採用すれば誤差を消去できる．

（d）水平軸と鉛直軸とが直交していないときの影響（本章6節(2)条件(d)）（水平軸誤差）

鉛直軸OZに垂直であるべき水平軸がiだけ傾いていて図5・29のM'N'の位置にあるとする．その結果，点Pを視準したときの視準面はZ'PTという傾いた平面となり，水平面への投影は点Tとなる．もしiの誤差がなければ点Sであるはずだから，目盛の差e_iは$\widehat{\text{TS}}$で示され，その値は次式で与えられる．

$$e_i=i\tan h \quad (証明略) \qquad (5\cdot17)$$

2点$P_1(h_1)$と$P_2(h_2)$とを視準して水平角を求めたときの誤差は，

$$\Delta i=i(\tan h_1-\tan h_2) \qquad (5\cdot18)$$

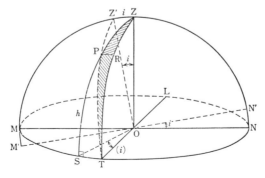

図 5・29　水平軸傾斜の影響

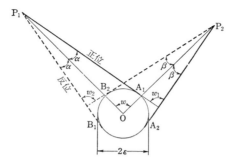

図 5・30 外心誤差の消去

したがって，水平角の誤差は視準線が水平である限り生ぜず，2点の高低角の差が増すほど大きくなる．ただし望遠鏡を転鏡すれば i の符号を変ずるから，この場合も正，反観測値の平均をとることによって誤差を消去できる．

（e） 視準線が回転軸中心より偏心しているときの影響（本章 6 節(2)条件(c)(ⅲ)）（外心誤差）

視準線が鉛直軸中心 O より，ε だけ偏心しているときに水平角を観測する場合を考える．点 O から正位（実線）と反位（破線）とで $\angle P_1OP_2$ を観測すると，図 5・30 のような状態となる．このとき正位と反位とで観測した角 w_1, w_2 と，正しい角 w との間に次の関係が成立する．

$$w_1+\beta=w+\alpha, \qquad w_2+\alpha=w+\beta, \qquad \therefore \quad w=(w_1+w_2)/2 \qquad (5\cdot19)$$

すなわち式(5・9)と同様に正位と反位の観測値の平均をとれば正しい角が得られる．注意すべきは，180°対向位置で目盛読取りができる場合に，正位のみで2つの対向目盛の読みを平均しても角 w_1 の値が得られるにすぎないことである．

（3） 器械の据付け不良に基づく誤差

（a） 求心不良の影響

求心を距離 e だけ間違えて設置したときの影響は(2)(a)と同じである．

（b） 整準不良の影響（整準誤差）

鉛直軸を v だけ傾けて設置したときの影響は(2)(b)と同じである．

（4） 偶 然 誤 差

観測点にセオドライトを設置した後，目標を視準したときに生ずる偶然誤差の原因は種々であるが，次の2つに分けて示しておく．

1. 視準誤差：①十字線中心に目標を一致させるときの誤差，②焦準動作に伴う視準線の振れ，③空気の動揺による誤差などが含まれる．前2者は40倍の望遠鏡で1.0″〜2.0″，25倍の望遠鏡で2.0″〜4.0″くらいと心得ておくのがよい．③は気象状態に大きく影響され，かげろうの立つ時は非常に大きいから地表近くに視準線を通すことを避けなければならない．

2. 目盛分割誤差と目盛読取り誤差：これらの誤差の大きさに関して種々の調査が行われているが，両者を合わせた誤差は，光学マイクロメータ読みの器械ではマイクロメータ最小目盛に比例してこの誤差が小さくなるものではなく，180°対向目盛の平均をとれば1″読みの器械で1″程度，20″読みの器械で5″くらいであろう．電子光学的読み取りの場合も誤差は1″〜5″程度である．

（5） 観測方法と測角誤差——倍角差と観測差

視準誤差を $\pm\alpha$，目盛読取り誤差を $\pm\beta$，目盛分割誤差を $\pm\gamma$（いずれも偶然誤差）としよう．ただし，β, γについては，指標が2つあるときは2つの読みの平均値に関する値とする．

観測点から1つの方向を視準したときの方向の標準偏差は，

$$\sigma = \pm\sqrt{\alpha^2+\beta^2+\gamma^2} \qquad (5\cdot 20)$$

したがって単測法で角を測ったときの標準偏差は次のようになる．

$$1\text{回の角観測の標準偏差}：\sigma_1 = \pm\sqrt{2}\sqrt{\alpha^2+\beta^2+\gamma^2} \qquad (5\cdot 21)$$

$$n\text{回の角観測の平均値の標準偏差}：\sigma_n = \pm\sqrt{2/n}\sqrt{\alpha^2+\beta^2+\gamma^2} \qquad (5\cdot 22)$$

次に反復法で n 倍角を観測したときは次のようになる．

$$n\text{倍角1回観測の標準偏差}：\sigma_n' = \pm\sqrt{2/n}\sqrt{\alpha^2+\beta^2/n+\gamma^2/n} \qquad (5\cdot 23)$$

このように，反復法によれば目盛の読取りおよび分割誤差の影響が減ずるから，複軸型の器械では精密な目盛読取り装置を必ずしも備える必要がない．

角の観測には上記偶然誤差以外に，器械の欠陥，調整不完全および据付け方の不良により次の2種類の誤差が加わる．

Δ：正位と反位の観測において同量，同符号となる誤差

δ：正位と反位の観測において同量，異符号となる誤差

この影響を加えると，1つの角を観測したときに含まれる誤差は，

$$\left.\begin{array}{l}\text{正位1回観測値の誤差}：e_r' = \pm\sqrt{2}\sqrt{\alpha^2+\beta^2+\gamma^2}+\Delta+\delta \\ \text{反位1回観測値の誤差}：e_l' = \pm\sqrt{2}\sqrt{\alpha^2+\beta^2+\gamma^2}+\Delta-\delta\end{array}\right\} \qquad (5\cdot 24)$$

もし1対回の観測において，正位と反位のときに同一部分の目盛を用いるとする

と，その1対回中においては目盛分割誤差が一定値となるから，それを γ_0 で表すと，

$$\left. \begin{array}{l} 1\text{回対中の正位観測値の誤差}：e_r = \pm\sqrt{2}\sqrt{\alpha^2+\beta^2}+\gamma_0+\varDelta+\delta \\ 1\text{回対中の反位観測値の誤差}：e_l = \pm\sqrt{2}\sqrt{\alpha^2+\beta^2}+\gamma_0+\varDelta-\delta \end{array} \right\} \quad (5\cdot 25)$$

$$\left. \begin{array}{l} 1\text{対回正反観測値の和の誤差}：e_{r+l} = \pm 2\sqrt{\alpha^2+\beta^2}+2\gamma_0+2\varDelta \\ 1\text{対回正反観測値の差の誤差}：e_{r-l} = \pm 2\sqrt{\alpha^2+\beta^2}+2\delta \end{array} \right\} \quad (5\cdot 26)$$

多対回の観測を行えば，各対回ごとに目盛使用箇所を変えるから γ_0 が無作為的な変動をするが，$\varDelta$ および δ はほぼ一定である（たとえ対回ごとに器械の据付けをやり直したことによりこれらが対回ごとに無作為変動しても，$\varDelta$ の変動は δ の変動より大きいと考えられる）．したがって多対回の観測を行ったときには，式 (5・26) において e_{r+l} の変動の方が e_{r-l} の変動よりも大きくなる．これらの変動の最大値と最小値の差をそれぞれ倍角差，観測差と称し次のように定義される．

倍角差：各対回ごとの望遠鏡正位と反位の角観測値の和の最大値と最小値との差
観測差：各対回ごとの望遠鏡正位と反位の角観測値の差の最大値と最小値との差

これらの値の計算例は表5・3および5・5に示したとおりである．これらの値は，観測の途中あるいは終了した直後において観測の精粗を判断するのに好都合であり，公共測量に対しては，使用セオドライトの性能に応じて許容最大値が定められている（表5・7）．

[**例5・2**] 視準距離 100 m で高低角 $+10°$〜$-10°$ の2点間の水平角を正位のみで測ろうとする．各軸の直交性の狂い，据付け時の誤りなどがいくらになったとき，水平角に最大 $1''$ の影響を与えるか．

(解) (a) 求心誤差：式 (5・11) より，$1'' > (2e/100\text{ m})\rho''$. ∴ $e < 0.24$ mm
(b) 鉛直軸誤差：式 (5・14) より，$1'' > 2v\tan 10°$. ∴ $v < 2.8''$
(c) 視準軸誤差：式 (5・16) より，$1'' > c(\sec 10° - 1)$. ∴ $c < 65''$
(d) 水平軸誤差：式 (5・18) より，$1'' > 2i\tan 10°$. ∴ $i < 2.8''$
据付け不良：求心不良の影響 = (a)，整準不良の影響 = (b)

[**例5・3**] 表5・10 の2種のセオドライトで1つの角を正位で4回単測法で測ったときに，平均値に含まれる偶然誤差の大きさを求めよ．また器械Bによって正位で4倍角の反復法を1回行ったときの誤差の大きさを求めて比較せよ．

表 5・10 測角誤差

器械	鉛直軸	望遠鏡倍率	最小目盛	α	β	γ
A	単 軸	40	$1''$	$2''$	$0.7''$	$0.7''$
B	複 軸	25	$20''$	$4''$	$6''$	$4''$

（解）

器種 A : $\sigma_{nA} = \pm\sqrt{2}\sqrt{\alpha^2+\beta^2+\gamma^2}/\sqrt{4} = \sqrt{4+0.49+0.49}/\sqrt{2} = 1.6''$

器種 B : $\sigma_{nB} = \pm\sqrt{2}\sqrt{\alpha^2+\beta^2+\gamma^2}/\sqrt{4} = \sqrt{16+36+16}/\sqrt{2} = 5.8''$

器種 B(反復) : $\sigma_{nB'} = \pm\sqrt{2}\sqrt{\alpha^2+\beta^2/4+\gamma^2/4}/\sqrt{4} = \sqrt{16+9+4}/\sqrt{2} = 3.8''$

8. 偏心補正

第3章5節(4)と同じく測点 C，観測点 B，視準標 P という記号を用いて，それらが偏心した場合の角の補正計算法を示そう．この場合には測線長の近似値が必要である．

（1） 器械の偏心

図 5・31 において，$\angle P_1CP_2 = \alpha$ を求める角，$\angle P_1BP_2 = \alpha'$ を観測角とし，点 B の C に対する位置関係を知るために，B において偏心要素として偏心角 φ および偏心距離 e を測定したとする．このとき距離 S_1 および S_2 がわかっていると，$\triangle P_1CB$ および $\triangle P_2CB$ のそれぞれにおいて正弦法則より，

$\sin x = (e/S_1)\sin(\alpha'+\varphi)$
$\sin y = (e/S_2)\sin\varphi$

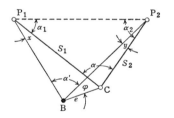

図 5・31 器械の偏心

ところが，x および y はともに微小角であるから，$x \fallingdotseq (e/S_1)\sin(\alpha'+\varphi)$，$y \fallingdotseq (e/S_2)\sin\varphi$ と書くことができ，この関係を $\alpha'+x = \alpha+y$ に代入すると，

$$\alpha \fallingdotseq \alpha' + e\left\{\frac{\sin(\alpha'+\varphi)}{S_1} - \frac{\sin\varphi}{S_2}\right\} \qquad (5\cdot27)$$

ここに φ は点 B で右側の点 P_2 より C へ時針方向に測った角の値をとれば，C，B の関係いかんにかかわらず式(5・27)をそのまま適用できる．なお辺長 S_1，S_2 は近似値でよく，φ および e の値は，e/S_1 および e/S_2 の大きさならびに所要精度に応じた

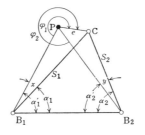

図 5・32 視準標の偏心

適当な精度で測定すればよい．

（2）　視準標の偏心

図 5・32 において，$\angle CB_1B_2 = \alpha_1$ を求める角，$\angle PB_1B_2 = \alpha_1'$ を観測角，x を必要な補正量とすれば，上と同様にして，

$$x \fallingdotseq \sin x = e \sin(2\pi - \varphi_1)/S_1$$

$$\left. \begin{aligned} \therefore \ \alpha_1 &= \alpha_1' - x \fallingdotseq \alpha_1' - \frac{e}{S_1}\sin(2\pi - \varphi_1) = \alpha_1' + \frac{e}{S_1}\sin\varphi_1 \\ \alpha_2 &= \alpha_2' + y \fallingdotseq \alpha_2' + \frac{e}{S_2}\sin(2\pi - \varphi_2) = \alpha_2' + \frac{e}{S_2}\sin(\varphi_1 - \alpha_1' - \alpha_2') \end{aligned} \right\} \quad (5 \cdot 28)$$

ここに，φ は点 P で器械点 B より C へ時針方向に測ればよい．辺長の近似値は既知としており，偏心要素の測定精度も既述のような注意をすればよい．

9．方位角観測

（1）　ジャイロ=セオドライトとその用途

（a）　器械の概要

水平軸のまわりに高速に回転するこまを軸が水平面内で向きが自由に変えられるように吊しておくと，地球の自転の影響によって歳差運動を起こし，軸が南北方向を指そうとして振動する（ジャイロの原理）．この原理を応用して任意の測線の真北からの方向を定めることのできる器械をジャイロ=セオドライトと呼んでいる．

この器械は，図 5・33 のようにジャイロ=アタッチメントをセオドライトの上に載せたものである．器械内部に吊されている水平こまに高速回転を与えると真北を中心にしてこまが周期的な振動を行う．その振動中心の方向を見出せば，そのときのセオ

9. 方位角観測

図 5・33　ジャイロ=セオドライト（ソキア）

ドライトの水平目盛が真北方向を与える．このようにして観測点における真北方向が定まれば，その点から知りたい測線の方向を視準することによってその測線の方位角がわかる．

振動中心，すなわち真北を見出す方法は種々考案されていて，測定精度は 15″ 程度である．

（b）用　　途

ジャイロ=セオドライトは随時随所において独立に測線ごとの方位が定められるから，その利用価値は大きい．用途としては次のものがある．①多角測量や三角測量の測角，測角値の照査ならびに補正．②トンネル・坑道・シールドなどにおいて開トラバースとなるときの測角．③立坑・斜坑からの掘進方向の決定．④狭い施工現場での方向決め．⑤離島における方向決め．

（2）　北極星による方位角観測

運行状態が既知であって，しかも移動の少ない恒星として北極星を選び，これを基準にして比較的簡単かつ高精度に方位角を測ることができる．北半球中緯度の場所で都合の良い方法であるから，大規模な測量において，測線の方位角の決定または補正に利用されている．

（a）　北極星の運行と観測原理

図 5・34 において地表の測線 PQ の方位角を求める場合を考える．観測地点 P における鉛直線と天球との交点 Z を天頂と称し，地球の自転軸が天球と交わる点を天

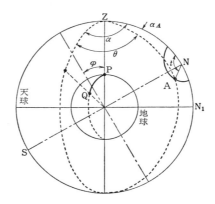

図 5・34 北極星の観測

の極という．地球が自転するために北極星は天の北極 N のまわりに約 1° 回転するように見える．北極星が A の位置にあるとき，観測地点 P を通る天の子午線 ZNN_1 において $\overline{ZN}$ が北の方向であるから，A の方位角は図の α_A となる．地表の $\overline{PQ}$ の方位角は α であって，これを求めるためには北極星を基準にして角 θ を観測し，$\alpha = \alpha_A + \theta$ とすればよいことになる．

ある天体が観測地点の子午面上を通過する時刻をその天体の南中時［正中時］と称し，天体を通る子午面と観測地点を通る子午面とのなす角をその天体の時角という．図 5・34 において，北極星が天の極を通る子午線の中で NZ 上に来る時が北極星の南中時であり，その時からの経過時間によって変わる角 t が時角である．時角が 6 時または 18 時に近いときは，北極星の時間的な方位角変化が小さいので方位角観測にはこの時が好都合である．

北極星の運行を知るには海上保安庁海洋情報部発行の北極星方位角表を用いればよい．ただし，観測地点の緯度 φ と観測日によって北極星の赤緯 δ（北極星方向と赤道面とのなす角）に対する補正が必要である．計算に必要な観測地点の緯度・経度は，縮尺 1:50,000～1:25,000 の地形図上で見出す程度の精度でよい．

もし平面直角座標系の X 軸方向からの方向角を求めたいときには，方位角から子午線収差を減ずる必要がある（図 1・7 参照）．

(b) 観　　測

観測は夜間に行われるので，使用セオドライトは目盛を照明できるものを用い，地上の視準標も照明する．地上視準標までの距離が短ければ焦準動作に伴う角誤差が入

りやすいから，方位角観測用測線が短ければ，これと別に観測点から遠方に方位角観測の目的に限った視準標（方位標という）を設けて，その測線の方位角を決定するのがよい．

　正しく調整された器械を用い，鉛直軸を正しく鉛直にして観測すること，正反の観測を行うことなど以外に，時報によって時刻を正しく知って秒まで測ること，北極星が動いているから少なくとも北極星を2度繰り返して視準して1回の観測とし，1対回の観測を速やかに終えることなどの注意が必要である．

10. セオドライトによるスタジア測量

　セオドライトやレベルの望遠鏡に備わっているスタジア線を用い，目標点に鉛直に立てた標尺の目盛を読むことにより距離を知る方法である．

(1) 原　　理

　望遠鏡の十字横線の上下にある2本の横線をスタジア線という（図4・20，図5・7）．図5・35のように，点Oにおいてセオドライトの視準線を水平にして点Pにおいて鉛直に立てた標尺を視準する場合を考える．望遠鏡の視野は図5・36のとおりであり，2本のスタジア線が求める点Pに立てた標尺上で挟む長さ（夾長という）を読み

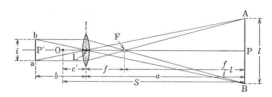

図 5・35　望遠鏡によるスタジア測量

図 5・36　スタジア線と標尺

取る．

図 5・35 において O＝器械の中心，L＝対物レンズの光心，$i=\overline{ab}$＝スタジア線の間隔，$l=\overline{AB}$＝夾長，$b=\overline{LP'}$＝対物レンズから像までの距離，$a=\overline{LP}$＝対物レンズから標尺までの距離，$f=\overline{FL}$＝対物レンズの焦点距離，$c'=\overline{LO}$＝器械中心から対物レンズまでの距離，とすれば，

$$a:b=l:i$$

一方レンズの公式から，
$$\frac{1}{a}+\frac{1}{b}=\frac{1}{f}$$

両式から b を消去すると，
$$a=f+\frac{f}{i}l$$

$$\therefore\quad S=a+c'=\frac{f}{i}l+(f+c') \tag{5・29}$$

この式中の i は一定である．外焦式望遠鏡においては f は一定であり，対物レンズを動かして焦点を合わせるから c' は変化するが，その量は 1 cm 程度である．一方，内焦式望遠鏡では f はわずかに変化する．これらのわずかな変化を無視すれば，視準線が水平のとき，k, c を定数として次のように書ける．

$$S=kl+c \tag{5・30}$$

この式における k を乗定数，c を加定数と称し，両者を合わせてスタジア定数という．スタジア定数を定めておけば夾長を観測するのみで距離を知ることができるわけであり，この定数は器械格納箱に記入されている．乗定数は 100，加定数は 0～0.3 m のものが普通である．

スタジア定数を検査するには，平坦地で正確に距離 S のわかった数点において夾長 l を読み，最小二乗法を適用して式(5・30)の係数 k と c を定めればよい．ただし，k と c とは距離によってわずかに変動する器種があるから，このような場合には観測距離に応じて異なった定数を定めるように検定しておく方が正確な測量ができることになる．

(2) スタジア測量

地形が平坦でなければ視準線を傾斜させなければならないので，一般には図 5・37 のような状況になる．この場合点 B における標尺は気泡管または下げ振りによってできるだけ正しく鉛直に保持するように心掛ける．点 A にセオドライトを据え，夾長 l，十字横線の視準高 m，高低角 β，器高 I を読む．標尺が図の破線のように視準線に直角なときであれば，夾長は近似的に $l\cos\beta$ であるべきだから，この値を式(5・

10. セオドライトによるスタジア測量　　　　　　　171

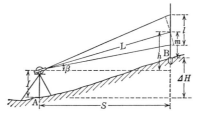

図 5・37 スタジア測量

30) の夾長に適用して,

$$\text{斜距離}: L \fallingdotseq k(l\cos\beta)+c$$

$$\therefore \left. \begin{array}{l} \text{水平距離}: S = L\cos\beta \fallingdotseq kl\cos^2\beta + c\cos\beta \\ h = L\sin\beta \fallingdotseq kl\sin\beta\cos\beta + c\sin\beta \end{array} \right\} \quad (5\cdot31)$$

$$\text{高低差}: \Delta H = h + I - m \quad (5\cdot32)$$

　式 (5・31) の右辺の第2項は第1項に比べて非常に小さく, $\cos\beta$ も通常は1に近い値であるから, 右辺第2項に $\cos\beta$ を掛けても近似的に値に変化がないものと考えてよく, 式 (5・31) の代わりに次の近似式が用いられる.

$$\left. \begin{array}{l} S \fallingdotseq kl\cos^2\beta + c\cos^2\beta = (kl+c)\cos^2\beta \\ h \fallingdotseq kl\sin\beta\cos\beta + c\sin\beta\cos\beta = \dfrac{1}{2}(kl+c)\sin2\beta \end{array} \right\} \quad (5\cdot33)$$

　上記のほかに基準方向からの水平角も観測すれば点 A に対する点 B の相対的三次元位置が完全に決定できる. このような測量方法をスタジア測量という. スタジア測量では観測値が非常に多くなるので組織的に記録することが重要である. 野帳記入例を表 5・11 に示す. 視準高を器械高と等しくすれば表中の視準高の欄は記入しなくてよい.

(3) スタジア測量の用途と誤差

　スタジアによる距離測量は, 高い精度は望めないが, 敏速でありかつ山地のように巻尺が用い難い所でも測量できること, セオドライトなどを用いると距離・高低差・方向の3者が一度に観測できることなどに特徴がある. したがって, 1:1,000～1:5,000 の地形図作製のための地形測量や略測を行うときに用いられる.

　スタジア測量において通常考えられる誤差は次のとおりである. ①スタジア定数の誤り, ②距離に応ずるスタジア定数の変動, ③ $l\cos\beta$ を視準線に直角な夾長としたことによる差, ④近似式 (5・33) を用いたときの差, ⑤光の屈折, ⑥標尺の目盛誤差,

表 5・11 スタジア測量による一般地形観測の記帳例

年　　月　　日
観測者：　　　　記帳者：　　　　　　器械番号：　　　乗定数＝100
主測点：No.3　　器械高＝1.40 m　　標高＝82.450 m　　加定数＝0.25 m

標尺測点	番号	UL	挟長	水平角		高低角		視準高	水平距離	高低差	標高	備考
ミ川の右岸	1	1.67 1.12	0.55	249°	40′	−0°	43″		55.24	−0.69	81.76	
ウ川の左岸	2	1.55 1.25	0.30	229°	15′	−0°	41″		30.24	−0.36	82.09	
ゴ田の中	3	1.77 1.03	0.74	302°	27′	−0°	31″		74.24	−0.67	81.78	
ヤ田の中	4	1.80 0.99	0.81	49°	46′	−0°	20″		81.25	−0.47	81.98	
ミ川の曲部	5	1.68 1.12	0.56	101°	29′	−0°	11″		56.25	−0.18	82.27	
ム道路中心	6	2.05 0.75	1.30	321°	12′	+0°	28″		130.24	+1.06	83.51	
枝 A_1		3.62 1.00	2.62	318°	16′40″	+12°	30′40″	2.30	249.99	+55.463	−0.9 137.013	山の腹

⑦夾長の観測誤差，⑧標尺の傾斜による誤差，⑨高低角の観測誤差．もしすべての条件を一定にして観測したとすると，これらの中で①～⑥は系統誤差となる．なお，観測距離が短いから光の屈折や地球表面曲率の影響は考慮しない．

観測した夾長を 100（乗定数）倍して距離とするのであるから，夾長の観測誤差を少なくするよう心掛けるべきである．そのための方策として，気泡管または下げ振りによって標尺を正しく鉛直に保持する，特殊目盛の標尺を使用する，端数を正しく目測できるように工夫した目盛を施した標尺を用いる，標尺目盛が暗いときには照明を与える，逆光で観測するときには望遠鏡にフードを使用するなどの対策を講じる．

スタジアによる距離測量では上記のような各種の誤差が影響するので，その誤差の標準を示すことは困難であるが，倍率 25～30 の望遠鏡を持つセオドライトを利用したときの誤差の大要は次のとおりである（表 3・1 参照）．

1. 平坦地で距離 30～70 m のときに相対誤差 1/500～1/1,000．距離が 100 m 以上となると標尺目盛が読み難くなりかなり精度が低下する．

2. 起伏の多い土地では 30～70 m の距離に対して相対誤差 1/300～1/500．

3. 高低差の誤差は高低角が大きくなるほど増大するものであって，距離 100 m の場合に平坦地で 0.5～1 m，起伏の多い土地では 1～3 m．

4. 長距離を分割して観測したときの距離の閉合差は，平坦地で $(1〜2)\mathrm{m}\times\sqrt{S(\mathrm{km})}$，山地で $(2〜5)\mathrm{m}\times\sqrt{S(\mathrm{km})}$．

5. 長距離を分割して観測したときの高低差の閉合差は，平坦地で $(0.1〜0.3)\mathrm{m}\times\sqrt{S(\mathrm{km})}$，山地で $(0.3〜1.0)\mathrm{m}\times\sqrt{S(\mathrm{km})}$．

11. 直線の延長と角の測設

ここでは地表の諸点の位置を決めるということではなく，セオドライトを用いて地上に所要の角度を持った点を設置する方法を示すことにする．

（1） 直線の延長方法

（a） 図 5・38 の直線 AB を延長する場合には，A にセオドライトを据えて B を視準し，その視準線延長中に C, D などを決定する．

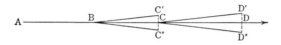

図 5・38　直線延長法

（b） A に器械を据えたとき C を見透し得ない場合，または AC の距離が長くなる場合などでは，点 B に器械を据える．このとき A を視準して望遠鏡を転鏡し，その視準線中に C を定める．ただし調整その他による誤差があると，転鏡したときに視準線が BC′ となり，直線 AB の延長上ではないから，反位および正位で C′, C″ を求め，その中点によって正しい延長線を決定するようにすればよい．

（2） 水平角の測設方法

図 5・39 の角 α を極めて正確に地上に測設しようとするときは，目盛をたとえば 0°

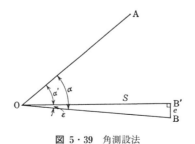

図 5・39　角測設法

に合わせて A を視準し，次に角 α を目盛盤上に取り，そのときの視準線中に B' を決める．こうして設けた ∠AOB' を反復法で正確に測定してその測定値を α' とすれば，α' と α との差 ε をオフセットの方法で補正する．すなわち図5・39において，$e=\varepsilon S$ だけ直角に移動させた点 B を正しい角度の点とすればよい．

問　題

（1）セオドライトを用いて高低角 $+20°\sim-20°$ の範囲において正位のみで角観測を行ってきたが，測量後にこのセオドライトを検査したところ，鉛直軸のまわりに 180°回転すると水平軸に平行な上盤気泡管（感度：$40''/2\,\mathrm{mm}$（第4章3節(2)参照））の気泡が 2 mm ずれ，視準線と水平軸との直交性に関しては，図5・23において $\overline{\mathrm{OB}}=100\,\mathrm{m}$ のときに $\overline{\mathrm{BC}}=20\,\mathrm{mm}$ のずれがあった．それぞれの原因によって角度に最大いくらの狂いを生じたと考えるか．

（2）視準距離 100 m または 1 km，セオドライトの測点からの偏心量が 10 cm または 1 m とする．その測点からの角を 1 秒まで正確に知ろうとすると偏心要素をどの程度まで正しく測ればよいか．

（3）表5・3～5・5，5・8，5・9および表5・11の斜体文字の箇所の数値が正しいか調べてみよ．

（4）1直線上に順次並んだ点1～5がある．セオドライト（乗定数100，加定数0.2 m とする）を用いて，各区間のスタジア測量を行った結果を表A5・1に示す．各区間の距離，各点の標高（点1の標高を 24.00 m とする）および器械の高度定数を求めよ．

表 A5・1

器械位置	標尺位置	望遠鏡	U L	高低角	視準高
2	1	正	1.772 1.160	1° 10′ 00″	器械高に同じ
2	1	反	1.773 1.160	1° 11′ 00″	
2	3	正	1.761 1.210	0° 45′ 20″	
2	3	反	1.764 1.210	0° 46′ 00″	
4	3	正	1.504 0.900	−2° 02′ 20″	
4	3	反	1.502 0.900	−2° 01′ 00″	
4	5	正	1.475 0.980	2° 47′ 40″	
4	5	反	1.471 0.980	2° 49′ 00″	

問　題　　175

(5) セオドライトの器械自身に存在する欠点（不完全調整も含む）が水平角観測値に誤差を与えないような場合があれば記せ．また誤差を及ぼすとしても消去できる観測法があれば示せ．

(6) 第7節を勉強して，セオドライトによる水平角観測誤差の原因，それによる誤差の現れ方および誤差を消去するための観測方法を分類にて表に示せ（表4・4および4・5を参考にせよ）．

(7) 点Aよりほぼ同高の点B，C，Dに向かう測線間の水平角を，セオドライトを用いて単測法で測って表A5・2の結果を得たとする．次の問いに答えよ．

　　(a) 器械の調整不完全な点を指摘せよ．
　　(b) この表のように行った観測法で上記の欠陥の影響は消去されるか．
　　(c) 各角の最確値を求めよ．

表 A5・2

観測点	視準点	望遠鏡	観測方向	目　盛
A	B	r	右回り	0° 30′ 00″
	C			69° 30′ 20″
A	C	l	左回り	249° 17′ 20″
	B			180° 17′ 10″
A	C	r	右回り	0° 10′ 20″
	D			52° 20′ 20″
A	D	l	左回り	232° 07′ 30″
	C			179° 57′ 40″

(8) 式(5・24)における誤差 Δ および δ の生ずる原因をできるだけ詳しく指摘せよ．

(9) 1つの測線OAと90°をなす測線の方向を定めるために，点Oに据えたセオドライトによってOAより角90°の方向を視準してその線上100 mの所に杭を打った．その後に角を精測したところが90°00′20″となった．正しい測線方向の位置に杭を打つ方法を示せ．

(10) トータル＝ステーションを用いて，基準点より約100 m離れた未知の1点を測量し，その点の三次元座標誤差を5 mm以内にしたいとする．器械の選定，観測方法の要点を示せ．

(11) 水平角を正位と反位で観測する場合について，次の記述の中から誤っているものを指摘せよ（1つとは限らない）．

　　(a) 上盤気泡管の調整が不完全であれば，1つの角の正位と反位の観測値の差が大きくなる．
　　(b) 視準軸が水平軸に直交していなければ，1つの角の正位と反位の観測値の差が大きくなる．
　　(c) 水平軸が鉛直軸に直交していなければ，そのために生じる角誤差が倍角差に含まれる．
　　(d) 目標の視準に偶然的な誤差があれば，その誤差は観測差に含まれる．
　　(e) 器械が測点中心から偏心していれば，それに基因する観測誤差は倍角差に含まれる．
　　(f) 水平目盛盤の刻み方に誤差があれば，それに基因する誤差は倍角差に含まれる．

第6章　多角測量

　多角測量は，トータル=ステーション等（セオドライト，光波測距儀等を含む）により，距離と角とを測って諸点の相対的な平面位置を定めようとする基準点測量の一種である．この測量方法は，比較的高精度の得られること，基準点を密に配置しやすいことなどから，地形図作成，地籍測量，市街地測量，土木工事に関連する各種の測量などに必要な中規模以下の基準点測量にしばしば適用されてきた．ただし近年では，トータル=ステーション等を用いて長い測線長を容易に高精度で観測できるようになったので，GNSS測量とともに広く基準点測量に適用されている．とくに公共測量における基準点測量は，トータル=ステーション等を用いた多角測量もしくはGNSS測量によるものと定められている．

　多角測量は，平板を用いた図解法（第9章参照）と，トータル=ステーション等を用いた角および距離の観測数値を利用する解析法とがある．本章では，後者の多角測量を実施するために，これまでに示した基本的な観測方法をどのように適用すればよいかということと，平面測量の範囲内での観測値の簡単な調整計算法について述べる．

1.　多角測量［トラバース測量］

(1)　概　　説

　多角測量は，測線の距離と測線間のなす角度を測ることによって測点の平面位置を決定する方法であって，基準点測量に用いられる．幾つかの測線を結んだ路線の始点と終点とが同一点で閉合するときには多角形となることから，この名前が付いたわけである．また，ジグザグ状の路線をトラバースということから，トラバース測量とも呼ばれる．

　多角測量は，次のような中規模以下の基準点測量に用いられてきた．①比較的小区域内に密に基準点を設置するとき．②市街地のように見通し困難な区域の基準的測

量．③路線測量（道路・鉄道・水路などの測量）のように細長い区域に基準点を配置するとき．ただし近年では，トータル=ステーション等の使用により，距離測量が容易かつ高精度になるに応じて大規模な基準点測量にも適用されるようになった．

（2） 多角測量の方式

（a） 形による分類（図6・1）

1. 結合多角方式：(a)のように3点以上の既知点に囲まれた領域にある新点をトラバース網により結んだものである．既知点の数が多くない場合は，(b)に示すY型や，それ以外にX型，H型，A型などが用いられる．交点が多く拘束条件が増えるから，調整結果の精度が高い．このため1級および2級基準点測量では原則としてこの方式によることになっている．

2. 単路線方式：(c)のように2つの既知点に挟まれた新点を一路線で結んだものである．図中の破線方向の角観測のように，既知点の1点以上で方向角の取り付け観測（測線方向を知るための観測）を行う必要がある．ただし，GNSS測量を行う場合は方向角の取り付け観測は省略できる．この方式は，3級および4級基準点測量で用いられるが，止むを得ない場合は1級および2級基準点測量でも使用することができる．

3. 閉合多角方式：(d)のように3点以上の既知点を含み，複数の多角形（単位多角形と呼ぶ）からなるトラバース網である．この方式は，拘束条件が強いため高い精度が期待できるが，作業量が多くなるので，特別に高精度な観測が必要な場合にのみ用いられる．なお，図6・7のように，始点と終点とが同一であり単一の閉多角形を

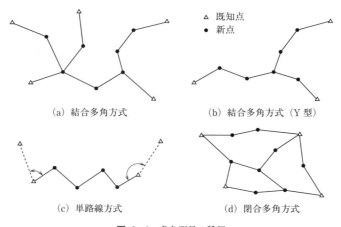

図 6・1　多角測量の種類

形成するものは，本書では閉合多角方式とは区別して単一閉多角形と呼ぶ．単一閉多角形は，距離に比例した系統誤差が存在しても，測角誤差が小さければ出来上がった閉多角形は縮尺のみの異なる相似形となるから，このような系統誤差の存在を発見できないという恐れがある．このため公共測量には使用されないが，観測が簡便で誤差調整の原理を理解しやすいため測量の演習などに良く用いられる．

（b）成立条件

1. 角度に関する条件：既知点において方向角の取り付け観測を行うことにより観測角に関する拘束条件を設定することができる．角度条件を成立させたり，測量網の方向を知るために，測線方向角の取り付け観測をしておくように心掛けるべきである（図6・1(c)参照）．

2. 座標に関する条件：既知点の座標を用いることにより新点の座標に関する拘束条件を設定することができる．

2. 測量計画と観測の準備

他の測量の場合と同様に，踏査を行って測量計画を立て，所定の精度が得られるような最適の測量方法を採用する．測量の作業項目を順に示すと，踏査，選点，造標，観測，調整計算，とりまとめとなる．本節では観測を始めるまでに必要な事項のそれぞれについての内容と注意事項の概要を記す．

（1）踏査・選点・測量計画

標記の3事項が踏査という語で総括される．踏査の目的は測量計画の樹立であって，その内容は，測量の規模，区域の状況，目的，精度，労力，期間，費用，器材などを勘案して，測量方法ならびに調整方法に関する適切な実行計画を作成することである．この結果がまず測点の場所決定となって具体化されるのであって，選点の良否は，多角測量作業能率および結果の精度に大きい影響を与えるのみならず，後続の細部測量にも重大な影響を及ぼす．

一般的な事項は第1章6節に，また小規模距離測量の場合については第3章4節に示したから，ここでは多角測量に関して特に注意すべき事項を以下に示す．

1. 測量網は国の設置した基準点に結び付けるようにする．そうすれば，新しい測点の経緯度や平面直角座標を知ることができる．

2. 測距と測角の精度がつり合うこと．距離測量の誤差は測点を測線方向にずら

せ，角測量の誤差は測点を測線に直角方向にずらせるから，いずれか一方の誤差を小さくしても，測点の位置誤差を減少させる効果は少ない．

3. 結合多角方式を原則とし，これの不可能なときでも単路線方式とする．ただし，簡易な工事測量などでは単一閉多角形を用いることもある．

4. 測点間の距離はなるべく等間隔とし，いたずらに短い測線を設けない．測線長が等しければ誤差の配分が合理的となり，角観測も容易である．なお位置誤差は，測線数が少ないほど減少し，短測線があれば増大する．

5. 障害物や地形の状態によって短い測線が多数できるときは，その部分を飛ばして両端測点を結ぶ測線を前後の測線と結合する．短測線の連続した部分は下位のトラバースと考えればよい．

6. 複雑なトラバース網となった場合には，全体の枠組みを構成するものを上位，それ以外のものを段階的に下位のトラバースと考える．まず上位のトラバースを単独に調整して所属する測点座標を決定し，下位のものは座標の確定した測点間を結ぶトラバースとして調整する．

7. 測点の名称，観測計画，調整計画などを記入した測量計画図を作成する．測点を発見しやすいように，測点ごとに位置の概要を記した略図（選点手簿）を作る．

（2） 造標および埋標

　（a） 造　　　標

測点を他の測点から見通せるように視準標を作ったり，器械自身を測点直上の高所に置いて観測できる設備を造ることを造標という．止むを得ず測点を偏心させる場合には必要な量の観測を忘れてはならない（第3章5節(4)，第5章8節）．

　（b） 埋　　　標

測点位置を一時的に地表に示すには，測量釘を打つ木杭の上に小釘を打てばよい．測点位置を明示する永久標識を地上に設置することを埋標という．公共測量では図6・2のような金属標を使用し，地中には補助標識を堅固に埋めておく．

[例6・1] 多角測量において短い測線のできることを極力避ける理由を考えよ．
（解） 1. 短い測線ができると測角数が増すため誤差の起きる機会が増加する．
2. 短距離を視準すれば，求心の不良が角および距離の観測値に大きな誤差を与える．
3. 光波測距儀で距離測量を行うときには，観測距離に関係のない誤差が余分に加わる．
4. 測量の時間と経費とが増す．

3. 観　　　　測　　　　　　　　　　　　　　　　　　　181

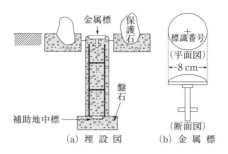

(a) 埋 設 図　　(b) 金 属 標

図 6・2　測点標識の例

3.　観　　　　測

(1) 概　　　　要

　多角測量では角と距離の両方を観測する．トータル＝ステーションや光波測距儀を用いる場合には，視準標としては反射プリズムを備えたものを使用し，それらはいずれも同一の整準装置上に着脱できる機構としておく．そうすると，図 6・3 のトラバース A—B—C—D—E を測量する場合には，測点 A，B，C，に図中の番号①のものを正しく据え，測点 B においてトータル＝ステーションを用いて水平角 ∠ABC，A と C に向かう高低角および A と C に至る斜距離を観測する．それが終わると，三脚と整準装置とはそのままにしておいて，それより上の物のみを取り外して移動させ，測点 B，C，D において番号②のように設置する．前と同様に観測し，以下順次進めてゆく．トータル＝ステーションを用いる場合には，水平角，高低角，斜距離の観測は

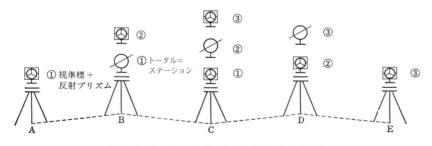

図 6・3　トータル＝ステーションを用いた多角測量

1視準で同時に行うのが通例である．

　公共測量の各区分における既知点の種類，測点間の距離，標準の測量方式については表1・10に示した．トータル＝ステーション等を使用して公共測量を行う場合，基準点測量の各区分における観測方法は表6・1に従うよう定められている．得られた観測値については表6・2の標準的な許容範囲に収まることを確認し，許容範囲を超えた場合は測り直す必要がある．

表 6・1　トータル=ステーション等による観測方法（公共測量）

基準点測量の種類		1級	2級		3級	4級
			1級トータルステーション，セオドライト	2級トータルステーション，セオドライト		
測点間標準距離(m)		1,000	500		200	50
最短測線長(m)		250	150		70	20
水平角観測	設定単位	1″	1″	10″	10″	20″
	対回数	2	2	3	2	2
	水平目盛位置	0°, 90°	0°, 90°	0°, 60°, 120°	0°, 90°	0°, 90°
鉛直角観測	設定単位	1″	1″	10″	10″	20″
	対回数	1				
距離測定	設定単位	1 mm				
	セット数	2				

表 6・2　トータル=ステーション等による観測値の許容範囲（公共測量）

基準点測量の種類		1級	2級		3級	4級
			1級トータルステーション，セオドライト	2級トータルステーション，セオドライト		
水平角	倍角差	15″	20″	30″	30″	60″
	観測差	8″	10″	20″	20″	40″
鉛直角	高度定数の較差	10″	15″	30″	30″	60″
距離	1セット内の測定値の較差	20 mm				
	各セットの平均値の較差	20 mm				
測標水準	往復観測値の較差	$20\,\text{mm}\sqrt{S}$				

S：片道の観測距離(km)

（2） 水平角の観測

1つの測点で1つの角を定めればよい場合が多い．1測点のまわりの角全部を測って合計が360°になるという条件によって照査と補正のできるように心掛けるのがよい．公共測量では，方向法を用いて水平角を観測する．望遠鏡正位と反位による観測を1対回とし，2あるいは3対回の観測を行う（表6・1）．測線数が多いときには，途中で北極星による方位観測によって照査と誤差の調整が行われることもある．すべての測線の方位角をジャイロ=セオドライトやコンパスによって定めてもよい．

（a） 右回りの角

角の観測は進行方向に対して後方の測線をまず視準してこれから右回りに前方の測線までの角を測るのが普通である．

（b） 内角，その他

閉多角形の内角を測るというように便宜的に測り方を定めてもよいが，一定の方式に従って観測し，混乱を招かないようにしなければならない．

（3） 高低角の観測

多角測量において高低角を測る必要のあるのは次の2つの場合である．第1は斜距離を測ったために水平距離を知りたい場合，第2は測点の標高の概略値を知りたい場合である．いずれの場合においても極めて正確な観測値は要求されないが，観測の誤りを発見しやすいように2対回観測を行うのがよい．

（4） 距離の観測

多角測量は，角とともに距離も測る必要があることから，距離測量にはトータル=ステーションを利用することが多い．ただし，要求精度と地形・測線長などの状況に応じて，光波測距儀・間接距離測量（スタジア測量）・鋼製巻尺・繊維製巻尺などが使用されることもある．

4. 成立条件

（1） 経緯距法と座標計算

測量において使用される直角座標系に関して特殊な用語が使用されるので，その概要を記しておく．図6・4のように原点Oを通り北の方向をx軸の正の向き，東の方向をy軸の正の向きに選び，任意の測線P_jP_{j+1}の方向はx軸を基準にした方向角T_jで表す．ただし，場合によっては便宜上，原点位置および座標軸の方向を任意に選ん

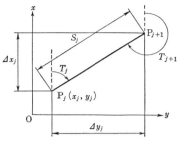

図 6・4 経緯距

だ直角座標を用いてもよい．

任意の測線の x 軸上，y 軸上の正射影をその測線の緯距，経距という．

$$\left.\begin{array}{l}\text{測線 } P_jP_{j+1} \text{ の緯距：} \Delta x_j = x_{j+1} - x_j = S_j \cos T_j \\ \text{測線 } P_jP_{j+1} \text{ の経距：} \Delta y_j = y_{j+1} - y_j = S_j \sin T_j\end{array}\right\} \quad (6・1)$$

であって，測線の距離 S_j は常に正であると定めるが，緯距および経距は正または負の値をとる．

測点の座標 (x, y) をその測点の合緯距および合経距という．すなわち，

$$\left.\begin{array}{l}\text{測点 } P_{j+1} \text{ の合緯距：} x_{j+1} = x_j + S_j \cos T_j \\ \text{測点 } P_{j+1} \text{ の合経距：} y_{j+1} = y_j + S_j \sin T_j\end{array}\right\} \quad (6・2)$$

もし点 $P_1(x_1, y_1)$ から出発し，$\overline{P_1P_2}, \overline{P_2P_3}, \cdots, \overline{P_{n-1}P_n}$ と測線が連なっているとき，点 P_n の合緯距，合経距は次のようになる．

$$\left.\begin{array}{l}\text{測線 } P_n \text{ の合緯距：} x_n = x_1 + \sum_{j=1}^{n-1} S_j \cos T_j \\ \text{測線 } P_n \text{ の合経距：} y_n = y_1 + \sum_{j=1}^{n-1} S_j \sin T_j\end{array}\right\} \quad (6・3)$$

すなわち，測点の座標は式(6・3)で計算できる．

1測線の両端測点の合緯距および合経距がわかっているとき，その測線の距離および方向角は次式で計算できる．

$$\left.\begin{array}{l}S_j = \dfrac{x_{j+1}-x_j}{\cos T_j} = \dfrac{y_{j+1}-y_j}{\sin T_j} = \sqrt{(x_{j+1}-x_j)^2 + (y_{j+1}-y_j)^2} \\ \tan T_j = \dfrac{y_{j+1}-y_j}{x_{j+1}-x_j} = \dfrac{\Delta y_j}{\Delta x_j}\end{array}\right\} \quad (6・4)$$

（2） 条 件 式

　多角測量は，1点の平面座標（x, yという2つの量）を定めるために既知点からの距離と方向という2つの量を測る方法であるから，それ以上の量を測ったり測点の座標や測線の方向に既知のものがあれば，観測値の間に条件が成立する．全観測が終了した後に，既知点と既知点を結ぶ点検路線とトラバース網に含まれるすべての単位多角形に関して幾何学的条件を満足しているかどうかを調べ，閉合差が許容値を超えていれば再測をしなければならない．トータル=ステーション等を用いて公共測量を実施する場合，閉合差の標準的な許容範囲は表6・3に示すとおりである．以下に，角と座標に関して成立すべき条件式を記す．

表 6・3　トータル=ステーション等による点検計算の許容閉合差（公共測量）

基準点測量の種類		1級	2級	3級	4級
結合多路角線・単路線方式	水平位置の閉合差(cm)	$10+2\sqrt{n}\Sigma S$	$10+3\sqrt{n}\Sigma S$	$15+5\sqrt{n}\Sigma S$	$15+10\sqrt{n}\Sigma S$
	標高の閉合差(cm)	$20+5\Sigma S/\sqrt{n}$	$20+10\Sigma S/\sqrt{n}$	$20+15\Sigma S/\sqrt{n}$	$20+30\Sigma S/\sqrt{n}$
多角形・単位	水平位置の閉合差(cm)	$\sqrt{n}\Sigma S$	$1.5\sqrt{n}\Sigma S$	$2.5\sqrt{n}\Sigma S$	$5\sqrt{n}\Sigma S$
	標高の閉合差(cm)	$5\Sigma S/\sqrt{n}$	$10\Sigma S/\sqrt{n}$	$15\Sigma S/\sqrt{n}$	$30\Sigma S/\sqrt{n}$
標高差の正反較差(cm)		30	20	15	10

n：辺数，ΣS：路線長（km）

（a）　角に関する条件式

1．右回りの角と左回りの角

　多角測量の進行方向を定めて，1つの測点において後方の測線から前方の測線まで右回りに測った角を右回りの角，左回りに測った角を左回りの角と名付けよう．それぞれを記号 θ, θ' で示すと，次の関係が成り立つ．

$$\theta' = 360° - \theta \tag{6・5}$$

　図6・5において，測線 $\overrightarrow{12}$ と $\overrightarrow{23}$ の方向角をそれぞれ T_1, T_2 とすると，右回りの角と左回りの角を使った各々の場合において次の関係が成り立つことがわかる．

$$\left. \begin{array}{l} T_2 = T_1 - 180° + \theta \\ T_2 = T_1 + 180° - \theta' \end{array} \right\} \tag{6・6}$$

2．単路線方式の角度条件

　図6・6の既知点1とnを結ぶ単路線トラバースにおいて，始点と終点における他の既知点への方向角 α_A および α_B は既知であるとする．各測点における右回りの角と左回りの角の最確値をそれぞれ $\theta_j, \theta_{j'}$, $(j, j' = 1, 2, \cdots, n)$ とすると，多角形

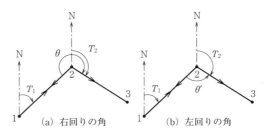

図 6・5 角の観測と測線の方向角

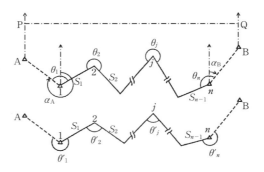

図 6・6 単路線トラバース

[PA12⋯nBQ]の内角条件より次の条件式が成り立つ．

$$\left.\begin{array}{l}\alpha_A - \alpha_B + \sum_{j=1}^{n}\theta_j = 180°(n+1) \\ \alpha_A - \alpha_B - \sum_{j=1}^{n}\theta_j' = -180°(n-1)\end{array}\right\} \quad (6\cdot7)$$

観測値を l_j（あるいは l_j'）とすると，閉合差はそれぞれ次のようになる．

$$\left.\begin{array}{l}w = \alpha_B - \alpha_A + 180°(n+1) - \sum_{j=1}^{n} l_j \\ w' = \alpha_A - \alpha_B + 180°(n-1) - \sum_{j=1}^{n} l_j'\end{array}\right\} \quad (6\cdot8)$$

3．単一閉多角形の角度条件

図 6・7 において測点 n 個の多角形の内角を観測したとき，最確値を θ_j，観測値を l_j，$(j=1, 2, \cdots, n)$ とすると，満足すべき条件と閉合差 w はそれぞれ次のようである．

$$\sum_{j=1}^{n}\theta_j = 180°(n-2), \quad w = 180°(n-2) - \sum_{j=1}^{n} l_j \quad (6\cdot9)$$

4. 成立条件

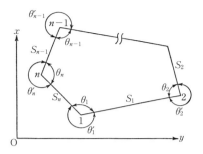

図 6・7 単一閉多角形

もし外角を測定し，最確値を θ_j'，観測値を l_j' とすれば次式となる．

$$\sum_{j=1}^{n} \theta_j' = 180°(n+2), \qquad w = 180°(n+2) - \sum_{j=1}^{n} l_j' \qquad (6・10)$$

(b) 座標（合緯距，合経距）に関する条件式

座標が既知である2つの点 $P_1(x_1, y_1)$ と $P_{n+1}(x_{n+1}, y_{n+1})$ を結ぶ路線について考える．各測線ごとに測線長および方向角を測定し，それぞれの最確値を S_j および T_j，観測値を l_{Sj} および l_{Tj}（前記の角観測値 l_j, l_j' などから求めた値とする）とすると，式(6・3)より最確値に関する条件は，

$$\left.\begin{array}{l} \sum_{j=1}^{n} \Delta x_j = x_{n+1} - x_1, \qquad (\Delta x_j = S_j \cos T_j) \\ \sum_{j=1}^{n} \Delta y_j = y_{n+1} - y_1, \qquad (\Delta y_j = S_j \sin T_j) \end{array}\right\} \qquad (6・11)$$

緯距および経距に対する閉合差は次のようになる．

$$\left.\begin{array}{l} w_{\Delta x} = (x_{n+1} - x_1) - \sum_{j=1}^{n} l_{\Delta xj}, \qquad (l_{\Delta xj} = l_{Sj} \cos l_{Tj}) \\ w_{\Delta y} = (y_{n+1} - y_1) - \sum_{j=1}^{n} l_{\Delta yj}, \qquad (l_{\Delta yj} = l_{Sj} \sin l_{Tj}) \end{array}\right\} \qquad (6・12)$$

とくに単一閉多角形の場合は始点と終点が一致して，$x_{n+1} - x_1 = 0$, $y_{n+1} - y_1 = 0$ である．

(c) 誤差の表現

観測の総合的な正確さは距離の閉合差と閉合比で表される．距離の閉合比は距離の閉合差を測線の全長で割ったものであり，測量精度の表現にしばしば利用される．これらの計算式は次のとおりであり，閉合差については公共測量作業規程の準則に標準

的な許容範囲が示されている（表 6・3）．

$$w_S = \sqrt{w_{\Delta x}^2 + w_{\Delta y}^2} \quad (6・13)$$

$$閉合比： \quad r_S = w_S / \sum_{j=1}^{n-1} l_{Sj} \quad (6・14)$$

[**例 6・2**] 図 6・8 のトラバースにおいて測線 $\overrightarrow{AB}$ の方向角は 120°00′ であったとする．各測線の方向角を求めよ．

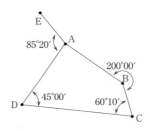

図 6・8 トラバースの測角値

（解）　A→B→C の順に進むと仮定すると，角 B と A とが右回りの角である．$\overrightarrow{BC}$, $\overrightarrow{CD}$, $\overrightarrow{DA}$, $\overrightarrow{AE}$ の順に方向角は，140°00′, 259°50′, 34°50′, 300°10′. $\overrightarrow{BA}$ の方向角より $\overrightarrow{AE}$ の方向角が 10′ 大きい．

5. 近似的図形調整法

（1） 調整法の分類と利用の仕方

（a） 調整法の分類

調整法は次のように大別できる．

$$\begin{cases} 図解的方法 \\ 解析的方法 \end{cases} \begin{cases} 図形調整法［条件方程式法］ \\ 座標調整法［残差方程式法］ \end{cases}$$

図解的方法はもっぱら後述の平板測量に用いられている．それ以外では概略検照に利用される（[例 6・3]，[例 6・5] など）．この方法の説明は省略する．解析的方法については，第 4 章 8 節で述べたように上記の 2 種類の取扱い方が可能であるが，本章では図形調整法のみをとりあげ，平面測量学の範囲における近似的な取扱いのみについて解説することにする．

(b) 成立条件と調整法

前節で述べたように,条件式には角に関するものと座標に関するものがあるので,高精度な計算には両者を同時に成立させる厳密調整法が用いられる.しかし,角の条件式は角観測値のみしか含まれておらず,座標の条件式には角と距離の観測値が含まれていることから,次のような簡易調整法が採用されることも多い.すなわち,まず角に関する条件のみを独立に満足するように最小二乗法を適用して角の最確値の第一次調整値を求め,次に角の第一次調整値と距離の観測値を用いて座標に関する条件式のみを独立して満足させたものを最終の最確値として採用するのである.このような方法を簡易調整法と呼び,公共測量の3級と4級の基準点測量では簡易調整法の使用が認められている.ここでは簡易調整法について説明する.厳密調整法については,公共測量作業規程の準則(付録6計算式集)を参照されたい.

(2) 角条件による調整

角に関する条件式はいずれも[例2・13]の式(a)と類似の形であるから,各角を独立に観測したときには,最小二乗法を適用した結果は式(e)～(n)と似た形によって与えられる.角の最確値を得るには,式(f)によれば角の観測の重みが異なるときには閉合差を重みに反比例して各角に配分すればよく,式(l)によればいずれの角も等精度で観測すれば閉合差を均等に配分すればよいことを示している.たとえば,単一閉多角形において各内角を等精度で観測したとすると,式(6・9)を参照して最確値は次式で与えられる.

$$\theta_j = l_j + \frac{w}{n} = l_j + \frac{1}{n}\left\{180°(n-2) - \sum_{j=1}^{n} l_j\right\} \qquad (6・15)$$

単路線方式の場合の最確値も同様にして求めることができる.

(3) 座標条件による調整

角条件を満足するように調整された第一次調整値(角条件のないときには観測値)を用いて各測線の方向角 T_j を計算する.この T_j を用いて式(6・11)を満足するように最小二乗法を適用すればよい.この場合に角と距離との観測精度に応じて,次の2つの方法のいずれかの適用されることが多い.

(a) コンパス法則

これは1.コンパスと繊維製巻尺,2.セオドライトと鋼製巻尺または光波距儀,3.トータル=ステーションを用いて行った多角測量のように,測点の位置の誤差が同程度の距離誤差と方向誤差とに基づくと考えられるような場合に対して,最小二乗法を

適用して誘導された法則であって,人名を用いて Bowditch(バウディッチ)法則ともいう.これによれば,各測線の緯距(または経距)の補正量(残差と符号が逆)は,緯距(または経距)の閉合差をその測線長に比例配分した値とする.

$$緯距補正:-v_{\Delta xj}=w_{\Delta x}\frac{S_j}{\sum_{j=1}^{n}S_j}, \quad 経距補正:-v_{\Delta yj}=w_{\Delta y}\frac{S_j}{\sum_{j=1}^{n}S_j} \quad (6\cdot16)$$

単一閉多角形の観測結果をコンパス法則によって調整した計算例を表 $6\cdot4$ に示す(方位は第一次調整後の値である).この法則を用いれば,すべての測点が平行移動し,その大きさは各測点までの測線長の和に比例するということを確かめられたい.

略式ではあるがこの法則を導いてみよう.図 $6\cdot9$ の AB をトラバースの一測線と

表 $6\cdot4$ コンパス法則による調整計算例

測線	方位角	距離(m)	緯距(m)		経距(m)		調整値(m)	
			N (+)	S (−)	E (+)	W (−)	緯距	経距
AB	0° 00′ 00″	151.753	*151.753*		*0.000*		$+151.757$	$+0.008$
BC	80 29 04	90.552	*14.970*		*89.306*		$+14.973$	$+89.311$
CD	86 08 32	108.982	*7.333*		*108.735*		$+7.336$	$+108.740$
DE	177 17 42	120.443		*120.309*	*5.684*		-120.306	$+5.690$
EF	245 12 57	78.290		*32.819*		*71.079*	-32.817	-71.075
FG	253 10 24	55.036		*15.932*		*52.680*	-15.930	-52.677
GA	266 24 46	80.158		*5.015*		*80.001*	-5.013	-79.997
		685.214	*174.056*	*174.075*	*203.725*	*203.760*	$+174.066$	$+203.749$
				174.056		*203.725*	-174.066	-203.749
			$w_{\Delta x}=$	$+0.019$	$w_{\Delta y}=$	$+0.035$	*0.000*	*0.000*

閉合差:$w_S=\sqrt{w_{\Delta x}^2+w_{\Delta y}^2}=\sqrt{0.019^2+0.035^2}=0.040$ m

閉合比:$w_S/\sum S=\dfrac{0.040}{685.214}=\dfrac{1}{17,130}$

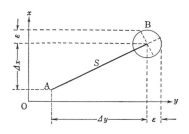

図 $6\cdot9$ 距離誤差と方向誤差

し，緯距，経距を Δx，Δy とする．点 A を基準にして考えると距離の偶然誤差と方向の偶然誤差とによって，AB 方向にも AB に直角方向にも同量だけ点 B が移動する可能性があるから，点 B は B を中心とする半径 ε の円内にあると考えればよい．したがって測線の緯距と経距は同量の誤差を生じ，誤差 ε の大きさは $\sqrt{S}$（S は測線長）に比例すると考える．

n 本の測線を有する多角測量において，測線 $j=1,2,\cdots,n$ の緯距と，経距の最確値をそれぞれ $\Delta x_j = l_{\Delta xj} - v_{\Delta xj}$，$\Delta y_j = l_{\Delta yj} - v_{\Delta yj}$（$l_{\Delta xj}$，$l_{\Delta yj}$ は観測値による計算値）と置き，$l_{\Delta xj}$，$l_{\Delta yj}$ を観測値と考えると，それぞれの重みは $p_j=1/S_j$ となる．これらの式を式 (6・11) に代入して残差によって条件式を書くと，

$$\left.\begin{aligned}\varphi_1 &\equiv \sum_{j=1}^{n} v_{\Delta xj} + w_{\Delta x} = 0, & w_{\Delta x} &= (x_{n+1} - x_1) - \sum_{j=1}^{n} l_{\Delta xj} \\ \varphi_2 &\equiv \sum_{j=1}^{n} v_{\Delta yj} + w_{\Delta y} = 0, & w_{\Delta x} &= (y_{n+1} - y_1) - \sum_{j=1}^{n} l_{\Delta yj}\end{aligned}\right\} \quad (6\cdot17)$$

$l_{\Delta xj}$，$l_{\Delta yj}$ をそれぞれ独立に観測したと考えて最小二乗法を適用すると，

$$\sum_{j=1}^{n} p_j v_{\Delta xj}^2 + \sum_{j=1}^{n} p_j v_{\Delta yj}^2 - 2\lambda_1 \varphi_1 - 2\lambda_2 \varphi_2$$

を最小にすればよい．上式を $v_{\Delta xj}$，$v_{\Delta yj}$ でそれぞれ偏微分したものを 0 に等しいと置くと，

$$v_{\Delta xj} = \lambda_1 S_j, \qquad v_{\Delta yj} = \lambda_2 S_j \qquad (6\cdot18)$$

これらを式 (6・17) に代入して λ_1，λ_2 を求め，再び式 (6・18) を用いれば式 (6・16) が得られる．

(b) トランシット法則

角はセオドライト，距離は繊維製巻尺またはスタジア測量を用いて測った多角測量のように，角の観測が距離の観測に比べて非常に正確であるため，生じた位置誤差はもっぱら距離測量誤差に基づくものと推定できる場合に用いられるものである．この法則では，各測線の緯距（または経距）に対する補正量は，緯距（または経距）の閉合差をその測線の緯距（または経距）の絶対値に比例配分した値とする．

$$\text{緯距補正}: -v_{\Delta xj} = w_{\Delta x} \frac{|\Delta x_j|}{\sum_{j=1}^{n} |\Delta x_j|}, \quad \text{経距補正}: -v_{\Delta yj} = w_{\Delta y} \frac{|\Delta y_j|}{\sum_{j=1}^{n} |\Delta y_j|} \quad (6\cdot19)$$

表 6・4 と同じ観測値を用いてトランシット法則によって調整した結果は表 6・5 のようであり，この法則によれば，角に対する補正量がコンパス法則による場合に比べ

第6章 多角測量

表 6・5 トランシット法則による調整計算例

測線	方位角	距離(m)	緯距(m) N(+)	緯距(m) S(−)	経距(m) E(+)	経距(m) W(−)	調整値(m) 緯距	調整値(m) 経距
AB	0°00′00″	151.753	151.753		0.000		+151.761	+0.000
BC	80 29 04	90.552	14.970		89.306		+14.971	+89.314
CD	86 08 32	108.982	7.333		108.735		+7.333	+108.744
DE	177 17 42	120.443		120.309	5.684		−120.302	+5.684
EF	245 12 57	78.290		32.819		71.079	−32.817	−71.073
FG	253 10 24	55.036		15.932		52.680	−15.931	−52.675
GA	266 24 46	80.158		5.015		80.001	−5.015	−79.994
		685.214	174.056	174.075	203.725	203.760	+174.065	+203.742
			174.056		203.725		−174.065	−203.742
			$w_{\Delta x}=$	+0.019	$w_{\Delta y}=$	+0.035	0.000	0.000

て小さいことがわかる．トランシット法則は理論的に誘導されたものではない．

[**例6・3**] 表6・6の多角測量の結果をコンパス法則とトランシット法則によって調整し，調整によって観測した角および距離がいくら変化したかを示せ．また調整前後の形を図示して調整の効果を調べよ．ただし，点Aの座標は(0, 0)とする．
（解）表6・7および表6・8のような結果になる．

表 6・6 多角測量の結果

測線	方向角	距離(m)
AB	90°	100
BC	0°	100
CD	270°	110
DA	180°	80

表 6・7 コンパス法則による調整結果

測線	方向角	距離(m)	緯距(m) +	緯距(m) −	経距(m) +	経距(m) −	調整値(m) 緯距(m)	調整値(m) 経距(m)	調整値(m) 合緯距(m)	調整値(m) 合経距(m)	調整値(m) 距離(m)	調整値(m) 方向角
AB	90°	100	0		100		−5.13	102.56	−5.13	102.56	102.69	92°52′
BC	0°	100	100		0		94.87	+2.56	89.74	105.12	94.90	1°32′
CD	270°	110	0			110	−5.64	−107.18	84.10	−2.06	107.33	266°59′
DA	180°	80		80	0		−84.10	+2.64	0.00	0.00	84.13	178°36′
閉合差：22.36 m			100	80	100	110	94.87	107.18				
閉合比：1/17.44			100		100	100	−94.87	−107.18				
			$w_{\Delta x}=-20$		$w_{\Delta y}=10$		0.00	0.00				

6．精度と測量方法

表 6・8 トランシット法則による調整結果

測線	方向角	距離(m)	緯距(m) +	緯距(m) −	経距(m) +	経距(m) −	調整値(m) 緯距(m)	調整値(m) 経距(m)	合緯距(m)	合経距(m)	距離(m)	方向角
AB	90°	100	0		100		0.00	104.76	0.00	104.76	104.76	90°
BC	0°	100	100		0		88.89	0.00	88.89	104.76	88.89	0°
CD	270°	110	0			110	0.00	−104.76	88.89	0.00	104.76	270°
DA	180°	80		80	0		−88.89	0.00	0.00	0.00	88.89	180°
閉合差：22.36 m			100	80	100	110	88.89	104.76				
閉合比：1/17.44				100		100	−88.89	−104.76				
			$w_{\Delta x}=-20$		$w_{\Delta y}=10$		0.00	0.00				

［**例6・4**］ 表6・5における測点 A の座標は（10.000 m，−50.000 m）である場合について，点 D の座標を求めよ．また，点 A から D に至る測線の方向角と距離はいくらか．

（解） 式(6・3)によればよい．$x_D=184.065$ m，$y_D=148.058$ m．方向角は 48°41′21″，距離は 263.677 m．

［**例6・5**］ 前記の［例6・3］の測量には誤りがあると推定される．どの観測値に錯誤があると推定するか．

（解） 図を描くと図6・10のとおりである．$\overline{BC}$ または $\overline{DA}$ が変われば δX のように閉合差が小さくなる．また∠C が変われば δC のように差が縮まる．

すなわち，閉合差の方向にほぼ平行な測線の長さまたは閉合差の垂直二等分線上に近い測点における角が誤りと推定すればよい．

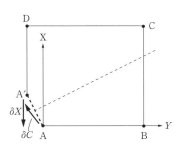

図 6・10 多角測量の錯誤

6．精度と測量方法

多角測量における誤差は角誤差に起因するものと距離誤差に起因するものとの両方が含まれる．これらそれぞれが測点の位置誤差に及ぼす影響が同程度であれば効率的

な測量といえるが，それを実現するためには土地の状態，測量の規模などに応じて適切な器具と測量方法を選ばなければならない．

多角測量の閉合比の許容値は，測量の目的と土地の状況によって異なるが，おおよその標準は表6・9のとおりである．公共測量における許容閉合差の標準は表6・3に示してあるが，結合多角方式と単路線方式において大きい誤差を許しているのは，現在利用する国家基準点自身に10 cmに近い位置誤差が存在するものと考えられているからである．

表 6・9 多角測量の許容閉合比

土 地 の 状 態	閉 合 比
山地，見通しの悪い土地	1/300～1/1,000
緩傾斜の山地，原野，路線測量	1/1,000～1/3,000
障害物の少ない平坦地，市街地測量	1/5,000～1/10,000

いま角および距離の観測がそれぞれ等精度で実施された場合を考える．角の閉合差は角観測値を加減算したものに対する誤差であるから，角の閉合差はほぼ観測回数の平方根に比例して増加する．距離の閉合差は角と距離の観測値から計算した値を幾つか加算したものに対する誤差であるから，距離の閉合差もほぼ観測回数の平方根に比例すると考えてもよく，測線長の和の平方根に比例すると考えてもよい．以上のことから許容閉合比が与えられたとき，角および距離の観測に対する指針はおおよそ表6・10のように考えられている．

多角測量の調整が終われば，表6・7または6・8に示したように各測点の座標の最確値が得られる．この最確値に含まれる誤差の大きさについては省略するが，第4章7節で示した水準測量の場合と同様に基準点から離れるに従って座標の最確値の誤差が増大するものである．

［例6・6］ 表6・10に与えられた許容閉合比を得るための角観測作業および距離観測作業に関する要点を示せ．

　（解）　許容閉合比1/1,000のとき：セオドライトは1′読みでよい．測点に目分量で鉛直に立てたポールを視準して測角すればよい．近距離は繊維製巻尺を用いて十分注意して測り，傾斜は3％まで無視してよい．

　許容閉合比1/3,000より良い結果を望む場合にはトータル＝ステーションを用いるのがよいが，角を測ることと距離を測ることを分離して記述するために，以下ではセオドライトと光波測距儀を用いた記述とする．

表 6・10 許容閉合比に対する観測法

許容閉合比	角の閉合差	往復距離較差/距離
1/1,000	$1'\,30''\sqrt{n}$	1/3,000
1/3,000	$1'\sqrt{n}$	1/5,000
1/5,000	$30''\sqrt{n}$	1/10,000
1/10,000	$15''\sqrt{n}$	1/20,000

（注） n は角観測数

　許容閉合比 1/3,000 のとき：測点に注意深く鉛直に立てたポールを視準して測角してよいが，視準距離が短ければ下げ振り糸を視準し，セオドライトの求心も注意する．角は 30″～1′まで読む．距離観測には光波測距儀を用いるのが便利である．近距離で鋼製巻尺を用いる場合には温度差 10℃以上，傾斜 2% 以上のときには補正をする．

　許容閉合比 1/5,000 のとき：20″読み以上の性能のセオドライトを用い，近距離の場合には求心望遠鏡を使用する．測点の求心には下げ振り糸を降ろすか視準標を設置する．単測法でよいが正位と反位の観測を行う．距離観測には光波測距儀を使用するのがよい．

　許容閉合比 1/10,000 のとき：セオドライトの整準と求心を正しく行い，測点には測角・測距用の視準標を正しく置くようにする．風のないときは下げ振り糸を降ろしてもよい．20″読み複軸型セオドライトを用いるときには 2～3 倍角で正位と反位の観測を行う．距離測量には観測距離に適した光波測距儀を用いる．観測値には必要な補正を施す．

問　題

（1）キャンパス内において，次の多角測量を行う必要があるとする．閉合比 1/1,000 または 1/5,000 が要求されるときについて測量計画をたてよ．
　（a）全長約 2 km，測点間隔約 250 m．
　（b）全長約 400 m，測点間隔約 40 m．

（2）図 A6・1 の多角測量の結果は表 A6・1 であったとすると，閉合比はいくらか．またコンパス法則によって調整し，AD 間の距離と ∠EAD を求めよ．

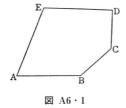

図 A6・1

表 A6・1

∠A = 70° 06′ 00″	$\overline{AB}$ = 129.50 m
∠B = 138° 04′ 20″	$\overline{BC}$ = 83.20 m
∠C = 133° 56′ 00″	$\overline{CD}$ = 83.35 m
∠D = 91° 04′ 40″	$\overline{DE}$ = 141.42 m
∠E = 106° 50′ 40″	$\overline{EA}$ = 155.74 m

（3）多角測量の正確さの総合的な評価は閉合比で表される．その理由を説明せよ．

（4）四角形をなす 2 つの単一閉多角形の測量結果は表 A6・2 のとおりであったとする．観測に大きな誤りがあると予想されるものを指摘せよ．

表 A6・2

	トラバース No.1	トラバース No.2
∠A	90°00′40″	91°33′20″
∠B	59°34′00″	97°02′40″
∠C	88°39′20″	87°57′00″
∠D	121°43′20″	84°56′40″
$\overline{AB}$	235.59 m	200.61 m
$\overline{BC}$	191.52 m	162.19 m
$\overline{CD}$	163.20 m	220.72 m
$\overline{DA}$	87.16 m	180.95 m

(5) 多角測量において，n 本の測線よりなるほぼ一直線の路線があり，各測線の距離 S は同一であると仮定する．各観測における測線長の標準偏差を σ_s とすると，次の場合に最後の測線の方向の標準偏差および最後の測点が正しい直線から横にずれる距離の標準偏差を求めよ．

　　（a）ジャイロ=セオドライトで測線の方向を測り，方向観測の標準偏差を σ_T とするとき．

　　（b）セオドライトで測線間のなす角を測り，その標準偏差を σ_A とするとき．

(6) 本章2節(1)で示した注意事項の理由を考えよ．

(7) 問題(2)において各点間の高低差をスタジア測量によって観測し，表 A6・3 の結果を得たとする．高低差観測の標準偏差が距離に比例すると考えて，各点の標高の最確値を求めよ．

表 A6・3

区　間	高低差(m)
A→B	12.11
B→C	4.92
C→D	−6.17
D→E	7.26
E→A	−18.31
点 A の標高 = 12.345 m	

(8) 四辺形の単一閉多角形の内角調整後の結果は表 A6・4 のとおりであったとする．

　　（a）コンパス法則によって調整し，内角と測線長の最確値を求めよ．

　　（b）トランシット法則によって調整し，内角と測線長の最確値を求めて(a)の結果と比較せよ．

表 A6・4　多角測量データ（角条件による調整後）

測線	方向角	距離(m)
AB	90°	100.0
BC	0°	100.0
CD	270°	99.8
DE	180°	99.8

第7章　三角測量および三辺測量

　多数の測点が存在する場合に，1つの測線長がわかっていれば，測点同士を結ぶ測線間の角を測れば三角形の形と大きさが確定する．このような方法で測点の位置を求める方法を三角測量といい，長距離の精密測定が困難な時代には，大規模かつ組織的な基準点測量の典型的方法として用いられてきた．この方法は，測定原理の応用性が広いために，建設工事に伴う測量をはじめ非接触遠隔測定手法として写真測量や各種の工業計測にも適用されている．

　一方では，辺長のみを測っても三角形が確定する．この原理を適用するのが三辺測量であって，小規模な適用例は第3章4節に述べたとおりであり，光波測距儀を用いれば規模の大きい基準点測量に利用できる．GNSS測量は三辺測量の原理を三次元空間に適用したものと考えることもできる．

　本章では，三角測量と三辺測量の計画と観測方法，誤差の状態，観測値の図形調整法などについて説明する．第1章で述べたように，現在では基本測量と公共測量のいずれにおいても，三角測量と三辺測量は基本方式から除外されている．しかし，これらの測量法は長年にわたって使用されてきたものであり，その原理や作業手順を学ぶことは現在用いられいる多角測量やGNSS測量を理解する上でも有用である．

1.　三角測量概説

(1)　原　　理

　座標既知の2点が利用できると，図7・1(a)のように測量区域内の見通しの良い場所に新しい未知点を配置し，それらの点を結ぶ三角の網を編成し，各測点（三角点と呼ぶ）において各三角形の2つの内角を測る．そうすれば三角形の網の形が定まり，未知点の位置が決まる．

　座標既知点が1つで1本の辺の方向 T のみがわかっている場合には，上記の角以外に図7・1(b)のように1本の辺長を追加測定すれば各三角形の形と大きさが順次定

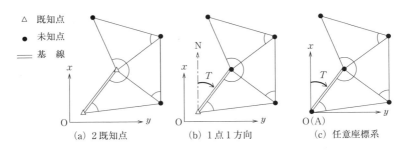

(a) 2既知点　　(b) 1点1方向　　(c) 任意座標系

図 7・1　三角測量による座標の決定

まり，未知点の座標が確定する（距離を測った辺を基線という）．

　座標既知点がない場合でも，1つの三角形について2つの角以外に，図7・1(c)のように辺長を1つ測れば三角網の形と大きさは定まる．ただし，この場合に三角点の座標を確定するためには，平面座標系を導入して1つの測点（たとえば A）の座標と1つの辺の方向（たとえば T）を指定しなければならない．

　以上を別な表現にすれば，「三角測量の原理は，2つの既知点から未知点に至る測線の方向を知って（角を測り），それらの線の交点として位置を求めることである」ということができる．

　実際には誤差の検照と正確さの向上のために余分の角を測る．たとえば，図7・2に①と書いた余分の角を測る．そうすると1つの角を測るごとに「平面三角形の内角の和が180°である」という条件式ができる．三角形の編成個数を増やして②と書いた角を測っても別な条件式ができる．測量精度を向上させるためには，多数の角を観測して，すなわち条件式が多く成立するようにして調整計算を行う．なお，③のように余分の辺長を測ればその個数だけさらに条件式が増える．大規模な三角測量におい

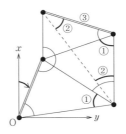

図 7・2　余分の測角と測長

ては天体観測によって測線方位を求めることもある．

　三角測量では辺長観測の個数を極めて少なくするから，正確に距離を測る努力をするという約束のもとに，辺長観測値には誤差がないと仮定する．したがって，三角測量における誤差は角観測値に基因するものと仮定する．

（2）　三角網の配列と等級

　広大な地域に多数の測点を配置した様子を図7・3としよう．これらの点を結ぶ三角測量を効率的に行う方法は，まず小数の長距離間隔の測点を結ぶ三角網を選定し，それを上位の三角網と考えて精密に測量して座標を決定する．こうして得られた基準点座標は正しいものと仮定し，それらの点を含む下位の三角網を順次編成して，下位の測点座標を決定する．この状況を示したのが図7・3であって，公共測量では上位から1級〜4級基準点と呼ばれている（国の基本測量では一等〜四等三角点と呼ばれている）．

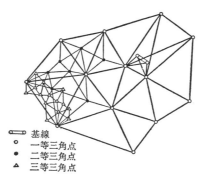

図7・3　三角網と等級

　このような方法の特徴は，下位の三角測量では図7・1(a)のように角を測るだけで未知点の座標が求められることと，下位の測量ほど測角誤差が大きくてもよいことである．ただし，最上位の基準点座標誤差が下位の測量に引き継がれていくことになるから，最上位の測量は極めて正確なことが要求される．参考のために，旧基本測量および旧公共測量における規程の一部を表7・1に示しておく．

（3）　三角鎖とその特徴

　土木事業においては，河川・水路・海岸・鉄道・道路などのように，細長い地域の測量を必要とすることが多く，こうした場合には必要箇所を通って三角形を細長い鎖

表 7・1　旧規程による三角測量の規模と三角形閉合差の許容値

区　分	旧基本測量の三角測量				旧公共測量の基準点測量	
	一等	二等	三等	四等	1級	2級
標準距離(km)	45	8	4	1.5	1	0.5
三角形閉合差(秒)	1	5	15	20	10	20

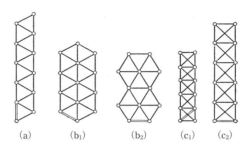

図 7・4　単鎖系

状に配列する．これは三角網の最も単純な場合であって，特に単鎖系という．

　2端点を結ぶ単鎖系の主なものを挙げると図7・4のようである．この図は基線長を同一とし，測点数は12〜13とした場合である．単鎖系を選ぶためには，それぞれについて到達距離，包含面積，精度，手間などの特徴を知らなければならない．それらについて図7・4の説明を付加しておく．

（a）　単列三角鎖：到達距離に比べて測角の数が少ないから，測量は速やかにでき，かつ測量費は安くなるが精度は劣る．河川・海岸などの測量に用いられる．

（b）　六角形鎖：包含面積が大きく，精度も比較的高いから広大な農地測量に適する．

（c）　四角形鎖：精度が最高であるが，調整が複雑で包含面積も小さい．精度の高い結果を要するときに用いられることが多い．

　表7・2は測点数12（または13）の場合について，各図形の諸性質を比較したもので，調整条件式数に関しては四角形鎖が最も多いことがわかる．単列三角鎖の形状と辺長誤差の大きさについては本章4節に示すとおりである．

　一般に測点1個についての調整条件式の数が多いほど，また三角形の形が正三角形に近いほど調整計算の結果が正確となり，図形上で考えられる正確さの程度のよい三角網ほど図形の強さが大であるという．単列三角鎖の例は後に本章4節(2)に示す．

2. 測量計画と観測

表 7・2 単鎖系の比較（図 7・4）

	三角図形	三角点数	包含面積	包含距離	辺長の和	条件の数 (全内角観測)	条件の数 (方向法観測)
(a)	単列三角鎖	12	4.33	5.50	21	10	10
(b_1)	六角形鎖	13	6.06	4.00	26	20	17
(b_2)	六角形鎖	12	5.19	3.46	23	16	14
(c_1)	四角形鎖(斜辺＝1)	12	2.50	3.54	21.3	20	20
(c_2)	四角形鎖(底辺＝1)	12	5.00	5.00	30.14	20	20

（4） 三角測量の順序

従来の三角測量の作業は，その実施順序に従って次のように大別される．
1．準備作業および測量計画：踏査・選点および造標，2．基線測量，3．角測量（必要に応じて天体観測が行われる），4．調整計算および座標計算．

2. 測量計画と観測

多角測量の場合と同様に，踏査を行って測量計画を立て，所定の精度が得られるように最適の作業方法を採用する．三角測量が多角測量と異なるのは，三角形の形状と三角網の編成状態によって，得られる結果の精度が非常に変わることである．ゆえに三角点の配置・観測法・調整法の間の関係をあらかじめ十分に考察をしておかなければならない．

（1） 踏査・選点・測量計画

事前に三角測量の目的・精度・区域の広さに応じて，既成の図上に大体の三角点の位置を定めて三角網を記入した測量計画図を作成する．この後に現地で本格的な選点を行うが，このときの注意事項を次に記す．

（a） 三角点の選定

1．三角点は展望がよくて以後の測量に都合よく利用される位置であること．

2．三角点数は必要限度にとどめ，いたずらに個数を多くせぬこと．もし点数が多いときには，上位から下位へと段階的な三角測量網とするように計画する．ただし，むやみに階層を増やさぬこと．

3．三角形の内角は全部観測し，1つの測線の方向は両端から相互に観測するのを原則とする．

4．既設の基準点と関連づけること．新設三角点は3個以上の高精度の既設基準点

により囲まれた位置にあり，これらに基づいて決定するのが最も好ましい（本章3節参照）．

5．三角形の形状は正三角形に近づけ，内角を少なくとも30〜120°の範囲とすること（本章4節参照）．

6．視準線は水平に近い方がよい．ただし，空気の動揺を避けるために視準線は少なくとも地上1m以上の場所を通ること．建物・煙突などの付近を通らないこと．

7．観測台や高い視準標設置，偏心観測などの必要性を検討しておくこと．

8．三角水準測量を行う場合には，2つ以上の既知点から未知点を相互に見通しできることが必要で，これらに基づいて標高を定めること．

9．三角点の所在地・付近の略図・到達径路・測標の状態などを記した選点手簿を作る．

10．三角点の名称・番号・観測方法（器械点と視準点との関係）などを記載した観測計画図および調整計画図を作成する．

（b）基線位置の選定

既設の基準点を利用し，かつそれよりも下位の三角測量を行うときには基線測量の必要はない．ただし，局所的に高精度の結果を得る必要のあるときにはあらためて基線測量を実施する必要が生じる．既設基準点を用いない場合には必ず基線を設ける必要がある．単鎖系の三角網では両端に基線を設け，観測角を用いて一端から他端の基線長を計算して測定基線長と合致するかを照合する．このときの照合用基線を照査基線［検基線］という．これらの場合に行った基線長観測値は誤差がないと仮定するから，基線測量は極めて正確であることが要求される．角測量よりも一段上位の精度の測量とするように心掛ける．

（2）造標および埋標

三角点の上で観測できる設備をしたり，他の三角点から見通せるように視準標を造ることを造標という．測点間の視通ができなければ止むを得ず偏心させる．図7・5は視準標をやや高く上げた測標の例である．測点位置を明示する永久標識を設置することを埋標という．図7・6は明治時代から設置された三角点の例である（図6・2参照）．

（3）観　　測

（a）基線測量

公共測量では既設基準点を用いることが多いので，距離測量を要しない場合が多

3. 交 会 法　203

図7・5　簡易測標

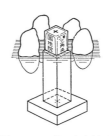
図7・6　二等三角点標石

い．ところが，工事用に任意の三角網を編成する場合には必ず基線測量が行われる．このときには，角測量の誤差および辺長の計算値と実測値との差に関する制限をあらかじめ定めて，基線測量の誤差がこれよりかなり小さくなるように測量しなければならない．

　(b) 角　観　測

　角測量に関しては，角観測法・方向法・反復法のいずれかが用いられるが，そのいずれを用いるかは，所要精度，使用可能器械ならびに1観測点における観測必要角数による．各測点において角観測を終われば，必ず直ちに倍角差・観測差などの検査を実施し，不良観測があれば再測を行う（例は表5・3および表5・5）．また，測量現地において偏心補正などの計算を実行して，三角形の3内角の測量が終了したときには，角の閉合差が制限内に収まっていることを確かめておくことが必要である（表7・1）．

3.　交　会　法

　角観測値を用いて，既知点に基づいて1つの未知点の位置を個別に求める最も基本的な方法としては交会法といわれているものがある．これは未知点を方向線の交点として定めようとするものであって，以下の2方法に大別でき，三角測量はこれらの方法の組合せと考えることができる．交会法は，多数の方向線を用いて交点の位置を最小二乗法によって決定する問題，写真測量による位置決定方法，平板測量による図解法などの基本原理でもある．

(1) 前方交会法

既知点に器械を据えて未知点の方向を観測し，それらの方向線の交点として未知点の位置を見出す方法である．この原理は簡単である．既知点から発する2本の線の方向がわかれば，平面上であると必然的に交点の座標が求まるわけである．

図7・7のように2つの既知点 $P_1(x_1, y_1)$，$P_2(x_2, y_2)$ から角 A_1 と A_2 とを観測したとする．角観測値を用いて未知点に向かう2本の線の方向角 T_{10} および T_{20} を計算すれば，図7・7の記号を用いて点Pの座標 (x, y) は次のように計算できる（T_{12} は既知である）．

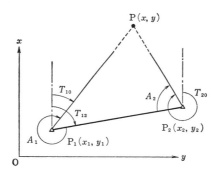

図7・7 前方交会法

$$y - y_1 = (x - x_1) \tan T_{10}$$
$$y - y_2 = (x - x_2) \tan T_{20} = (x - x_1) \tan T_{20} + (x_1 - x_2) \tan T_{20}$$

両式の各辺の引算を行うと，

$$y_2 - y_1 = (x - x_1)(\tan T_{10} - \tan T_{20}) + (x_2 - x_1) \tan T_{20}$$

$$\left. \begin{array}{l} \therefore \quad x = x_1 + \dfrac{(y_2 - y_1) - (x_2 - x_1) \tan T_{20}}{\tan T_{10} - \tan T_{20}} \\ y = y_1 + (x - x_1) \tan T_{10} \end{array} \right\} \quad (7 \cdot 1)$$

交会角 $\angle P_1PP_2$ が直角より著しく隔たるときには，わずかな方向誤差でも点Pの位置誤差が大きくなることは明らかであろう．したがって交会角は30°〜150°の範囲内にすべきである．

前方交会法は次のような場合によく用いられる．1. 補助基準点の測量，2. 接近し難い点や距離測量の困難な点の位置決定，3. 写真測量，4. 工事用の計測，5. 工業計測など．

（2） 後方交会法

　未知点に器械を設置してそこから既知点の方向を観測し，それらの方向線の交点として未知点の位置を定める方法である．未知点 P から既知の 3 点に至る方向がわかれば点 P の位置を求めることができるので三点法といわれている．

　位置を求める原理は，図 7・8 のように未知点 P から既知点 P_1，P_2 を見込む角 A を測ると，点 P は弦 P_1P_2 の上に立つ円周角が A である円周 C_1 の上に存在することになる．既知点の組みを変えたもう 1 つの角 B を測ると，点 P は弦 P_2P_3 の上に立つ円周角が B である円周 C_2 上に存在することになる．ゆえに 2 つの円の交点として未知点 P の位置が定まる．したがって未知点 P が 3 点 P_1，P_2，P_3 を通る円（これを不確定円という）の上にあれば，上記 2 つの円が一致して解は不定となる．点 P の位置決定の正確さは角 A と角 B が適切な大きさであること以外に，点 P が既知の 3 点を通る円から遠く離れていることが必要である．したがって，点 P から多数の既知点が選べるときには，未知点が既知の 3 点の作る三角形の内部に存在するのが最も好ましい．

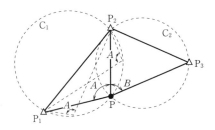

図 7・8　後方交会法の原理

　点 P にセオドライトを据えて角 A および B を観測した場合について，代表的な解法を 2 つ示そう．

（a）　Pothenot（ポテノー）の解法

　角や辺長の計算に便利な方法である．一般に次式が成立する．

$$\frac{\sin g - \sin h}{\sin g + \sin h} = \frac{\sin \dfrac{g-h}{2} \cos \dfrac{g+h}{2}}{\cos \dfrac{g-h}{2} \sin \dfrac{g+h}{2}}$$

$$\therefore \ \tan \frac{g-h}{2} = \frac{(\sin g / \sin h) - 1}{(\sin g / \sin h) + 1} \tan \frac{g+h}{2} \quad (7 \cdot 2)$$

　さて，未知点を P とし，図 7・9 のように角および距離の記号を定めると，

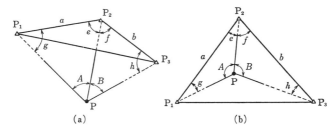

図 7・9 後方交会法（Pothenot の解法）

$$g+h=360°-\{A+B+(e+f)\} \tag{7・3}$$

$$\overline{PP_2}=\frac{a\sin g}{\sin A}=\frac{b\sin h}{\sin B}, \quad \therefore \quad \frac{\sin g}{\sin h}=\frac{b\sin A}{a\sin B} \tag{7・4}$$

これを式(7・2)に代入すると，

$$\tan\frac{g-h}{2}=\frac{(b\sin A/a\sin B)-1}{(b\sin A/a\sin B)+1}\tan\frac{g+h}{2} \tag{7・5}$$

$e+f$ は既知であるから，式(7・3)より $g+h$ が求まる．次にその値を式(7・5)に代入すれば $g-h$ が求まる．したがって，これらの2式から g と h が計算できる．そうすれば点 P の位置が決定できることは明らかである．

（b） Cassini（カッシニ）の解法

未知点の座標を求めるのに便利な方法である．図7・10のように，既知点の中の2点同士と未知点を通る円を2つ描き，共通の既知点 P_2 から直径 P_2P_C，P_2P_D を引き，まず点 P_C および P_D の座標を求めよう．式(7・1)の前方交会法の結果を用いると，

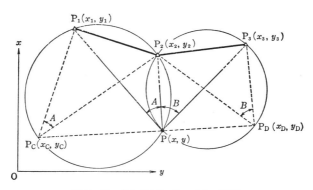

図 7・10 後方交会法（Cassini の解法）

3. 交 会 法

$$x_C = x_1 + \frac{(y_2-y_1)-(x_2-x_1)\tan T_{2C}}{\tan T_{1C} - \tan T_{2C}} \qquad (7\cdot 6)$$

ここで，$(x_2-x_1)\tan T_{21}=y_2-y_1$，また $\angle P_C P_1 P_2 = 90°$ であるから，$\tan T_{1C} \tan T_{21} = -1$．これらを式(7・6)に代入して変形すると，

$$x_C = x_1 + (y_2-y_1)\tan(T_{2C}-T_{21})$$

一方，$T_{2C}-T_{21}=-(90°-A)$ であるから，

$$x_C = x_1 - (y_2-y_1)\cot A, \quad \text{同様にして,} \quad y_C = y_1+(x_2-x_1)\cot A \qquad (7\cdot 7a)$$

点 P_D の座標も同じように表せる．

$$x_D = x_3 - (y_3-y_2)\cot B, \quad y_D = y_3 + (x_3-x_2)\cot B \qquad (7\cdot 7b)$$

3 点 P_C，P，P_D は一直線上にあるから，$P_C P$ の方向角を T_{C0} で表すと，

$$\tan T_{CD} = \tan T_{C0} = \frac{y_D - y_C}{x_D - x_C} \qquad (7\cdot 8)$$

点 P の座標を点 P_2 と P_C とから式(7・1)のようにして計算すると，

$$x = x_C + \frac{(y_C-y_2)-(x_C-x_2)\tan T_{20}}{\tan T_{20}-\tan T_{C0}} = \frac{(y_C-y_2)+x_2\tan T_{20}-x_C\tan T_{C0}}{\tan T_{20}-\tan T_{C0}} \qquad (7\cdot 9)$$

ここで，$\angle P_2 P P_C$ は直角であるから，$\tan T_{20}=-1/\tan T_{C0}=-1/\tan T_{CD}$．したがって上式は，

$$\left.\begin{array}{l} x = \dfrac{(y_2-y_C)+(x_2/\tan T_{CD})+x_C\tan T_{CD}}{\tan T_{CD}+(1/\tan T_{CD})} \\[2ex] y = \dfrac{(x_2-x_C)+y_2\tan T_{CD}+(y_C/\tan T_{CD})}{\tan T_{CD}+(1/\tan T_{CD})} \end{array}\right\} \qquad (7\cdot 10)$$

同様にして，

後方交会法は，補助基準点の測量，器械設置点や航行中の船舶の位置決め，写真測量などに用いられる．

[**例 7・1**] [例 2・12]における角観測値 $\angle P_1 P P_2$ と $\angle P_2 P P_3$ とを用いて未知点の座標を計算してみよ．また他の 2 つの角の組合せを用いて，それぞれの場合の未知点の座標を計算してみよ．

（解） Cassini の方法で解くことにする．

$\cot A = 0.07783, \quad \cot B = -0.04832, \quad \tan T_{CD} = 0.92130$

$x_2 = 16.21, \quad y_2 = 191.03, \quad x_C = 157.252, \quad y_C = 152.930, \quad x_D = 10.744, \quad y_D = 17.980$

∴ $x = 99.95$ m, $y = 100.14$ m. 他については各自試みられたい．

[**例 7・2**] 前方交会法および後方交会法において，既知点と未知点の配置を種々変えた図

を描き,少し誤差を含んだ観測方向線をその図に記入することによって,点の配置と誤差の現れ方の関係を理解せよ.

4. 三角図形と単列三角鎖の誤差

(1) 三角形の角および辺長誤差

図7・11において角 A,B,C の観測値を α,β,γ とし,それぞれの観測の重みが $p_\alpha, p_\beta, p_\gamma$ であるとする.このとき基線長 b の観測値には誤差がないものとし,各角および辺長 a の最確値の標準偏差を推定してみよう.

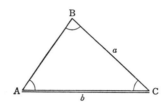

図 7・11 三角形の測量

(a) 角の最確値と誤差

未知量の最確値の間に成立する条件式は,[例2・13]の式(a)と同じ形であって,
$$A+B+C-180°=0 \tag{7・11}$$
観測値の残差を $v_\alpha, v_\beta, v_\gamma$ と記すと,
$$A=\alpha-v_\alpha, \quad B=\beta-v_\beta, \quad C=\gamma-v_\gamma$$
であるから,[例2・13]の式(f)~(j)より次のようになる.
$$A=\alpha+\frac{w}{p_\alpha \sum 1/p}, \quad B=\beta+\frac{w}{p_\beta \sum 1/p}, \quad C=\gamma+\frac{w}{p_\gamma \sum 1/p} \tag{7・12}$$
ここに,
$$w=180°-(\alpha+\beta+\gamma), \quad \sum\frac{1}{p}=\frac{1}{p_\alpha}+\frac{1}{p_\beta}+\frac{1}{p_\gamma} \tag{7・13}$$
最確値の標準偏差の推定値を s_A, s_B, s_C と記すと,これらは次のように表される.
$$\left. \begin{array}{l} s_A^2 = \dfrac{s_0^2}{p_\alpha}\left(1-\dfrac{1}{p_\alpha \sum 1/p}\right), \quad s_B^2 = \dfrac{s_0^2}{p_\beta}\left(1-\dfrac{1}{p_\beta \sum 1/p}\right) \\ s_C^2 = \dfrac{s_0^2}{p_\gamma}\left(1-\dfrac{1}{p_\gamma \sum 1/p}\right) \end{array} \right\} \tag{7・14}$$
ここで,$s_0^2 = w^2/\sum 1/p$ は重み1の観測値の不偏分散である. (7・15)

もし，$p_\alpha = p_\beta = p_\gamma = 1$ とすると，
$$A = \alpha + w/3, \quad B = \beta + w/3, \quad C = \gamma + w/3 \tag{7・16}$$
$$s_0^2 = w^2/3 \tag{7・17}$$
$$s_A^2 = s_B^2 = s_C^2 = \frac{2}{3}s_0^2 = \frac{2}{9}w^2 \tag{7・18}$$

(b) 辺長の最確値と誤差
$$a = b\frac{\sin A}{\sin B} \quad (A, B \text{ は } \alpha, \beta, \gamma \text{ の関数}) \tag{7・19}$$

として辺長 a が計算できる．a の標準偏差を s_a で表すと，

$$\begin{aligned}s_a^2 &= \left(\frac{\partial a}{\partial \alpha}\right)s_\alpha^2 + \left(\frac{\partial a}{\partial \beta}\right)s_\beta^2 + \left(\frac{\partial a}{\partial \gamma}\right)s_\gamma^2 \\ &= \left(\frac{\partial a}{\partial A}\frac{\partial A}{\partial \alpha} + \frac{\partial a}{\partial B}\frac{\partial B}{\partial \alpha}\right)\frac{s_0^2}{p_\alpha} + \left(\frac{\partial a}{\partial A}\frac{\partial A}{\partial \beta} + \frac{\partial a}{\partial B}\frac{\partial B}{\partial \beta}\right)\frac{s_0^2}{p_\beta} + \left(\frac{\partial a}{\partial A}\frac{\partial A}{\partial \gamma} + \frac{\partial a}{\partial B}\frac{\partial B}{\partial \gamma}\right)\frac{s_0^2}{p_\gamma} \\ &= \frac{s_0^2 a^2}{\sum 1/p}\left\{\left(\frac{1}{p_\alpha p_\beta} + \frac{1}{p_\alpha p_\gamma}\right)\cot^2 A + \left(\frac{1}{p_\alpha p_\beta} + \frac{1}{p_\beta p_\gamma}\right)\cot^2 B + \frac{2}{p_\alpha p_\beta}\cot A \cot B\right\}\end{aligned} \tag{7・20}$$

ただし，s_0 はラジアン単位で表した数である．もし，$p_\alpha = p_\beta = p_\gamma = 1$ とすると，

$$s_a^2 = \frac{2}{3}s_0^2 a^2 (\cot^2 A + \cot^2 B + \cot A \cot B) \tag{7・21}$$

辺長 a の相対誤差を U_a と記すと，

$$U_a = \frac{s_a}{a} = s_0 \sqrt{\frac{2}{3}(\cot^2 A + \cot^2 B + \cot A \cot B)} \tag{7・22}$$

式(7・22)の根号内の値は三角形の形状のみに関係する．そこで，図7・11において $A=C$ の二等辺三角形の場合について，$\cot^2 A + \cot^2 B + \cot A \cot B$ の値の変動状況を図7・12に示す．ここで，さらに正三角形と仮定すると，

$$U_a = s_0\sqrt{\frac{2}{3}} \tag{7・23}$$

(2) **単列三角鎖の辺長誤差**

図7・13の単列三角鎖の各内角を観測したとき，基線より n 個目の三角形の辺長 a_n は，

$$a_n = b\prod_{i=1}^{n}\frac{\sin A_i}{\sin B_i} \tag{7・24}$$

として計算できる．ただし，A_i は未知辺に対する角，B_i は既知辺に対する角である．

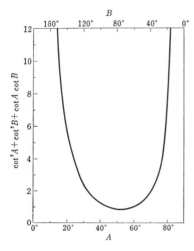

図7・12 二等辺三角形の内角と辺長誤差　　**図7・13** 単列三角鎖の測量

したがって，辺長誤差は次式より求められる．

$$s_{a_n}^2 = \left(\frac{\partial a_n}{\partial \alpha_1}\right)s_{\alpha_1}^2 + \left(\frac{\partial a_n}{\partial \beta_1}\right)s_{\beta_1}^2 + \left(\frac{\partial a_n}{\partial \gamma_1}\right)s_{\gamma_1}^2 + \left(\frac{\partial a_n}{\partial \alpha_2}\right)s_{\alpha_2}^2 + \cdots + \left(\frac{\partial a_n}{\partial \gamma_n}\right)s_{\gamma_n}^2$$

すべての角の観測の重みが等しいと仮定すると，上式に式(7・21)を用いることができるから，辺長 a_n の相対誤差は次のようになる．

$$U_{a_n} = \frac{s_{a_n}}{a_n} = s_0\sqrt{\frac{2}{3}\left(\sum_{i=1}^{n}\cot^2 A_i + \sum_{i=1}^{n}\cot^2 B_i + \sum_{i=1}^{n}\cot A_i \cot B_i\right)} \quad (7\cdot25)$$

上式根号の中の値は図形の強さに相当するものである．角観測の重みが等しく，かつすべての三角形が正三角形であると仮定すると，

$$U_a = s_0\sqrt{\frac{2}{3}n} \quad (7\cdot26)$$

[**例7・3**] 図7・13において，辺 b の方向角が正しいとき，辺 a_n の方向角誤差を推定せよ．ただし，どの角の観測値も標準偏差が等しくて σ であると仮定せよ．

(解) 式(7・17)の s_0 は事後誤差であるが，この値の代わりに事前に推定した値 σ を用いよというのが問題の趣旨である．辺 a_n の方向角は，[既知数]$+\sum_{i=1}^{n}(\pm C_i)$ として求められ，式(7・18)より C_i の標準偏差は $\sqrt{2/3}\sigma$ である．ゆえに誤差伝播の法則により，辺 a_n の方向誤差$=\sqrt{2n/3}\sigma$．この値は構成三角形の形に無関係である．

[例7・4] 三角形10個よりなる単列三角鎖において，1つの角の観測値の標準偏差が $5''=2.424\times10^{-5}$ rad であるとき，照査基線の実測値と計算値との誤差はどれくらいになると考えられるか．ただしどの三角形も図7・13の A および B が $30°$ の二等辺三角形とせよ．

(解)　$\cot^2 A + \cot^2 B + \cot A \cot B = 9$

$$\therefore U_{a10} = \sigma_0 \sqrt{\frac{2}{3}\times 10 \times 9} = 1.88 \times 10^{-4} = 1/5,300$$

このように角観測値に $5''$ の誤差があれば，計算辺長に $1/5,300$ の相対誤差を生ずる．

5. 三角測量の図形調整法の概要

　三角測量の結果を調整して観測値の最確値を求め，その最確値に基づいて三角点の位置を定めなければならない．ここでは，まず平面測量学として扱える場合に限定して図形調整法について述べる．

　三角点の位置計算は，所定の座標系における座標値を計算することであって準拠楕円体面上での位置を定めるためには，調整に先だって各種の補正や換算を行っておかなければならないが，その大部分の説明を省略する．

（1）　成立する条件とその適用

　（a）　条件の種類

　この方法では観測角をすべて未知量と考え，基線測量の値には誤差がないものと仮定して，三角網が幾何学的に矛盾のない図形を形成するために必要な条件を満足するように各角の最確値を定める．したがって観測角数に比べて条件式が少ない場合に利用される．このような場合の例は単鎖系のように既知点数に比べて未知点数の多いときであって，建設工事に伴う測量にしばしばみられるものである．

　各観測角の間に成立すべき条件を分けると表7・3のようになる．

　（b）　調整法の概要

　上記の条件式を全部同時に満足するように最小二乗法を用いて調整するのが厳密な方法であるが，条件式数が増加するとこれらを全部同時に満足するように調整することが非常に面倒になるから，以下のような近似法を採用することが多い．

　まず測点条件を満足させるように各測点ごとの調整を行い，その結果を用いてさらに図形条件を満足させるように調整を実施する．もちろん，このために前の測点調整の結果を幾分乱すことになるが，これは止むを得ない．

　一般に行われている近似調整法においては，図形条件全部を同時に満足させるので

表 7・3 三角網に成立する条件の種類

条　件	内　　容
(a) 測点条件	1測点のまわりに存在する角相互の関係を示す条件
1. 合計条件	1測点のまわりにおける幾つかの角の和は，その全角を1角として測った角に等しい．
2. 全周条件	1測点のまわりにおける全ての角の和は360°に等しい．
(b) 図形条件	三角形および三角網が矛盾のない閉合図形を形成するために必要な各角相互の関係を示す条件
1. 内角条件	平面三角形の内角の和は180°に等しい．
2. 辺長条件	三角網中の任意の1辺の長さは，計算の順序に関係なく常に一定である．
3. 方位角条件	方位角既知辺の方位角は，他の方位角既知辺から順次計算した値に等しい．
4. 座標条件	既知点の座標は，他の既知点の座標から計算して求めた値に等しい．この条件は，上記の「2. 辺長条件」と「3. 方位角条件」とに分けることができる．

(注) 表中の (b) 3. および (b) 4. の条件は，任意座標系に基づいて測点位置を決定する場合には使用されない．

はなく，内角条件を先に独立に満足させ，その後にあらためて辺長条件を満足させるという方法の採用されることがある．方位角条件や座標条件が成立する場合には，厳格にはこれらを角条件および辺条件と同時に考えるべきであるが，角条件および辺条件を満足するように調整した角を用いて，これらの諸条件を満たすようにあらためて調整することがある．

（2） 条件式個数（ⅰ）角を測った場合

（a） 条件式の総個数

平面上に座標既知点が2つ以上存在していれば，1つの未知点の座標 (x, y) を求るためには，図7・14のように既知点から2つの量を測ればよい．三角測量ではもっぱら角を観測する（少数個の距離を測るが，距離観測値は正しいと仮定する）．

未知点が多数存在する場合に，それらの点の座標は未知点個数の2倍の量を測れば確定する．それを超える観測は余剰観測であって条件式が形成される．

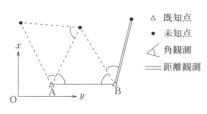

図 7・14　座標決定のための観測

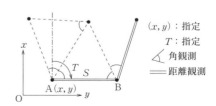

図 7・15　座標系に図形を固定

5. 三角測量の図形調整法の概要

座標既知点がない場合には，任意に選んだ座標系に図形を固定すればよい．図7・15のように1点Aと1辺ABの方向を固定し，1辺ABの距離を測ると（正しいと仮定），2点A，Bの座標が確定するから，これら2点を除いた残りを未知点と考えればよい．このように考えた個数の未知点座標を確定するために必要な観測量の個数は，上記のように1辺の距離観測を加えなければならない．既知点が1点しかない場合には，図形の大きさを定めるために上の場合と同じく辺長の観測が必要であるのみならず，図形の向きを座標系に合わせるために少なくとも1測線の方向角（T）を測らなければならない．

式(1・4)に示したように条件式個数と余剰観測個数とが等しいから，以上をまとめると次のようになる．

座標既知点数が2つまたはそれ以上の場合：

$$[条件式総個数]＝[観測量の個数]－2×[未知点数] \qquad (7・27a)$$

座標既知点がない場合：

$$[条件式総個数]＝[観測量の個数]－\{2×[未知点数]＋1\} \qquad (7・27b)$$

ただし，式(7・27b)における未知点数は全測点数より2を減じたものである．

図7・16の三角測量における条件式総個数を表7・4に示した．図7・16(b)を例にとって，表7・3に記した個別条件ごとの条件式個数を見出す法則を見出してみよう．下記の条件式個数の合計が，式(7・27)に合致することを表7・4に示してある．

(b) 測点条件式個数

この条件式を作ることは簡単であり，図形を見れば個数も直ちに数えられる．図7・16(b)においては，測点Dのまわりにおいて表7・3の(a)2.の条件：①＋②＋③

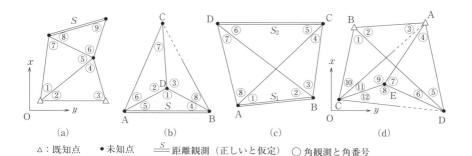

図 7・16 三角網と観測量

表 7・4 三角網の条件式表（図 7・16）

図形区別	(a)	(b)	(c)	(d)
既知点数	2	0	0	2
未知点数	3	2	2	3
観測個数	10	9	10	12
条件式総数	4	4	5	6
測点条件式数	0	1	0	1
内角条件式数	3	2	3	3
辺長条件式数	1	1	2	2

$=180°$ が成立する．それ以外には成立しない．

（c） 内角条件式個数

図 7・16(b)のように辺両端で角を測っている辺のみで外周が構成される閉多角形 ABDC を作ると多角形の内角条件が 1 つできる．この多角形に両端で角を測った辺 AD（対角線）を書き加えることができると，閉多角形（三角形）が 1 つ増加するために内角条件が 1 つ増える．すなわち次の 2 つの条件式が成立する．①＋④＋⑤ $=180°$，②＋⑥＋⑦$=180°$．一端のみでしか角を測っていない辺 BC は，この線を記入しても閉多角形が作れないから，内角条件式には無関係である．ゆえに，次の式が成立する．

[内角条件式個数]＝[閉多角形中で両端角観測をした対角線数]＋1

(7・28)

（d） 辺長条件式個数

1 つの辺の両端点からある 1 つの未知点に至る 2 つの辺長がわかれば 1 つの三角形ができてその未知点の相対的位置が定まる．したがって，辺長を求めることのできる辺数が基準に用いた 1 個に未知点数の 2 倍を加えた数だけあれば，未知点の座標が確定する．したがって，

[辺長条件式個数]＝[辺長を算出できる辺数]－{2×[未知測点数]＋1}

(7・29)

たとえば，図 7・16(b)においては辺 AB を基準にして他の 4 本の辺長を用いて未知点 C，D の位置が定まる．具体的には AD と BD を用いると点 D が定まり，AC と BC を用いると点 C が定まる．したがって，第 5 の辺 CD は余分である．

（e） 方位角条件および座標条件

多角測量に類似しているから省略する．

5. 三角測量の図形調整法の概要　　215

[**例7・5**]　図7・16の三角測量における条件式個数は表7・4のようになることを確かめよ．

(3) 条件式個数（ii）方向法観測の場合

図7・17のように1点Oから発する測線間の角を測ろうとすると，まず基準方向線の方向を測り，これに基づいて角が形成される測線の方向を測る．したがって，1つの器械設置点における角観測個数と方向観測個数との間には

　　　　　　［1点のまわりの測線間の角観測個数］＝［測線方向観測個数］－1

(7・30)

という関係がある．したがって，三角網を構成する多数の測点で方向法観測を行った場合には，式(7・27)中の観測量（角）の個数は次のようになる．

　　　　　　［観測量(角)の個数］＝［測線方向の観測個数］－［器械設置点数］

(7・31)

方向法観測を行う限りは，図7・17でわかるように測点のまわりの全角を測らないから全周条件式は成立しない．基線長を観測すれば，その個数をもちろん式(7・27)中の［観測量の個数］に加えるべきである．

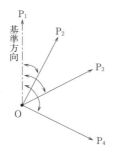

図7・17　方向観測数と角観測数

[**例7・6**]　図7・16(b)の例を方向法で観測した場合の条件式数を数えてみよう．

方向法によれば，図7・18に記入した番号数だけの測線方向を観測することになる．観測方向線個数11，器械設置点数4であるから，式(7・31)より測角数は11－4＝7．測点Dにおいて測点条件が成立しないから，測角数は図7・16(b)に記入された数より1つ減じていることがわかる．

未知測点数は2であって，基線1本を測っているから，条件式総数は式(7・27b)より，(7＋1)－(2×2＋1)＝3．角観測を行った場合よりも条件式が1個減ずる．

216   第7章　三角測量および三辺測量

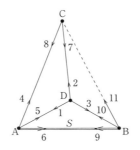

図 7・18　方向法による観測個数

6. 四辺形の調整

(1) 条 件 式

図7・19のように基線ABと8つの内角を測った場合をとりあげる．各角の観測誤差は同じであると仮定する．

条件式総数＝4，内角条件式数＝3，辺長条件式数＝1，測点方程式数＝0，であって，角の最確値を $x_1, x_2, \cdots, x_8$ とすると条件式は次のようになる．

$$
\left.\begin{aligned}
& x_1 + x_2 + \cdots + x_8 = 360° \\
\text{内角条件式}: & x_1 + x_2 = x_5 + x_6 \\
& x_3 + x_4 = x_7 + x_8
\end{aligned}\right\} \quad (7 \cdot 32\text{a})
$$

これら以外に，$x_1 + x_2 + x_3 + x_4 = 180°$ などさらに4式を作ることができるが，それらの中で独立なものは3個にすぎず，ここでは式(7・32a)の3式を採用することにする．

辺長条件式：正弦定理を用いて $\overline{AB} \to \overline{BC} \to \overline{CD}$ という順に辺長を計算しよう．

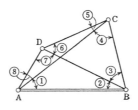

図 7・19　四辺形の調整

6. 四辺形の調整

△ABC から，$\overline{BC} = \overline{AB}\sin x_1/\sin x_4$，△BCD から，$\overline{CD} = \overline{BC}\sin x_3/\sin x_6$．
上の2式より，
$$\overline{CD} = \overline{AB}(\sin x_1 \sin x_3)/(\sin x_4 \sin x_6)$$
同様にして △ABD と △ACD から，$\overline{CD} = \overline{AB}(\sin x_2 \sin x_8)/(\sin x_7 \sin x_5)$
$\overline{CD}$ を与える上の2式の右辺を等しいと置けば，
$$\frac{\sin x_1 \sin x_3 \sin x_5 \sin x_7}{\sin x_2 \sin x_4 \sin x_6 \sin x_8} = 1 \qquad (7 \cdot 32\text{b})$$

いろいろな辺条件式を書くことができる．たとえば △ABC と △ACD を用いて $\overline{AB} \to \overline{AC} \to \overline{CD}$ を計算し，一方では △ABD と △BDC を用いて $\overline{AB} \to \overline{BD} \to \overline{CD}$ を計算して，両方の計算値が一致するという条件が作れる．ただし，独立なものはただ1つであって，辺条件式としてはいずれか1式をとればよい．

(2) 調 整 法

（a）厳 密 法

式(7・32)を同時に満足するように最小二乗法によって調整する方法である．各角の観測値（重みは等しいと仮定）を l_i，最確値を x_i，残差を v_i とすると，

残差方程式： $v_i = l_i - x_i$, $\quad i = 1, 2, \cdots, 8$ $\qquad (7 \cdot 33)$

ここで，式(7・32b)が x_i に関して非線形であるから線形の式に変換する必要がある．このとき近似値としては観測値を用いることにする（第2章10節(2)参照）．

まず式(7・32a)に式(7・33)を代入すると，残差に関する条件式として次のものが得られる．

$$\left.\begin{aligned}
\varphi_1 &\equiv v_1 + v_2 + \cdots + v_8 + w_1 = 0, & w_1 &= 360° - (l_1 + l_2 + \cdots + l_8) \\
\varphi_2 &\equiv v_1 + v_2 - v_5 - v_6 + w_2 = 0, & w_2 &= -(l_1 + l_2) + (l_5 + l_6) \\
\varphi_3 &\equiv v_3 + v_4 - v_7 - v_8 + w_3 = 0, & w_3 &= -(l_3 + l_4) + (l_7 + l_8)
\end{aligned}\right\}$$
$$(7 \cdot 34\text{a})$$

次に式(7・32b)の $x_1, x_2, \cdots, x_8$ に式(7・33)を代入して Taylor 展開すると，

$$\left.\begin{aligned}
\varphi_4 &\equiv k_1 v_1 + k_3 v_3 + k_5 v_5 + k_7 v_7 - k_2 v_2 - k_4 v_4 - k_6 v_6 - k_8 v_8 + w_4 = 0 \\
w_4 &= 1 - \frac{\sin l_1 \sin l_3 \sin l_5 \sin l_7}{\sin l_2 \sin l_4 \sin l_6 \sin l_8} \\
k_i &= \frac{\sin l_1 \sin l_3 \sin l_5 \sin l_7}{\sin l_2 \sin l_4 \sin l_6 \sin l_8} \cot l_i, \qquad i = 1, 2, \cdots, 8
\end{aligned}\right\}$$
$$(7 \cdot 34\text{b})$$

ただし，v_i を秒数で表した場合には，微分係数 k_i の代わりに次の値を用いるべきで

ある（表5・1参照）．
$$k_i'' = k_i/\rho'' = 4.8481 \times 10^{-6} k_i, \qquad i = 1, 2, \cdots, 8 \qquad (7 \cdot 34\text{c})$$

すべての角の観測の重みは等しいものとすると，最小二乗法により，
$$f = \sum_{i=1}^{8} v_i^2 - 2\lambda_1 \varphi_1 - 2\lambda_2 \varphi_2 - 2\lambda_3 \varphi_3 - 2\lambda_4 \varphi_4$$

を最小ならしめるように v_i を定めればよい．$\partial f/\partial v_i = 0$, $i=1, 2, \cdots, 8$ より次の8式を得る．

$$\left.\begin{aligned}
v_1 &= \lambda_1 + \lambda_2 + k_1\lambda_4, & v_2 &= \lambda_1 + \lambda_2 - k_2\lambda_4 \\
v_3 &= \lambda_1 + \lambda_3 + k_3\lambda_4, & v_4 &= \lambda_1 + \lambda_3 - k_4\lambda_4 \\
v_5 &= \lambda_1 - \lambda_2 + k_5\lambda_4, & v_6 &= \lambda_1 - \lambda_2 - k_6\lambda_4 \\
v_7 &= \lambda_1 - \lambda_3 + k_7\lambda_4, & v_8 &= \lambda_1 - \lambda_3 - k_8\lambda_4
\end{aligned}\right\} \quad (7 \cdot 35)$$

この結果を式 (7・34a) および (7・34b) に代入すると，

$$\text{正規方程式：} \left.\begin{aligned}
8\lambda_1 + A\lambda_4 + w_1 &= 0 \\
4\lambda_2 + B\lambda_4 + w_2 &= 0 \\
4\lambda_3 + C\lambda_4 + w_3 &= 0 \\
A\lambda_1 + B\lambda_2 + C\lambda_3 + D\lambda_4 + w_4 &= 0
\end{aligned}\right\} \quad (7 \cdot 36\text{a})$$

ここに，

$$\left.\begin{aligned}
A &= (k_1 + k_3 + k_5 + k_7) - (k_2 + k_4 + k_6 + k_8) \\
B &= k_1 - k_2 - k_5 + k_6 \\
C &= k_3 - k_4 - k_7 + k_8 \\
D &= k_1^2 + k_2^2 + \cdots + k_8^2
\end{aligned}\right\} \quad (7 \cdot 36\text{b})$$

これを解いて次の結果を得る．

$$\left.\begin{aligned}
\lambda_1 &= -\frac{1}{8}(A\lambda_4 + w_1), \qquad \lambda_2 = -\frac{1}{4}(B\lambda_4 + w_2), \qquad \lambda_3 = -\frac{1}{4}(C\lambda_4 + w_3) \\
\lambda_4 &= \frac{-Aw_1 - 2Bw_2 - 2Cw_3 + 8w_4}{A^2 + 2B^2 + 2C^2 - 8D}
\end{aligned}\right\}$$
$$(7 \cdot 37)$$

これらの値を式 (7・35) に代入すれば残差が定まる．したがって各角の最確値が求められる．ただし条件式を線形近似した以上は，得られた残差が大きければより厳密な解を得るためには繰返し計算が必要となる．観測角およびそれらの最確値の標準偏差は第2章に示したようにして計算することができる．

(b) 一般近似法

式(7・34)を分解して最初に内角条件式(7・34a)のみを満足するように調整し，その結果に辺長条件式(7・34b)を適用して四辺形を調整するのであって，前項の厳密法に比べて大いに簡単となり，普通程度の測量によく用いられる．

まず内角条件式(7・34a)のみによる第1次調整を行う．上と同様に行うと残差は，

$$\left.\begin{array}{ll} v_1 = v_2 = -\dfrac{w_1}{8} - \dfrac{w_2}{4}, & v_3 = v_4 = -\dfrac{w_1}{8} - \dfrac{w_3}{4} \\[2mm] v_5 = v_6 = -\dfrac{w_1}{8} + \dfrac{w_2}{4}, & v_7 = v_8 = -\dfrac{w_1}{8} + \dfrac{w_3}{4} \end{array}\right\} \quad (7\cdot38)$$

となり，第1次調整角は $l'_i = l_i - v_i, \ i = 1, 2, \cdots, 8$ となる．

次に，この l'_i を用いて辺長条件式(7・34b)を満足するように第2次調整を行う．その結果新しく得られた残差は，

$$v'_i = (-1)^i w'_4 k'_i / \sum_{i=1}^{8} k'^2_i, \qquad i = 1, 2, \cdots, 8 \quad (7\cdot39)$$

ここに，w'_4, k'_i はともに l'_i を用いたときの値である．

したがって観測角 l_i に対する全残差は $v_i + v'_i$ となり，最確値は，

$$x_i = l'_i - v'_i = l_i - v_i - v'_i, \qquad i = 1, 2, \cdots, 8 \quad (7\cdot40)$$

こうして得られた最確値 x_i を用いると最初の内角条件式が乱されることになるから，厳密には再び初めからやり直し，許容誤差の範囲内で角および辺長条件式を満足するように繰り返して計算を行うこともある．しかし一般的に式(7・39)の残差 v'_i が角条件式を乱す程度はいたって少ないのが普通である．

(c) 特別近似法

ときには簡単に式(7・39)において k'_i がすべて等しいと仮定して近似的に，

$$v'_i = (-1)^i w'_4 / \sum_{i=1}^{8} k'_i, \qquad i = 1, 2, \cdots, 8 \quad (7\cdot41)$$

とすることがある．こうしておけば内角条件式を乱す心配はない．

7.2 基線間の単列三角鎖の調整

単列三角鎖は河川や路線の測量においてよく用いられる．例として図7・20のように n 個の三角形よりなり，両端に基線を設けたときを考える．ただし，座標既知点は存在せず，角観測は等精度とする．

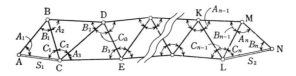

図 7・20　単列三角鎖の調整

（1）条件式

図7・20のように角の記号を定めれば，A_i は次の三角形を形作る未知辺に対する角，B_i は既知辺に対する角であって辺長計算に用いられるから，これらを距離角という．C_i は相隣る三角形間の辺の方向を定める角であって，これを方向角という（本章4節(2)参照）．

内角全部を観測するから測角個数は $3n$ 個，さらに2本の基線を測る（観測値は正しいと仮定）から，条件式個数は次のようになる．

条件式総個数$=n+1$，

測点条件式個数$=0$，内角条件式個数$=n$，辺長条件式個数$=1$．

内角の最確値を A_i, B_i, C_i で表し，基線長を S_1, S_2 と記すと，条件式は以下のように記述される．

内角条件式：$A_i+B_i+C_i=180°$，　$i=1,2,\cdots,n$ 　　　　　　(7・42a)

辺長条件式：$S_1\sin A_1=\overline{BC}\sin B_1$，$\overline{BC}\sin A_2=\overline{CD}\sin B_2$，$\cdots$，$\overline{LM}\sin A_n=S_2\sin B_n$

であるから，これらを全部掛け合わせると，

$$S_1\sin A_1\sin A_2\cdots\sin A_n=S_2\sin B_1\sin B_2\cdots\sin B_n \quad (7\cdot 42\text{b})$$

（2）調整法

（a）厳密法

式(7・42a)および(7・42b)を同時に満足するように最小二乗法によって調整する方法である．各角を等精度で観測したときを考え，観測値を α_i, β_i, γ_i とし，最確値を次のように置く．

$$A_i=\alpha_i-v_{\alpha i}, \quad B_i=\beta_i-v_{\beta i}, \quad C_i=\gamma_i-v_{\gamma i}, \quad i=1,2,\cdots,n \quad (7\cdot 43)$$

前節と同様にして条件式を残差に関する線形の式に直すと次のようになる．

内角条件式：$\left.\begin{array}{l}\varphi_i\equiv v_{\alpha i}+v_{\beta i}+v_{\gamma i}+w_i=0 \\ w_i=180°-(\alpha_i+\beta_i+\gamma_i), \quad i=1,2,\cdots,n\end{array}\right\}$ 　(7・44a)

辺長条件式:
$$\left.\begin{array}{l} \varphi \equiv \sum_{i=1}^{n} k_{\alpha i} v_{\alpha i} - \sum_{i=1}^{n} k_{\beta i} v_{\beta i} + w = 0 \\ w = -S_1 \prod_{i=1}^{n} \sin\alpha_i + S_2 \prod_{i=1}^{n} \sin\beta_i \\ k_{\alpha i} = S_1 \left(\prod_{j=1}^{n} \sin\alpha_j\right) \cot\alpha_i, \qquad k_{\beta i} = S_2 \left(\prod_{j=1}^{n} \sin\beta_j\right) \cot\beta_i \end{array}\right\} \quad (7 \cdot 44\text{b})$$

ただし, $v_{\alpha i}$, $v_{\beta i}$ を秒数とするときには, k_i の代わりに次の値を用いる (表5・1参照).
$$k_{\alpha i}'' = k_{\alpha i}/\rho'', \qquad k_{\beta i}'' = k_{\beta i}/\rho'', \qquad 1/\rho'' = 4.8481 \times 10^{-6} \qquad (7 \cdot 44\text{c})$$

各角の観測値の重みが等しいとするから, 未定係数 λ_i および λ を用いて,
$$f = \sum_{i=1}^{n} (v_{\alpha i}^2 + v_{\beta i}^2 + v_{\gamma i}^2) - \sum_{i=1}^{n} 2\lambda_i (v_{\alpha i} + v_{\beta i} + v_{\gamma i} + w_i) - 2\lambda \left(\sum_{i=1}^{n} k_{\alpha i} v_{\alpha i} - \sum_{i=1}^{n} k_{\beta i} v_{\beta i} + w\right)$$

を最小ならしめるように $v_{\alpha i}$ などを定めればよい. $\partial f/\partial v_{\alpha i} = 0$, $i = 1, 2, \cdots, n$ などより, 次の $3n$ 個の式を得る.

$$\left.\begin{array}{l} v_{\alpha i} = \lambda_i + k_{\alpha i}\lambda \\ v_{\beta i} = \lambda_i - k_{\beta i}\lambda \\ v_{\gamma i} = \lambda_i, \qquad i = 1, 2, \cdots, n \end{array}\right\} \quad (7 \cdot 45)$$

これらを式(7・44a)および(7・44b)に代入すると,

正規方程式:
$$\left.\begin{array}{l} 3\lambda_i + (k_{\alpha i} - k_{\beta i})\lambda + w_i = 0, \qquad i = 1, 2, \cdots, n \\ \sum_{i=1}^{n} (k_{\alpha i} - k_{\beta i})\lambda_i + \sum_{i=1}^{n} (k_{\alpha i}^2 + k_{\beta i}^2)\lambda + w = 0 \end{array}\right\} \quad (7 \cdot 46)$$

これを解くと,
$$\left.\begin{array}{l} \lambda_i = -\frac{1}{3}\{w_i + (k_{\alpha i} - k_{\beta i})\lambda\}, \qquad i = 1, 2, \cdots, n \\ \lambda = \left\{-3w + \sum_{i=1}^{n} (k_{\alpha i} - k_{\beta i}) w_i\right\}\tau, \qquad \tau = \dfrac{1}{2\sum_{i=1}^{n}(k_{\alpha i}^2 + k_{\alpha i} k_{\beta i} + k_{\beta i}^2)} \end{array}\right\} \quad (7 \cdot 47)$$

こうして $n+1$ 個の未定係数が定まれば, 残差は式(7・45)より計算でき, 最確値は式(7・43)で与えられる. この場合も繰返し計算の必要なことがある. 標準偏差の計算についてもすでに述べたとおりである.

(b) 一般近似法

最も普通に行われる方法である. まず内角条件式(7・44a)のみを満足するように第1次調整を行う. これらの式は各三角形ごとに独立しているのが特徴であって, 各角観測値の重みが等しいと, 第1次調整値は次のようになる.

$$\left.\begin{array}{l}\alpha_i'=\alpha_i-v_i, \qquad \beta_i'=\beta_i-v_i, \qquad \gamma_i'=\gamma_i-v_i, \\ v_i=-w_i/3=-\{180°-(\alpha_i+\beta_i+\gamma_i)\}/3, \qquad i=1,2,\cdots,n\end{array}\right\} \quad (7\cdot48)$$

第2次調整は辺長条件式(7・44b)のみを満足させるように調整する．ただし，この調整によって角条件式が乱されないようにするために，残差の間に

$$v_{\alpha i}'+v_{\beta i}'+v_{\gamma i}'=0, \qquad i=1,2,\cdots,n \quad (7\cdot49)$$

という条件を付加する．すなわち，

$$A_i=\alpha_i'-v_{\alpha i}', \quad B_i=\beta_i'-v_{\beta i}', \quad C_i=\gamma_i'-v_{\gamma i}', \quad i=1,2,\cdots,n \quad (7\cdot50)$$

として，式(7・49)および(7・44b)の条件のもとで最小二乗法を適用することになる．式(7・49)は式(7・44a)において $w_i=0$ と置いたものであるから，前記(a)の結果を用いて以下のようになる．ただし，$k_{\alpha i}'$, $k_{\beta i}'$ および w' の計算には α_i, β_i の代わりに α_i', β_i' を用いることになる．

$$\left.\begin{array}{l}\lambda_i=(k_{\alpha i}'-k_{\beta i}')w'\tau', \qquad i=1,2,\cdots,n \\ \lambda=-3w'\tau', \qquad \tau'=\dfrac{1}{2\sum_{i=1}^{n}(k_{\alpha i}'^2+k_{\alpha i}'k_{\beta i}'+k_{\beta i}'^2)}\end{array}\right\} \quad (7\cdot51)$$

これを式(7・45)に代入すると，

$$\left.\begin{array}{l}v_{\alpha i}'=-(2k_{\alpha i}'+k_{\beta i}')w'\tau', \quad v_{\beta i}'=(k_{\alpha i}'+2k_{\beta i}')w'\tau' \\ v_{\gamma i}'=(k_{\alpha i}'-k_{\beta i}')w'\tau'=-(v_{\alpha i}'+v_{\beta i}'), \quad i=1,2,\cdots,n\end{array}\right\} \quad (7\cdot52)$$

（c） 特別近似法

式(7・52)よりわかるように，一般に C_i に対する残差 $v_{\gamma i}'$ は A_i, B_i に対する残差 $v_{\alpha i}'$, $v_{\beta i}'$ より小さく，とくに $\alpha_i'=\beta_i'$ のときには $v_{\gamma i}'=0$ となる．したがって各三角形が正三角形に近いと仮定できるときには，$v_{\gamma i}'=0$ と考えることにする．そうすると内角条件式(7・49)は，

$$v_{\alpha i}'+v_{\beta i}'=0, \quad v_{\gamma i}'=0, \quad i=1,2,\cdots,n \quad (7\cdot53)$$

となり，上と同様の計算を進めると次の結果となる．

$$v_{\alpha i}'=-v_{\beta i}'=-\dfrac{k_{\alpha i}'+k_{\beta i}'}{\sum_{i=1}^{n}(k_{\alpha i}'+k_{\beta i}')^2}w', \quad i=1,2,\cdots,n \quad (7\cdot54)$$

[**例7・7**] 図7・21は単列三角鎖の測量例である．基線は光波測距儀を用いて両端点から観測した．温度・気圧・標高に対する補正を行った結果は，

　　基線長：$S_1=83.894$ m,
　　照査基線長：$S_2=110.234$ m

7. 2基線間の単列三角鎖の調整

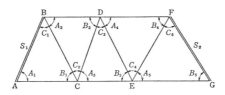

図 7・21　単列三角測量の例

である．各角はセオドライト（20″読み，光学マイクロメータ，光学求心）を用いて方向法により2対回の観測が行われた．各内角の観測結果は表7・5のとおりである．これらの値を用いて一般近似法により調整せよ．

（解）　各三角形の閉合差は表7・5に記した．異常な閉合差は現れていないので第1次調整を行うと，表7・6のようになる．第1次調整角を用いて式(7・42b)により照査基線長を計算すると，$S_2 = \overline{FG} = 110.226$ m となる．実測値との差は0.008 m，精度は1/14,000である．十分適切な観測であると認められるから第2次調整を行う．式(7・44b)より，

$$w' = -83.894 \times 0.726\,445 + 110.234 \times 0.552\,906 = 4.66 \times 10^{-3} \text{ m}$$

α_i'，β_i'，γ_i' を用いて計算した $k_{\alpha i}''$，$k_{\beta i}''$ は表7・6に示したとおりであり，これらの値を用いて τ' を求めると，$\tau' = 2.26 \times 10^6$ となる．以上の値を用いて残差と最確値を求めた結果を表7・7に示した．

表 7・5

番号	α_i	β_i	γ_i	w_i
1	98° 59′ 06″	45° 13′ 32″	35° 47′ 37″	−15″
2	68° 34′ 57″	62° 51′ 12″	48° 34′ 10″	−19″
3	61° 55′ 52″	85° 21′ 48″	32° 42′ 13″	7″
4	68° 06′ 03″	81° 24′ 15″	30° 29′ 36″	6″
5	74° 47′ 12″	62° 38′ 34″	42° 33′ 58″	16″

表 7・6

番号	α_i'	β_i'	γ_i'	$k_{\alpha i}''$	$k_{\beta i}''$
1	98° 59′ 01″	45° 13′ 27″	35° 47′ 32″	-4.671×10^{-5}	29.318×10^{-5}
2	68° 34′ 50″	62° 51′ 06″	48° 34′ 04″	11.591×10^{-5}	15.152×10^{-5}
3	61° 55′ 54″	85° 21′ 51″	32° 42′ 15″	15.755×10^{-5}	2.396×10^{-5}
4	68° 06′ 05″	81° 24′ 17″	30° 29′ 38″	11.877×10^{-5}	4.466×10^{-5}
5	74° 47′ 18″	62° 38′ 39″	42° 34′ 03″	8.034×10^{-5}	15.288×10^{-5}

表 7・7

番号	$v_{\alpha i}'$	$v_{\beta i}'$	$v_{\gamma i}'$	A_i	B_i	C_i
1	−2.1″	5.7″	−3.6″	98° 59′ 03″	45° 13′ 21″	35° 47′ 36″
2	−4.0″	4.4″	−0.4″	68° 34′ 54″	62° 51′ 02″	48° 34′ 04″
3	−3.6″	2.2″	1.4″	61° 55′ 57″	85° 21′ 49″	32° 42′ 14″
4	−3.0″	2.2″	0.8″	68° 06′ 08″	81° 24′ 15″	30° 29′ 37″
5	−3.3″	4.1″	−0.8″	74° 47′ 21″	62° 38′ 35″	42° 34′ 04″

8. 三辺測量

（1） 概　　要

　本章のはじめに示した図7・1を参照すると，三角網を形成する1つの三角形の1辺の長さが既知であれば，他の2つの辺長を順次測ることにより三角網が確定する．換言すれば三辺網ができあがる．このように辺長のみを測って未知点の位置を確定する方法を三辺測量という．図7・1のすべての辺長を測っても図形が一義的に確定するだけであって，幾何学的な条件が作れないから，図7・2，図7・4(b)，(c)などに示したように多数の三角形を重複して作り，それらの辺長も測ることによって観測辺長の間に条件が成立するようにする．三辺測量では距離の観測値には誤差が含まれると仮定する．

　光波測距儀を単独で用いれば三辺測量を行うことになるが，そのような場合は少ない．しかし，距離測量による位置決め方法は計測手法によくとり入れられていることと，光波を用いた各種の計測手法では距離観測値が得られることから，以下に三辺測量の概要を説明する．

　大規模な基準点測量の場合には，観測値がすでに第3章5節(5)に記したように補正済みであり，そのうえ，距離や測点座標などが平面座標系に換算されているものと仮定する．そうすると平面座標系で問題を取り扱えばよいことになる．

（2） 成立条件

　三角測量における角観測の場合と同様に，2つの量（三辺測量の場合は辺長）の観測によって1点の座標が決まるのだから，成立する条件式数は式(7・27)によって与えられる．

　本章では図形調整法によって解く場合のみをとりあげる．その場合に，条件式を作るには次の2つの方法がある．

　　（a）　辺長条件を作る方法

　図7・22において既知点 A，B に基づいて未知の3点 P_1，P_2，P_3 の位置を定めるために，8つの辺長を測ったとすると2つの条件ができる．たとえば，$\overline{P_2P_3}$ と $\overline{P_2B}$ の観測値を用いなくても3つの三角形 $\triangle P_1AB$，$\triangle P_1P_2A$，$\triangle P_1BP_3$ の形が決まるから，点 P_1，P_2，P_3 座標が確定する．したがって次の条件式が成立する．

　　　　$\overline{P_2P_3}$ の観測値 ＝ $\overline{P_2P_3}$ の計算値，　　$\overline{P_2B}$ の観測値 ＝ $\overline{P_2B}$ の計算値

8. 三辺測量　　　　　225

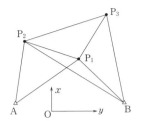

図 7・22 2 基準点からの三辺測量

（b）　内角条件を作る方法

図 7・22 においてはどの三角形の内角も辺長から計算できる．図を見れば，計算した角の間に次の条件が成立すべきであることがわかる．

$$\text{点 } P_1 \text{ のまわりの角の合計} = 360°, \quad \angle P_2AB = \angle P_2AP_1 + \angle P_1AB$$

上記の第 1 式は，辺長 P_2P_3 を測ったことにより点 P_1 のまわりの全部の角が辺長から計算できることによって成立することになった．第 2 式は，辺長 P_2B を測ったことによって $\triangle P_2AB$ ができたために $\angle P_2AB$ が辺長から計算できることによって成立することになった．

一般にはこのような角条件が成立するように調整することが多い．その例を次に示そう．

（3）　内角条件式の例

図 7・23 の三辺測量（既知点は存在しない）を例にとって，角条件を観測辺長で示してみよう．図 7・23 の記号を用いると次の条件が成立しなければならない．

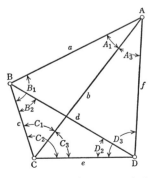

図 7・23　全測線を測った四角形

$$C_1 + C_3 - C_2 = 0 \tag{7.55}$$

$a, b, \cdots, f$ を辺長の最確値とすると，$\triangle \text{ABC}$，$\triangle \text{BCD}$，$\triangle \text{ACD}$ において，角と辺長との間にはそれぞれ次の余弦法則が成立する．

$$\cos C_1 = \frac{b^2 + c^2 - a^2}{2bc}, \quad \cos C_2 = \frac{c^2 + e^2 - d^2}{2ce}, \quad \cos C_3 = \frac{b^2 + e^2 - f^2}{2be}.$$
$$\tag{7.56}$$

式(7・56)を式(7・55)に代入すれば，条件式は最確値に関して非線形となる．観測値を $l_a, l_b, \cdots, l_f$ で表し，残差 $v_a, v_b, \cdots, v_f$ を用いて，

$$a = l_a - v_a, \quad b = l_b - v_b, \quad \cdots, \quad f = l_f - v_f \tag{7.57}$$

と置き，条件式(7・55)を残差に関する線形の式にしよう．式(7・55) の第 1 項 C_1 について実行するために必要な偏微分係数は次のようになる．

$u = \dfrac{b^2 + c^2 - a^2}{2bc}$ と置けば，$C_1 = \cos^{-1} u$ であるから，

$$\frac{\partial C_1}{\partial a} = \frac{\partial (\cos^{-1} u)}{\partial u} \frac{\partial u}{\partial a} = \frac{-1}{\sqrt{1 - u^2}} \frac{-a}{bc} = \frac{1}{\sin C_1} \frac{a}{bc}$$

同様にして，

$$\frac{\partial C_1}{\partial b} = \frac{1}{\sin C_1} \left\{ \frac{\cos C_1}{b} - \frac{1}{c} \right\}, \qquad \frac{\partial C_1}{\partial c} = \frac{1}{\sin C_1} \left\{ \frac{\cos C_1}{c} - \frac{1}{b} \right\}$$

したがって，観測辺長を用いて式(7・56)によって計算した角 C_1 の値を l_{C1} で表すと，次のように書ける．

$$C_1 = l_{C1} - \frac{\partial C_1}{\partial a} v_a - \frac{\partial C_1}{\partial b} v_b - \frac{\partial C_1}{\partial c} v_c$$

$$= l_{C1} - \frac{1}{\sin l_{C1}} \frac{l_a}{l_b l_c} v_a - \frac{1}{\sin l_{C1}} \left\{ \frac{\cos l_{C1}}{l_b} - \frac{1}{l_c} \right\} v_b - \frac{1}{\sin l_{C1}} \left\{ \frac{\cos l_{C1}}{l_c} - \frac{1}{l_b} \right\} v_c$$

C_2，C_3 についても同様な計算をすると，式(7・55)は次のように書ける．

$$\frac{1}{\sin l_{C1}} \frac{l_a}{l_b l_c} v_a + \left\{ \left(\frac{1}{\tan l_{C1}} + \frac{1}{\tan l_{C3}} \right) \frac{1}{l_b} - \frac{1}{\sin l_{C1}} \frac{1}{l_c} - \frac{1}{\sin l_{C3}} \frac{1}{l_e} \right\} v_b$$

$$+ \left\{ \left(\frac{1}{\tan l_{C1}} - \frac{1}{\tan l_{C2}} \right) \frac{1}{l_c} - \frac{1}{\sin l_{C1}} \frac{1}{l_b} + \frac{1}{\sin l_{C2}} \frac{1}{l_e} \right\} v_c - \frac{1}{\sin l_{C2}} \frac{l_d}{l_c l_e} v_d$$

$$+ \left\{ \left(-\frac{1}{\tan l_{C2}} + \frac{1}{\tan l_{C3}} \right) \frac{1}{l_e} + \frac{1}{\sin l_{C2}} \frac{1}{l_c} - \frac{1}{\sin l_{C3}} \frac{1}{l_b} \right\} v_e$$

$$+ \frac{1}{\sin l_{C3}} \frac{l_f}{l_b l_e} v_f + (-l_{C1} + l_{C2} - l_{C3}) = 0$$

この条件のもとで $\sum p_i v_i^2$ ($i = a, b, \cdots, f$) を最小とすればよい．

問　題

（1）　図 A7・1 において A, $P_1, P_2, \cdots$ という多角測量を行うのに，三角点 A，B 間の見通しが困難なために点 P において偏心観測を行い，$e=5.00$ m，$\varphi=214°30'$，$\alpha=126°25'10''$，$\alpha_1=160°30'25''$，$\overline{AP_1}=558.01$ m という値を得た．$\overrightarrow{AB}$ の方向角 $=29°15'28''$，$\overline{AB}=1,800$ m とするとき，$\overrightarrow{P_1P_2}$ の方向角と A を原点としたときの点 P_1 の座標を求めよ．

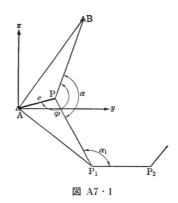

図 A7・1

（2）　測線長約 50 m，高低角 $+20° \sim -20°$ の三角測量において方向法 2 対回の観測を行い，倍角差 $30''$，観測差 $20''$ 以内という条件を満足した．ところが内角の閉合差が許容値 $40''$ を超えて $60''$ となった．その原因を推定せよ．
（3）　図 7・12 の極小値とそのときの角 A を求めよ．
（4）　[例 7・7] において $\overrightarrow{AB}$ の方向角が $30°$ の場合について，点 A を原点として各三角点の座標を計算せよ．
（5）　図 7・19 における観測値は表 A7・1 のとおりであるとする．三角形の許容閉合差が $30''$ であるとき，誤りと推定される観測角を指摘せよ．
（6）　図 7・19 における観測値を表 A7・2 に示す．
　　　（a）　厳密法により調整して最確値を求めよ（中村英夫・清水英範：測量学, 技報堂

表 A7・1		表 A7・2	
角	観測値	角	観測値
1	57°22'50''	1	32°00'17''
2	45°01'10''	2	49°25'02''
3	40°25'30''	3	34°11'32''
4	37°11'40''	4	64°22'53''
5	24°38'50''	5	30°34'53''
6	77°44'10''	6	50°51'20''
7	52°07'30''	7	82°09'15''
8	25°29'40''	8	16°25'23''

(b) 近似法によって解き，最確値を求めよ．
(c) 特別近似法によって解き，最確値を求めよ．
(d) 3種の解に対して残差二乗和の大きさを比較せよ．

(7) 図 A7·2 において基線 $\overline{AD}=100$ m とし，角を等精度で観測した結果を表 A7·3 に示す．次の問いに答えよ．

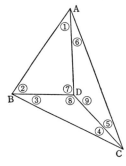

図 A7·2

表 A7·3

No.	角	観測値
1	DAB	23°03′
2	DBA	67°43′
3	DBC	37°11′
4	DCB	24°12′
5	DCA	17°12′
6	DAC	10°38′
7	ADB	89°13′
8	BDC	118°37′
9	CDA	152°09′

(a) 図形調整法を行うと考えて，成立すべき独立な条件式を記せ．
(b) まず各三角の内角の和が 180° になるように調整し，次に点 D のまわりの測点条件を満足するように調整せよ．
(c) 以上の結果を用いて残りの辺長条件式のみを独立に満足するように調整し，各角の最確値を求めよ．

(8) 図 A7·3 の三角網において成立すべき独立な条件式を記せ．

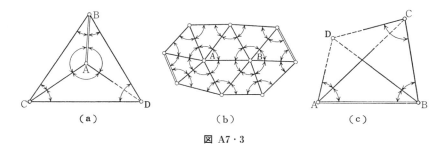

図 A7·3

(9) 正三角形の土地の面積を求めるために，(a) 3辺の距離を測るのと，(b) 底辺と高さを測るのと，どちらの方が誤差が小さいか．ただし，どの距離の観測でも相対誤差は同じであり，高さを測る測線は底辺と正しく直角になっていると仮定せよ．

第8章　GNSS 測量

　GNSS（Global Navigation Satellite Systems，汎地球航法衛星システム）とは，アメリカの GPS（Global Positioning System，汎地球測位システム），ロシアの GLONASS，ヨーロッパ共同体の Galileo，日本の準天頂衛星など，人工衛星からの信号を用いて地球上の位置を決定する衛星測位システムの総称である．GNSS の利用される場面は極めて多様であって，航行位置の測定はもちろんのこと移動体の監視や誘導にも頻繁に活用されている．測量に限っても，基準点測量から応用測量の分野まで幅広く利用されている．

　日本の位置決めの骨格をなす基準点，すなわち電子基準点および一等～二等三角点の座標は GNSS 測量によって定めることになっていて，その測量は精密測地網・高度基準点測量として高精度の技術基準のもとに行われている．三等三角点の座標についても GNSS 測量により測定することになっており，精密測地網・地域基準点測量と呼ばれる．一方，四等三角点以下およびそれに続く公共測量のための基準点測量は，GNSS 測量またはトータル=ステーション等（セオドライト，光波測距儀等を含む）を用いた多角測量によって実行することになっている．

　衛星測位システムの基本的な原理は，アメリカの GPS に基づいて開発されたものであり，近年まで GPS 測量という用語が用いられてきた．2011 年の公共測量作業規程の準則の改定により，GPS 衛星と GLONASS 衛星を併用できるようになったため，従来の GPS 測量から GNSS 測量に変更されたものである．本章では，主として GPS に基づいて衛星測位システムを解説する．

1. 概　　説

　位置のわかっている多くの人工衛星から発する電波を受信し，人工衛星と受信点との間の距離を測ることによって，その点の位置を求めることができる．アメリカが運用している GPS は，もとは軍事用であったために公開されていない部分があるが，

民間に開放された情報のみでも大変利用価値が高いので，このシステムが完成した 1993 年以降に急速に普及した．

(1) 測位方法の分類

GNSS による測位方法とその位置誤差の目安を表 8・1 に示す．測位方法は，受信機 1 台を用いてその位置座標を求める単独測位（位置誤差 10～30 m 程度）と，複数の受信機を用いて既知点と未知点で同時に観測を行い未知点の座標をより高い精度で求める相対測位に大別される．さらに相対測位は，位置誤差が数 m 程度のディファレンシャル測位（DGPS）と，表 8・1 に示すような高精度の測位が可能な干渉測位に分けられる．このうち測量に用いられるのは干渉測位であり，観測方法やデータ処理方法の違いによってさまざまな方式がある．

表 8・1 測位方法と誤差

方法			水平位置誤差
単独測位			$(10～30)$ m
相対測位	ディファレンシャル測位（DGPS）		$(1～5)$ m $+ (1～2)\times 10^{-6} D$
	干渉測位	スタティック法	$(5～10)$ mm $+ (0.5～1)\times 10^{-6} D$
		短縮スタティック法	
		キネマティック法	$(10～20)$ mm $+ (1～2)\times 10^{-6} D$
		RTK（リアルタイム＝キネマティック）法	
		ネットワーク型 RTK 法	

（注）D は基線長．標高の誤差は水平位置誤差の 1.5～2 倍程度である．

(2) GNSS 測量の特徴と用途

GNSS 測量が従来のトータル=ステーション等による測量と異なる長所は，①器械設置点相互の見通しの不要なこと．②常時連続して観測のできること．③ほぼ実時間で測位の可能なこと．④短距離でも遠距離でも観測可能なこと．⑤天候と時刻に左右されないこと，などである．これに対して短所は，①衛星からの電波を受信するために上空視界が開かれている必要のあること．②周囲の地物からの反射波によって撹乱される（マルチパスと呼ぶ）から，アンテナを低い場所に置けず，また壁や樹木の近くで使用できないこと．③レーダ，放送および通信用電波などが障害となること．④水平線よりある程度（公共測量では水平線から 15 度）以上の高度にある衛星のみしか観測できない（垂直方向は衛星の空間配置が偏っている）ため，標高誤差が平面位置誤差に比べてやや大きい（1.5～2 倍程度）ことなどである．

1. 概　説

　GNSS によって得られる位置座標は，WGS84 地心座標系（第1章2節参照）に基づく三次元直交座標，あるいは楕円体面上の緯度・経度と楕円体からの高さである．標高を求めるには，楕円体からの高さをジオイドからの標高に直さなければならず，ジオイド誤差の影響が大きいために標高については高精度の補正は望めないことになる．

　国土地理院が 2015 年時点で全国に約 1,300 点の電子基準点（約 20 km 間隔）を設置している．これらの基準点の座標と GNSS 受信情報が常時利用できるから，任意の点で相対測位を行うことにより測地座標の測定が極めて容易かつ正確に行えるようになった．GNSS の利用分野は次のとおりである．

　基準点測量：公共測量作業規程の準則では干渉測位によって基準点測量を行う場合の標準として表 8・2 を示している．地籍測量のための基準点増設にも利用されている．その他の基準点測量にも頻繁に用いられている．

　細部測量：キネマティック法（本章4節(3)参照）がよく利用されている．ただし，市街地では利用困難な場所が多い．地籍一筆ごとの測量にも用いられる．

　工事測量：杭の設置，土工量の測定，構造物や斜面の移動観測，盛土の沈下測定などに各種の干渉測位法が適用されている．

　海上での位置測定：一般に陸上基準点からは測量し難いが，海上では上空が開けているから，GNSS 測量に適している．

　航行位置：車両，船，飛行機などの位置測定．車載レーザ計測や空中写真撮影時な

表 8・2　GNSS 測量による基準点測量の標準（公共測量）

観測方法	観測時間	データ取得間隔	摘　　要
スタティック法	120 分以上	30 秒以下	1～2 級基準点測量（10 km 以上）
	60 分以上	30 秒以下	1～2 級基準点測量（10 km 未満） 3～4 級基準点測量
短縮スタティック法	20 分以上	15 秒以下	3～4 級基準点測量
キネマティック法	10 秒以上[*1]	5 秒以下	3～4 級基準点測量
RTK 法[*3]	10 秒以上[*2]	1 秒	3～4 級基準点測量
ネットワーク型RTK 法[*3]	10 秒以上[*2]	1 秒	3～4 級基準点測量
備　　考	*1　10 エポック（データ取得間隔）以上のデータが取得できる時間 *2　フィックス解を得てから 10 エポック以上のデータが取得できる時間 *3　後処理で解析を行う場合も含める		

（注）フィックス解については本章4節(2)を参照せよ．

どにおいてレーザやカメラの位置測定にも利用される．広い盛土の上を自動車にアンテナを積んで走らせれば，盛土量がわかる．施工機械の自動操縦・GNSS 測量・テレビ監視などを無線通信によって実行することによって人間の行けない場所での工事施工が可能となる．

2. 衛星から受信機までの距離の観測（GPS の場合）

半径 26,560 km の 6 つの軌道（ほぼ円軌道）上にそれぞれ 4 個，合計 24 個の GPS 衛星が打ち上げられている（図 8・1）．このような衛星配置により，上空視界が開けた地点では，常時 4 個以上の衛星から電波を受信することができ，本章 3 節および 4 節に述べる原理により位置測定が可能である．衛星の周期は約 12 時間（速度は約 3.85 km/sec）で，衛星の位置は恒常的に地上から観測されており，位置測定に必要な GPS 信号が繰り返し送信されている．

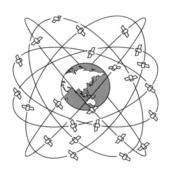

図 8・1　GPS 衛星の配置

（1） GPS 信号

GPS 衛星は表 8・3 に示す 2 種の搬送波 L1（1575.42 MHz），L2（1227.60 MHz）を送信しており，これらの位相情報は干渉測位に用いられる．2 つの周波数を用いる

表 8・3　GPS 衛星からの測位用信号

搬送波			情　報
名称	周波数(MHz)	波長(cm)	
L1	1575.42	約 19.0	C/A コード，P(Y) コード，航法メッセージ
L2	1227.60	約 24.4	P(Y) コード，航法メッセージ

のは，干渉測位を行う際に電離層による搬送波の速度変化を補正するためである．また搬送波には，航法メッセージ（位置測定に必要な GPS 時刻，衛星軌道パラメータなど）と，単独測位や DGPS 測位に用いられる疑似乱数コードが載っている．疑似乱数コードは 2 種類あり，C/A（Coarse Acuisition）コードと P（Precision）コードと呼ばれている．C/A コードが載っているのは L1 のみであるが，P コードは両方の搬送波に載っている．両コードともに衛星ごとに異なる符号列を使用しているので，受信機側ではどの衛星からの信号であるかを識別することができる．

C/A コードは 0 と 1 からなる 1,023 ビットの疑似乱数であり，1.023 Mbps（megabit per second）で伝送されるので，繰り返し周期は 1 ms（距離に換算すると 300 km），1 ビット当たりの長さは約 300 m である．C/A コードは民生用に公開されており，単独測位や DGPS に用いられる．一方，P コードは 2.3547×10^{14} ビットの非常に長い疑似乱数であり，10.23 Mbps で伝送されるので全体の時間長は約 266 日，1 ビット当たりの長さは約 30 m になる．ただしコード全体を 37 分割して各衛星に割り当て，各衛星は固有の分割コードを 1 週間ごとに繰り返し送信している．P コードは C/A コードの 10 倍の通信速度で伝送されるので，より高精度に距離を測ることができるが，そのまま送信されるのではなく機密コードによって暗号化したコード（Y コード）が送信されるので，民生用に使うことはできない．表 8・4 に各測位信号の主な用途を示す．

表 8・4 GPS 信号の用途区分

GPS 信号	用 途
搬送波（L1, L2）の位相	干渉測位
C/A コード	単独測位，ディファレンシャル測位（DGPS）
P(Y)コード	軍事用

航法メッセージ中の衛星軌道パラメータは，アメリカが世界の 5 箇所に配置した衛星追跡局の観測値から求められる．この情報は衛星から常時放送されているので放送暦（broadcast ephemerides）と呼ばれる．一方，国際協力により世界に多数配置された追跡局の観測情報を用いた高精度の軌道パラメータが，IGS（International GNSS Service）の精密暦（precise ephemerides）として事後に入手できる．日本では国土地理院が国内 4 箇所での独自の観測結果を提供している．

(2) 観測量

衛星から受信機までの距離は，GPS信号が衛星を発して受信機に到達するまでの時間を衛星の時計と受信機の時計を用いて測定し，それに光の速度cを掛けることにより求める．各衛星の時刻は非常に正確であるので実用上誤差は無視できるが，受信機時計の誤差は無視できないため，観測される距離rは真の距離Rに受信機時計の遅れによる誤差を加えたものとして表される．

$$r = c(T+\tau) = R + c\tau \qquad (8\cdot1)$$

ここで，TはGPS信号の伝播時間の真値，τは受信機時計の遅れである．rは真の距離とは異なるため疑似距離と呼ばれる．

GPS信号の伝播時間の測定法をもう少し詳しく説明すると，受信機内部ではGPS信号（疑似乱数コードあるいは搬送波）の複製を参照信号として発生しており，この参照信号と受信信号のずれを検出することにより，伝播時間が測定される．このような測定法の場合，疑似距離には繰り返し周期に相当する距離λ（C/Aコードの場合は300 km，搬送波位相の場合は約20 cm）の整数倍だけの不確定性（整数値バイアス）が生じる．したがって実際には，式(8・1)はNを未知の整数として次のように表される．

$$r = N\lambda + R + c\tau \qquad (8\cdot2)$$

GPS信号のうち疑似乱数コードと搬送波位相のいずれを距離測定に用いるかによって，得られる観測量をそれぞれコード疑似距離，位相疑似距離と呼ぶ．位相疑似距離の場合は，式(8・2)を波長λで除して波数単位で表すのが一般的である．

$$\phi = N + R/\lambda + f\tau \qquad (8\cdot3)$$

ここに，$\phi = r/\lambda$は波数単位で表した位相疑似距離，fは搬送波の周波数である．

C/Aコードを距離測定に用いた場合には$\lambda = 300$ kmであり，受信機のおおよその位置座標を近似値として容易にNの値を決めることができる．したがって整数値バイアスは問題とならない．一方，搬送波位相を距離測定に用いた場合，L1とL2の波長は表8・3に示すように20 cm前後であって，衛星と受信機間の距離約20,000 kmに比べて非常に小さいため，整数値バイアスの解決は容易ではない．GNSS測量において整数値バイアスの解決は最も重要な課題であり，後述するようにさまざまな方式ごとに特徴のある解決法が考案されている．

(3) 誤差要因

疑似距離の観測値は受信機ノイズなどによる偶然誤差を含んでいる．コード疑似距

離の偶然誤差は1ビット当たりの長さの1％程度といわれており，C/A コードと P コードでそれぞれ3m と0.3m 程度である．一方，位相疑似距離の場合の観測精度は波長の1％程度といわれており，偶然誤差は数mm 程度である．

　実際のGPS 測位においては，偶然誤差に加えて種々の系統誤差が測位結果に誤差として含まれる．これらは，衛星にかかわる誤差，受信機にかかわる誤差，電波の伝播経路にかかわる誤差の3種類に分類される．以下，これらの要因について説明する．

　（a）　衛星にかかわる誤差

　衛星軌道パラメータの誤差，衛星の時計の誤差などがある．衛星軌道パラメータは軌道誤差が3m 以下程度となるように制御されているといわれている．原子時計は非常に正確であるが，航法メッセージの更新間隔である2時間で1ns 程度の誤差を生じ，これは距離に換算すると0.3m 程度の誤差となる．

　（b）　受信機にかかわる誤差

　受信機時計の誤差，アンテナ位相中心の誤差などがある．受信機時計の誤差は，衛星時計の誤差に比べて遙かに大きいが，後述するように，単独測位とDGPS では未知数として，干渉測位では差分をとることにより取り除くことができる．位相中心の誤差は，アンテナが実際に電波を受信する点と物理的な中心とのずれであり，電波の受信方向や受信状態によって変化する．通常は数cm 程度のずれである．

　（c）　電波の伝播経路にかかわる誤差

　電離層における遅延，対流圏における遅延，マルチパスなどがある．電波が電離層や対流圏を通過するときの伝播速度が，真空中と異なることにより誤差を生じる．電離層遅延は周波数に依存するので，2つの搬送波L1 と L2 を使うことにより除去できる．一方，対流圏遅延は周波数に依存しないため，気象モデルなどを用いて補正することが必要である．マルチパスは，受信機の周辺の建物などからの反射波が，衛星からの直接波に加わることにより生じる．上空が開けた障害物のない場所を選ぶことにより，マルチパスは避けることができる．

3.　単独測位とディファレンシャル測位（DGPS）

　単独測位とは，受信機1台を用いてその位置を独立に求める方法である．位置誤差は30m 程度であるが，長時間観測の平均を採用すれば各種の変動影響が相殺されて

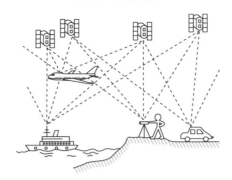

図 8・2 GNSS による単独測位

誤差を 10 m 程度まで低減できるとされている．ほぼ実時間で測りたい地点ごとに独立に位置がわかるから用途は広い．概略の位置観測以外に，船や自動車の航行用，野外調査用など多方面にわたって用いられている（図 8・2）．

ディファレンシャル測位（DGPS）とは，2 台の受信機のうち 1 台を既知点，もう 1 台を未知点に置き，既知点側から未知点側に補正データを送信することにより，単独測位よりも高精度に未知点の座標を観測する方法である．DGPS は，ほぼ実時間で誤差数 m 程度の測位ができるので，船舶や航空機の位置決めに有効である．

なお単独測位と DGPS ともに，原理的にはコード疑似距離と位相疑似距離のいずれでも実現可能であるが，民生用の受信機では通常 C/A コードを用いており，上記の誤差はこの場合の見積値である．

（1）　単独測位の原理

衛星 i から受信機までの疑似距離を r^i とすると式(8・1)より次のようになる．

$$r^i = R^i + c\tau \tag{8・4}$$

ここで R^i は真の距離であり，衛星と受信機の位置座標をそれぞれ (X^i, Y^i, Z^i)，(X, Y, Z) とすると，

$$R^i = \sqrt{(X^i - X)^2 + (Y^i - Y)^2 + (Z^i - Z)^2} \tag{8・5}$$

と表される．式(8・4)において，未知量は，受信機の座標 (X, Y, Z) に加えて受信機時計の遅れ τ があるので計 4 個となる．したがって，受信機の位置を決定するには，4 個以上の衛星からの疑似距離を同時に観測することが必要である．

式(8・4)は，第 2 章 8 節(2)非線形関数の場合の独立間接観測に相当するので，非線形項 R^i を次のように線形化した上で未知量を求める．

3. 単独測位とディファレンシャル測位（DGPS）

$$R^i = \tilde{R}^i + \alpha^i \Delta X + \beta^i \Delta Y + \gamma^i \Delta Z \tag{8・6}$$

$$\left.\begin{array}{l}\tilde{R}^i = \sqrt{(X^i-\tilde{X})^2+(Y^i-\tilde{Y})^2+(Z^i-\tilde{Z})^2} \\ \alpha^i = -\dfrac{X^i-\tilde{X}}{\tilde{R}^i}, \quad \beta^i = -\dfrac{Y^i-\tilde{Y}}{\tilde{R}^i}, \quad \gamma^i = -\dfrac{Z^i-\tilde{Z}}{\tilde{R}^i} \\ \Delta X = X-\tilde{X}, \quad \Delta Y = Y-\tilde{Y}, \quad \Delta Z = Z-\tilde{Z}\end{array}\right\}$$

ただし，$(\tilde{X}, \tilde{Y}, \tilde{Z})$ は受信機座標の近似値である．衛星の数が4個の場合，式(2・107)に相当する線形化した観測方程式は次のように表される．

$$\boldsymbol{Ax} = \boldsymbol{l} \tag{8・7}$$

$$\boldsymbol{A} = \begin{pmatrix} \alpha^1 & \beta^1 & \gamma^1 & 1 \\ \alpha^2 & \beta^2 & \gamma^2 & 1 \\ \alpha^3 & \beta^3 & \gamma^3 & 1 \\ \alpha^4 & \beta^4 & \gamma^4 & 1 \end{pmatrix}, \quad \boldsymbol{x} = \begin{pmatrix} \Delta X \\ \Delta Y \\ \Delta Z \\ c\tau \end{pmatrix}, \quad \boldsymbol{l} = \begin{pmatrix} r^1 - \tilde{R}^1 \\ r^2 - \tilde{R}^2 \\ r^3 - \tilde{R}^3 \\ r^4 - \tilde{R}^4 \end{pmatrix}$$

近似値が実際の座標から遠く離れている場合，解が収束するまで繰り返し計算が必要になる．衛星の数が4個以上の場合は最小二乗法を適用すればよい．

（2） 衛星の配置と観測精度の関係

式(8・7)の行列 $\boldsymbol{A}$ の要素 $(\alpha^i, \beta^i, \gamma^i)$，$i=1,2,3,4$ は衛星 i から受信機に向かうベクトルの方向余弦であるから，衛星の配置が測位精度に影響を与えることがわかる．第2章3節で説明した誤差伝播の法則を使って，その影響を表す DOP（dillution of precision, 精度低下率）という指標を導くことができる．

各衛星からの疑似距離の観測値が独立で精度（重み）が等しいとすると，第2章8節の式(2・98)より，式(8・7)の最確値の分散共分散行列は次式で与えられる．

$$\left.\begin{array}{l}\boldsymbol{\Sigma}_{xx} = \boldsymbol{Q}_{xx} \sigma_0^2 \\ \boldsymbol{Q}_{xx} = (\boldsymbol{A}^{\mathrm{T}} \boldsymbol{A})^{-1}\end{array}\right\} \tag{8・8}$$

ここで σ_0^2 は重み1の分散，Cofactor 行列 $\boldsymbol{Q}_{xx}$ は4次の正方行列であり，次のように書ける．

$$\boldsymbol{Q}_{xx} = \begin{pmatrix} q_{XX} & q_{XY} & q_{XZ} & q_{X\tau} \\ q_{XY} & q_{YY} & q_{YZ} & q_{Y\tau} \\ q_{XZ} & q_{YZ} & q_{ZZ} & q_{Z\tau} \\ q_{X\tau} & q_{Y\tau} & q_{Z\tau} & q_{\tau\tau} \end{pmatrix} \tag{8・9}$$

この Cofactor 行列の対角成分は，それぞれ X, Y, Z, τ の相対的な観測精度を表すので，次のように対角成分の和の平方根をとると，それぞれ総合精度，位置精度，時刻精度の低下率を表す指標，GDOP（geometric DOP，幾何学的精度低下率），PDOP (position DOP, 位置精度低下率), TDOP (time DOP, 時刻精度低下率) が得られる.

$$\left.\begin{array}{l} \text{GDOP} = \sqrt{q_{XX} + q_{YY} + q_{ZZ} + q_{\tau\tau}} \\ \text{PDOP} = \sqrt{q_{XX} + q_{YY} + q_{ZZ}} \\ \text{TDOP} = \sqrt{q_{\tau\tau}} \end{array}\right\} \quad (8\cdot10)$$

さらに PDOP は, 局地座標における水平方向と垂直方向の成分, HDOP (horizontal DOP, 水平精度低下率) と VDOP (vertical DOP, 垂直精度低下率) に分解することができる. これらの指標に対応する観測精度 (標準偏差) は, それぞれの指標と σ_0 の積から見積もることができる. たとえば, PDOP σ_0 は位置の標準偏差を表す.

GDOP は, 天空において衛星が均等に分散している方が小さな値をとることが知られている. たとえば衛星が4個の場合には, 衛星の位置を頂点とする四面体の体積が最大になるときに GDOP は最小になる. DOP 指標は, 単独測位に限らずディファレンシャル測位や干渉測位においても, 観測精度の事前見積や事後評価に使用される.

(3) ディファレンシャル測位 (DGPS)

DGPS は2台 (以上) の受信機で同時に観測をすることにより, 両者に共通な誤差 (衛星軌道データの誤差, 電離層や対流圏の影響など) を取り除いて, 測位の精度を高める方式である. DGPS は単独測位を組み合わせたものであるから, 単独測位と同様に4個以上の共通な衛星を2台の受信機で同時に観測することが必要である.

既知点側から未知点側に送信する補正データとしては2種類のものが考えられる. 第1は, 既知点側で単独測位により求めた座標と既知点座標の差, 第2は, 既知点側で観測した疑似距離と, 軌道情報から計算した衛星〜受信機間の距離の差である. 前者の場合, 未知点側では観測座標から補正値を差し引くことで座標を求め, 後者の場合, 未知点側で観測された疑似距離から補正値を差し引いたうえで測位計算を行う. これら2つの方法のうち後者の方が柔軟性に富み精度も高いので, 実用のシステムでは後者が用いられている.

4. 干渉測位

既知点と未知点に受信機を置いて同時に衛星までの位相疑似距離 (L1のみ, または L1とL2) を観測し, 既知点と未知点の観測値の差を用いて2点間の相対ベクトル (基線ベクトルと呼ぶ) を求める方法を干渉測位という. 未知点の座標は既知点の

座標と基線ベクトルから決定できる．DGPS と観測方法は似ているが，コード疑似距離よりも精度の高い位相疑似距離を用いることにより，表8・1に示すように基準点測量に必要な精度が得られる．

（1）位　相　差

図8・3に示すように，既知点 A と未知点 B に受信機を置いて，2つの衛星 i と j からの位相疑似距離を同時に観測する場合，受信機間や衛星間などで観測値の差をとることにより共通な系統誤差を消去することができる．位相疑似距離の差を位相差と呼び，実用の測位計算では，一重位相差，二重位相差，三重位相差などが用いられている．ここでは，基本的な一重位相差と二重位相差の考え方を説明する．

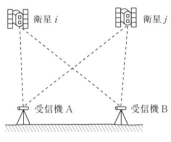

図 8・3　位相差

（a）一重位相差

共通な1つの衛星を2点で同時観測したときの位相差を（受信機間）一重位相差と呼ぶ．式(8・3)より，衛星 i から点 A，B までの位相疑似距離はそれぞれ次のように表される．

$$\left.\begin{array}{l}\phi_A^i = N_A^i + R_A^i/\lambda + f\tau_A \\ \phi_B^i = N_B^i + R_B^i/\lambda + f\tau_B\end{array}\right\} \quad (8 \cdot 11)$$

一重位相差は2つの式の差をとることにより得られる．

$$\phi_{AB}^i = N_{AB}^i + R_{AB}^i/\lambda + f\tau_{AB} \quad (8 \cdot 12)$$

ここで各々の項は $(*)_{AB} = (*)_B - (*)_A$ を意味する．

一重位相差では，2点 A，B の距離が小さければ，電離層遅延や対流圏遅延は衛星から各受信機への伝播経路間でほぼ等しいので相殺される．また両者に共通な軌道誤差も除かれる．さらに，第2節で衛星時計の誤差は実用上無視できると述べたが，たとえ誤差があったとしても受信機間で差を取ることにより相殺されることになる．

（b） 二重位相差

式(8・12)より，2つの衛星iとjに対する一重位相差はそれぞれ次のように表される．

$$\left.\begin{array}{l}\phi_{AB}^{i}=N_{AB}^{i}+R_{AB}^{i}/\lambda+f\tau_{AB}\\ \phi_{AB}^{j}=N_{AB}^{j}+R_{AB}^{j}/\lambda+f\tau_{AB}\end{array}\right\} \quad (8\cdot13)$$

2つの式の差をとると，両者に共通な受信機時計の誤差項が相殺されて，二重位相差が得られる．

$$\phi_{AB}^{ij}=N_{AB}^{ij}+R_{AB}^{ij}/\lambda \quad (8\cdot14)$$

ここで各項は，$(*)_{AB}^{ij}=(*)_{AB}^{j}-(*)_{AB}^{i}$を意味し，元の要素で表すと次のように4つの項から成っている．

$$(*)_{AB}^{ij}=(*)_{B}^{j}-(*)_{A}^{j}-(*)_{B}^{i}+(*)_{A}^{i} \quad (8\cdot15)$$

式(8・14)は，まず受信機間で位相差をとり，次に衛星間で一重位相差の差をとることにより導かれたが，式(8・15)より位相差をとる順序を逆にしても同じ結果になることがわかる．

二重位相差は，受信機時計の誤差項を含まないため測位計算に広く用いられている．式(8・14)の解は，単独測位の場合の式(8・6)と同様に，R_{AB}^{ij}に含まれる非線形項を線形化したうえで求める．ここで式(8・14)の解が得られるための観測条件について考えてみよう．いまn_s個の衛星を同時観測した場合，衛星の組み合わせは$n_s(n_s-1)/2$通りあるが，このうち二重位相差が独立なものは(n_s-1)個であるので，独立な観測数はこれに等しい．他はこれらの線形結合で表される．たとえば式(8・15)より，ϕ_{AB}^{ij}とϕ_{AB}^{ik}からϕ_{AB}^{jk}が次のように求められる．

$$\phi_{AB}^{jk}=\phi_{AB}^{ik}-\phi_{AB}^{ij} \quad (8\cdot16)$$

一方，この観測に対して未知数は，既知点Aから未知点Bへの基線ベクトル$\overline{AB}$の座標3個(X_{AB}, Y_{AB}, Z_{AB})と，独立な整数値バイアス(n_s-1)個を合わせて，(n_s+2)個であるので，1エポック（データ取得間隔）の観測では解を求めることができない．観測エポック数を増やしてn_eとすると，未知数の個数は同じで方程式数は$n_e(n_s-1)$となるので，解が得られる条件は，

$$n_e(n_s-1) \geq n_s+2 \quad (8\cdot17)$$

となる．上式から，たとえば$n_s=4$，$n_e\geq2$ならば解が得られることがわかる．

（2） 整数値バイアスの推定

整数値バイアスの推定にはさまざまな方法があるが，ここでは最も一般的な二重位

相差による方法について説明する．衛星数が4個の場合に，第1番目の衛星を基準として式(8・14)を観測エポック k について書くと次のようになる．

$$\left.\begin{array}{l}\phi_{AB}^{12}(k)=N_{AB}^{12}+R_{AB}^{12}(k)/\lambda\\ \phi_{AB}^{13}(k)=N_{AB}^{13}+R_{AB}^{13}(k)/\lambda\\ \phi_{AB}^{14}(k)=N_{AB}^{14}+R_{AB}^{14}(k)/\lambda\end{array}\right\} \qquad (8・18)$$

複数のエポック k について式(8・18)を連立させて解くことにより，基線ベクトル $\overline{AB}$ の座標とともに整数値バイアス ($N_{AB}^{12}, N_{AB}^{13}, N_{AB}^{14}$) を求めることができる．本来 N_{AB}^{1j}, $j=2,3,4$ は整数であるが，二重位相差で消去しきれなかった系統誤差やその他のノイズのために，通常は整数にならず実数となる（このような場合の測位結果をフロート解と呼ぶ）．ただし観測時間が十分に長く（たとえば1時間以上），基線ベクトル長が短い（たとえば数 km）場合には，N_{AB}^{1j} は整数に近い値となるのが普通であり，フロート解を丸めて整数値とすることにより精度の高い推定値が得られる（整数値バイアスが整数である場合の測位結果をフィックス解と呼ぶ）．

近年では，測量を効率的に行うために観測時間を短縮したいという要望に応えて，短時間で整数値バイアスを推定するさまざまな方法が考案されている．たとえば N_{AB}^{1j} が整数であることを利用して，整数値バイアスの初期推定値の近傍を探索する方法がある．具体的には，整数値バイアスのフロート解 ($N_{AB}^{12}, N_{AB}^{13}, N_{AB}^{14}$) が得られたとき，その近傍で N_{AB}^{1j} が整数である候補点を探索し，二重位相差の残差平方和を最小とするものを最適解とするのである．近年広く用いられている OTF (on the fly) 法は，このような探索法によって短時間（2～3分）で整数値バイアスを推定する方法である．OTF 法の高速化は，位相疑似距離とコード疑似距離の併用，2種の搬送波（L1 と L2）の併用，同時観測可能な多数の衛星の組み合わせ，探索アルゴリズの改良などにより達成される．OTF 法には受信が中断（サイクルスリップ）した場合でも整数値バイアスを速やかに求め直せるという特徴がある．

上記とは別の方法としてアンテナ交換法がある．この方法は，基準点 A の近傍（距離 2～20 m）でほぼ同高の点 B を設け，両点に受信アンテナを置いて 5～10 秒間観測する．次にアンテナを交換して同様の観測を行い，両観測値が点 B の座標不変のもとで得られたという条件から整数値バイアスを求めるものである．近年ではこの方法は OTF 法に取って代わられつつある．

(3) 干渉測位の分類

前項に述べたように整数値バイアスを求める方法が種々工夫されており，それに対

応じて以下のような名称のものが実用化されている．表8・5に，公共測量作業規程の準則に定められた観測方法における使用衛星数を示す．衛星の最低高度角は15度を標準としている．

（a） スタティック法

既知点と未知点に受信アンテナを固定して4個以上の衛星から長時間（60分〜3時間程度）の観測値を得る．必要な観測時間の長さは，基線長，同時観測される衛星の数と配置等による．観測中に衛星は移動しているが未知点の座標は不変であるという条件より整数値バイアスを推定し，未知点の座標を求める．観測後に座標を計算する後処理方式である．長時間観測により各種変動の影響が差し引きされ，他の方法に比べて非常に高精度な結果が得られる．表8・2に示すようにこの方法は1〜4級基準点測量に用いることができる．一般的に標準偏差は，基線長が10 kmの場合で水平方向と垂直方向にそれぞれ1〜2 cmと1.5〜3 cm程度である．三脚上に載せた装置の例を図8・4に示すが，これらを持ち回れば後記のキネマティック法にも使用できる．

表8・5 観測方法による使用衛星数（公共測量）

観測方法 GNSS衛星の組み合わせ	スタティック法		短縮スタティック法 キネマティック法 RTK法 ネットワーク型RTK法
	基線長 10 km未満	基線長 10 km以上	
GPS・準天頂衛星	4衛星以上	5衛星以上	5衛星以上
GPS・準天頂衛星およびGLONASS衛星	5衛星以上	6衛星以上	6衛星以上
摘　　要	・GLONASS衛星を用いる場合，GPS・準天頂衛星およびGLONASS衛星をそれぞれ2衛星以上用いる		

図8・4 GNSS測量機

（b） 短縮スタティック法

スタティック法において，できるだけ多くの衛星（最低5衛星）からの情報や観測値を利用して，短時間（20分程度）で整数値バイアスを知り測位を行う方法である．次に述べるキネマティック法と異なり，移動局を動かす間は受信機の電源を切っても差し支えない．既知点周辺（約10 km以内）にある複数の未知点の測位を行うのに適している．後処理方式であり，高速スタティック法とも呼ばれる．

（c） キネマティック法

観測の初めに，OTF法等によって整数値バイアスを決定し，その後短時間で既知点周辺（約10 km以内）の多数の未知点の観測を行う方法である．全観測時間を通して，5個以上の共通な衛星から連続受信できることが必要である．整数値バイアスがわかったとすると連続受信中は整数値バイアスが不変であるから，わずか1〜5秒程度の位相観測で受信アンテナの相対位置が求められる．したがって，単に基準点測量のみならず細部測量や工事測量など応用範囲の広い方法である．図8・5のように，ポールの頂にアンテナを付けたものを持ち歩いて所定の位置の座標を順次求めて行くことが行われている（アンテナが低いと周囲からの反射電波を受けるので良くない）．後処理方式であり，ストップ=アンド=ゴー法とも呼ばれる．

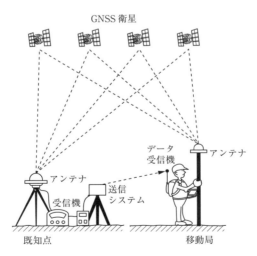

図 8・5　RTK法の測位システム

（d） RTK（リアルタイム=キネマティック）法

キネマティック法において，既知点（固定局）における観測情報を無線等で移動局に伝えれば，実時間で既知点と移動局間の基線ベクトルを求めることができる．図8・5においてデータの送受信システムを備えているのはこの目的のためである．ただし，移動の加速度が大きければ誤差は増大する．基線ベクトルを求める方法は，図8・6に示すように直接観測法と間接観測法がある．直接観測法は，固定局と移動局（距離500 m以下）で同時に衛星を観測し，固定局と移動局間の基線ベクトルを直接求める方法である．実際の観測では，図8・6(a)のように2つ以上の既知点を用いて既知点〜新点〜既知点を結ぶトラバース網を構成する．間接観測法は，固定局および2箇所以上の移動局で同時に衛星を観測し，得られた2つの基線ベクトルの差を用いて移動局間の基線ベクトルを間接的に求める方法である．移動局は，図8・6(b)のように既知点〜新点〜既知点を結ぶトラバース網を構成するように移動する．この方法では，2つの基線解析結果の差を用いることより両者に共通な誤差を相殺できるため，直接観測よりも固定局と移動局の距離を長くとることができる（距離10 km以下）．ただし間接的に求める移動局間の距離は500 m以下とする．

（e） ネットワーク型RTK法

測量したい区域の近くに座標を指定した仮想電子基準点を設定し，その点に基づいてGNSS測量を行うことによって測量誤差を減少しようという方法である．図8・7

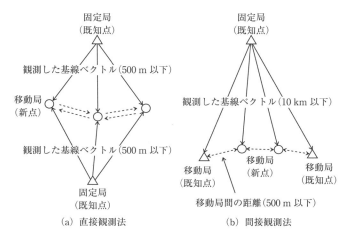

図 8・6 直接観測法と間接観測法

5. GNSS による基準点測量　245

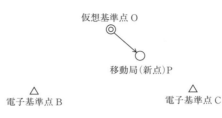

図 8・7 ネットワーク型 RTK 法

において，仮想基準点 O の座標値を指定し，次に点 O を取り囲む電子基準点 A, B, C の受信データを用いて，点 O において当然受信できるはずの仮想受信データと補正に必要なデータ等を作成する．それらの仮想データを移動局 P に携帯電話等によって送り，P における受信データと合わせて解析すれば，基線ベクトル $\overline{OP}$ が実時間で求められることになる．距離 $\overline{OP}$ を小さくできるから観測誤差を減じることができる．実行に当たっては，仮想データの作成（補正データや面補正パラメータ等）と携帯電話などによる通信が必要であるから，特徴のある幾つかの方法が提案されている．国土地理院が 2002 年 5 月から準備の整った地域より順次電子基準点の受信データを実時間で民間に公開を始めたので，ネットワーク型 RTK 法に用いることができる．なお，基線ベクトルを求める方法は，RTK 法と同じで直接観測法と間接観測法がある．

5. GNSS による基準点測量

公共測量作業規程により GNSS 測量は 1〜4 級基準点測量の標準的な測量方式と定められており，スタティック法は 1〜4 級，その他の観測方法は 3〜4 級の基準点測量に用いることができる（表 8・2）．ここでは基準点測量の作業工程に沿って GNSS 測量に特徴的な事項を述べる．

（1） 踏査・選点・計画

新点の選定に当たっては以下の点を考慮する．

1. 周辺に建築物や樹木があると，継続的に必要な数の衛星を観測することができ

ず受信中断（サイクル=スリップ）を起こす恐れがある．このような障害を避けるために，新点の選点に当たっては上空視界が開けている場所を選ぶ．

2. 建物の壁，金網，金属製の物体（自動車など）は電磁波の多重反射（マルチパス）を引き起こし距離測定の誤差要因となるので，新点の周辺にこのようなものがないことを確かめる．

3. レーダーや放送局など強い電波を出している施設の近くでは，衛星信号の受信が妨げられるのみならず，受信機が故障する恐れもあるので，そのような場所は避ける．

選点の結果に基づいて，セッション（複数の受信機で同時に行う一連の観測）ごとの受信機の配置計画を立て観測図を作成する．後の点検計算のために，異なるセッション間で1辺以上の基線を共有するか，異なるセッションの組み合わせで多角形を構成するようにする．

(2) 観　　測

(a) GNSS 測量機

GNSS 測量機には，2種の搬送波（L1 と L2）を受信できる1級 GNSS 測量機と，L1 搬送波のみを受信できる2級 GNSS 測量機がある．1級 GNSS 測量機は2種類の搬送波を組み合わせて電離層遅延の補正ができるので，基線長が 10 km 以上の基準点測量に用いることができる．基線長が 10 km 未満の場合には，電離層遅延は位相差をとることによりほぼ相殺できるので，2級 GNSS 測量機が用いられることが多い．ただし，OTF 法等による整数値バイアスの推定に関しては，2周波の差分位相 L1-L2（単一の搬送波より波長が長いのでワイド=レーンと呼ぶ）を用いることにより最適解の探索を高速化できるので，1級 GNSS 測量機を用いた方が有利である．

(b) 観測の準備

セッション中に，必要な数の衛星が高度角 15 度以上の天空に存在すること，衛星が片寄った配置にならないことを，GNSS 信号中のアルマナック=データ（全衛星の概略軌道情報）から計算される飛来図，天空図，PDOP 等を用いて確認しておく．

観測に先立って，アンテナ底面高（標石等の上面からアンテナ底面までの垂直距離）を mm 単位で測定しておく．電波の受信方向によるアンテナ位相特性の変化が測位結果に影響するのを避けるため，アンテナは向きを揃えて設置する．こうすることにより，同機種のアンテナならば位相特性の変化は相殺される．ただし，異機種のアンテナを同時に使用したり，電子基準点データを利用する場合には，アンテナ=オフセッ

ト(アンテナ底面の中心から位相中心までの平均的なずれ)とPCV(phase center variation, 入射角による位相中心の変化成分)の補正が必要である.

(c) 観測の実施

使用する観測方法に応じて, 観測時間とデータ取得間隔については表8・2, 使用衛星数については表8・5を目安として観測を実施する. キネマティック法の場合には, 観測開始に先立って整数値バイアスを決定するための初期化が必要である.

(3) 計 算

観測値に対して基線解析を行いフィックス解を求める. このとき基線ベクトル推定値の標準偏差が小さいとともに, バイアス決定比が十分大きな値であることを確かめる. バイアス決定比とは, 整数値バイアスの最適解を探索した結果, 2番目に誤差の小さかった解と最適解の間の残差平方和の比であり, 大きな数値であれば最適解の信頼性が高いことを示す. スタティック法による基線解析は, 基線長が10 km未満の場合は1周波, 10 km以上の場合は2周波で行うことを標準とする. また, スタティック法及び短縮スタティック法による場合は原則としてPCV補正を行うことになっている. 基線解析の結果に基づいて点検計算を行い, 許容範囲を超える場合には再測することが必要である.

(a) 点 検 計 算

点検計算は, 異なるセッション間で共有する基線ベクトルの較差を比較するか, 異なるセッションの組み合わせによる最小辺数の多角形で基線ベクトルの環閉合差を調べることにより行う. 異なるセッションの組み合わせで多角形が構成されていなければならない理由は, 同一のセッションの場合には環閉合差は理論上ゼロとなるからである. 点検計算の許容範囲を表8・6に示す. 点検計算はWGS84直交座標系で行われるので, 閉合差または較差の三次元成分を東西・南北方向と高さ方向に直交変換した上で, 許容値と比較する.

表8・6 点検計算の許容範囲(公共測量)

区 分		許容範囲 (mm)	備 考
基線ベクトルの環閉合差	水平($\Delta N, \Delta E$)	$20\sqrt{N}$	N:辺数
	高さ(ΔU)	$30\sqrt{N}$	ΔN:水平面の南北成分の閉合差または較差
重複する基線ベクトルの較差	水平($\Delta N, \Delta E$)	20	ΔE:水平面の東西成分の閉合差または較差
	高さ(ΔU)	30	ΔU:高さ成分の閉合差または較差

(b) 平均計算

点検の結果が許容値を満たしておれば，国家基準点等の既知点を固定し，三次元網平均計算によって新点の三次元地心直交座標さらに測地座標（経度，緯度，楕円体高）を求める．三次元地心直交座標を GRS80 楕円体上の測地座標に変換した場合，高さは楕円体高であるので，標高を求めるためには，国土地理院が発表した日本のジオイド 2000 から求められるジオイド高を，楕円体高から差し引く．三次元網平均計算による計算結果の許容範囲を表 8・7 に示す．

表 8・7 三次元網平均計算の許容範囲（単位：mm，公共測量）

項　目＼区　分	基準点測量			
	1 級	2 級	3 級	4 級
斜距離の残差	80	100	—	—
新点水平位置の標準偏差	100	100	100	100
新点標高の標準偏差	200	200	200	200

問　題

(1) 次の文の中で間違いまたは極めて不適なものを指摘せよ（1 つとは限らない）．
　(a) GNSS 測量においては，高精度または長距離の測量を行うために波長の異なる 2 つのレーザ光線を用いる．
　(b) 上空の良く開けた水準点を GNSS 測量の基準点に選ぶと，副産物としてその点におけるジオイド高を知ることができる．
　(c) 高さ約 8 m のアンテナを設置するため，その鉛直性を観測するのに 20″ 読みのセオドライトを用いた．
　(d) 高さ約 8 m のアンテナが少し揺れていたが，サイクルスリップが生じていないので予定どおり観測した．
　(e) 気象状況が悪くて雷雲が発生してきたが，予定どおり観測を続けた．
　(f) 基線ベクトルの近似解析においては，GNSS 衛星の航法メッセージを必要としない．
　(g) 1 周波による GNSS 測位でも，気温・気圧・湿度などを測って補正すれば，電離層の影響をかなり除去できて精度向上に役立つ．
　(h) GNSS 衛星の配置と受信時間は測位誤差の大きさに影響する．
　(i) キネマティック法は誤差が大きいけれども，5 個以上の GPS 衛星からの電波を受信すれば，公共測量 1 級基準点測量にも使用できる．
　(j) 干渉測位法というのは，GNSS 衛星から発せられる時刻信号を受信し，それを利用してアンテナ間の基線ベクトルを求めるものである．

（2） キャンパス・事業所・居住する団地などの全域にわたる 1：500 地形図を作る場合に，基準点（水平および高低）を設置するための好適地点，測量方法，使用器具，困難が予想される事項についての克服方法などについて考えよ．

（3） 高層市街・田園・山岳のそれぞれにおいて，1：1,000 地形図作成のための平面基準点測量に適当と思われる測量方法と使用する機器・道具を挙げよ．

（4） 縮尺 1：1,000 地形図作成のため，1 km×1 km の低層住居地域の基準点測量を 2 人で実行したい．測量方法と主要機器を示せ．

（5） RTK 測量を行って辺数 4 本よりなるトラバースの環閉合差を算出したところが，地心座標系において X 方向 50 mm，Y 方向 20 mm，Z 方向 10 mm という値を得た．表 8・6 に示す許容値以下であるかどうかを調べる方法を説明せよ．

第9章　平板測量と地形測量

　平板は非常に軽量簡便な器械であって，高精度は望めないが，地物や地形を図示するのに極めて有効なものである．平板自身は角測量の結果を図示する器械と考えればよく，距離測量器械などと併用すれば諸種の測量方法を適用することができる．古くから各種地形図作成のための細部測量にはもっぱら平板測量が行われてきたが，近年ではこの役目の大部分を写真測量に譲ることになった．なお，電子平板と称するものは，トータル=ステーションによる観測値をノート型パソコンに入力して，直ちに地形図を表示・作成することができるようになっている．平板測量は，大縮尺地形図作成，写真測量結果の補測，小区域の細密地形図作成，現地調査図の作成など，なお多くの分野に利用されている．本章では平板の特徴を説明し，これを用いた基本的測量方法および地形図描画方法を示す．

1.　概　　説

　平板測量とは，平板と距離測量の器械を用いて現地で図式解法によって地物および地形を直接図示する方法である．平板自身は目標視準方向線を図に描く器械であって，諸点の位置を求めるためには距離測量器械とともに使用することが多く，ときには三角測量の手法によることもある．平板測量は現地で図示できること，器械が簡便であること，十分な精度を期待することはできないが敏速に作業できること，補助基準点測量にも細部測量にも利用できることなどから，大縮尺図または小区域の地形図作成，地籍測量，建設工事に伴う測量などには在来から欠くことのできない方法である．ただし，縮尺1：1,000以下の地形図作成には近年空中写真測量が広く適用されているし，電子平板も利用できるようになってきた．

　平板測量の特徴をより明らかにするために，長所と短所を挙げると次のようである．
　長所：①現地で作図するから野帳に記入すべき事項が少ない．そのために時間の節約ができ，記帳の誤りも防止できる．②現地で図示するから測り忘れがない．③内業

は図面の仕上げだけで済む．④正確を要する諸点以外は，現地で観察して目分量で記入することができる．⑤近接できない点も交会法で位置を定めることができる．⑥器械が簡便軽量で，使用に慣れると速やかに測量ができる．

短所：①雨天では作業ができない．風の強い日も作業が困難である．②湿度により図紙の伸縮が大きい．③付属品が多くて紛失の恐れがある．④測量結果として示されるものは図面だけであるから，もとの観測値は図から測定しなければならない．そのようなことが必要なときには精度が低下する．⑤数量（角度・距離など）を算出するときに困る．観測値を他目的のために変換したり，地形図縮尺の変更を行うときも同様である．

2. 平　　　板

平板の種類は多いが，いずれも三脚に図板を取り付けたもので，ほかに磁針箱・アリダード・下げ振り・求心器などを入れた箱を付属している．図9・1は最も普通に用いられるものの例である．

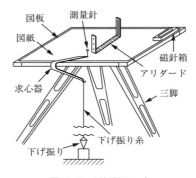

図 9・1　平板器具一式

（1）図　　　板

寸法 50×40×2 cm～60×50×3 cm の小型木製製図板であって，下面には三脚頭部に取り付ける機構を備えており，この上に図紙を貼って地形図を描く．

図紙としては乾湿による伸縮が少ないものとして合成樹脂製シートが用いられる．従来から伸縮の小さい用紙としてはアルミ箔入りケント紙も用いられている．

(2) 三　　脚

　木製軽量のものを用いる．脚長は伸縮可能なものとそうでないものとがある．三脚頭部は，上に置いた図板の整準・移心・回転ができて，図板が正しく据えられてから図板を三脚に固定できるように各種の工夫がされている．その代表的な形式は次の2つである．

　（a）　整準ねじ使用のもの（図9・2(a)）

　三脚頭部に3本の整準ねじがあり，これによって図板を水平にする．頭部中央には図板を締め付けるねじがあり，これが直径約15 cm の円の内部で水平移動できるので，このねじを締め付けない間は図板の整準・移心・回転ができる．

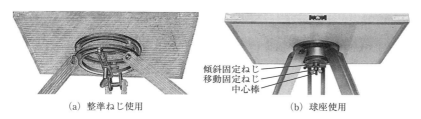

(a) 整準ねじ使用　　　　　　　　　　(b) 球座使用

図 9・2　三脚頭部（図版と三脚の取付け）

　（b）　球座を使用するもの（図9・2(b)）

　三脚頭部に球座があり，これによって図板を水平にする．球座の傾きを固定するねじと図板を固定するねじとが別になっているので，図板を水平にして球座を固定した後に図板の水平回転と水平移動とを行い，図板が正しく置かれた後に別のねじで図板を三脚に固定する．

(3) アリダード

　視準線を定めてこれを図上に描くためのものであって，次の3つに大別される．いずれの形式のものでも視準線の方向を観測する装置とその方向を図上に描くための定規縁を備え，定規縁には長さの目盛が施され，上面には気泡管が付いている．

　（a）　視準板付きアリダード

　図9・3に示すように，定規の両端に折りたたみ式視準板を備え，これを直立させて使用する．後視準板に開けてある視準孔と前視準板に張ってある視準糸とによって視準方向を決定する（鉛直視準面ができる）．この種のアリダードでは視準面とこれを図上に描くための定規縁とが同一鉛直面内になくて2.5 cm ほどずれているので，

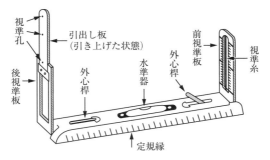

図 9・3 視準板付きアリダード

後述のように誤差の原因となることがある．

前視準板には高低角の正接を％で示した目盛が刻まれている（ただし，後視準板の視準孔の高さに対応させて数種の目盛が施されている）．なお急な下り勾配を視準できるように，後視準板が引き上げられるように作ってある．このような工夫によって簡易なスタジア測量を行うことができる（本章4節(1)）．

外心桿の役目は，スタジア測量に際して図板の傾きが発見されたときに，アリダードの傾きを応急修正して水平に保つことである．

（b）望遠鏡付きアリダード

図9・4はこの例であって，視準板の代わりに望遠鏡を取り付けることにより，精度の高い平板測量または遠距離の視準に適するようにしたものである．視準線は定規縁を通る鉛直面内にあるように作られ，望遠鏡には鉛直目盛盤とスタジア線を備えている．

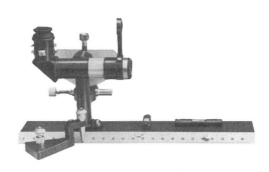

図 9・4 望遠鏡付きアリダード（田村式）

(4) 磁 針 箱

　細長い長方形箱の中に磁針を装置したものである（図9・5）．箱の短辺の中央に刻んである印を結んだ線と箱の長辺とは平行となっているから，磁針を短辺の印に合致させたときこの箱の長辺は磁北を指すことになる．

図 9・5　磁針箱

(5) 求心器および下げ振り

　地上の測点と図上のこれに相当する点とを同一鉛直線上に置くために用いるものである（図9・1参照）．求心器によって図板上の点を図板の鉛直下方に移し，さらにこの点から下げ振りを降ろすようになっている．図上の測点に測量針を刺すとアリダードによる観測が便利になる．

(6) 電子平板［ディジタル平板］

　本来は異なった機器システムであるが，便宜上ここで紹介しておく．

　トータル=ステーションの観測値を直接ノート型パソコンに入力できるようにして，現地でディスプレイ上で図形の表示から編集までを行うことのできるシステムである．任意の場所に反射プリズムを置くためには，図9・6のようにポールに取り付け

図 9・6　ポールに取り付けた小型プリズム

ることのできる小型プリズムを用いれば便利である．

トータル=ステーションの向上した機能（反射プリズムの自動追尾機能，あるいは反射プリズム不用のノンプリズム型など）を利用すれば極めて便利なこと，地理情報システムへの有力な入力源となることなどから利用価値が増大している．

3. 平板の据付け方

測点に平板を正しく据え付けるには次の3条件を満足させなければならない．

（a）整　　準

図板を正しく水平にすることである．これには整準装置を用い，図板が水平であるかどうかはアリダードの気泡管を図板上で直角2方向に置いて調べればよい．

（b）求心［致心］

地上の測点と図上の測点とを同一鉛直線上にもたらすことである．これには求心器と下げ振りとを用いればよい．

（c）標定［定位］

図に描かれたすべての線が地上のそれに相当する線と同じ方向になるように平板を向けることである．これには次の3種の方法がある．

1. 図に描かれた一定の線の方向を実際に地上で視準して合致させる．
2. 磁針箱を利用する．
3. 後方交会法による．

この中で最も正確なのは1.であって，図に描かれた既知点に平板を据えたときにはなるべくこの方法によるのがよい．未知点に平板を据えたときには2.か3.の方法による．

以上の3条件のうちの1条件を満足させるように平板を動かすと他の2条件が狂ってくるから，2～3回繰り返して試み，3条件が同時に満足されるように平板を据えなければならない．この場合に標定不良は測量結果に常に誤差を生じること，大縮尺図であれば求心不良の影響が大きいこと，視準線が水平近くであれば整準の狂いの影響が小さいことなどを知っておくべきである（本章6節参照）．

4. 平板による測量方法

平板は方向観測器械であるからセオドライトと同様な測量方法を適用することができる．本節では平板による基本的な平面位置測量方法を示すことにする．それぞれの特徴を知って，目的・精度・土地の状態・各種状況などに応じて適切な方法を選ばなければならない．以下では，大文字は地上の点，小文字は図上の点として区別する．

(1) 視準板付きアリダードによるスタジア測量

視準板付きアリダードの前視準板に刻まれている高低角の正接目盛を用いてスタジア測量の行えることを示す．いま図9・7のように，点Aに平板を水平に据え，点Bに標尺を鉛直に立てて視準孔より出る2本の視準線に対応する正接目盛 n，n'（%表示）と標尺の目盛 m，m' を読みとると，次式に従って水平距離のみならず高低差も計算できる．ただし誤差はかなり大きい．

$$\left.\begin{array}{l} S = \dfrac{100}{n'-n}(m'-m) \\[6pt] \Delta H = S\dfrac{n}{100} + I - m = \dfrac{n}{n'-n}(m'-m) + I - m \end{array}\right\} \quad (9\cdot1)$$

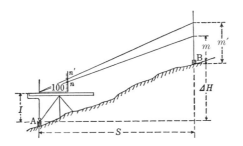

図 9・7 アリダードによるスタジア測量

(2) 導線法［道線法，進測法］

平板を用いた多角測量の図解法である．たとえば，図9・8の点A～Fを測量する場合，まず測点Aに平板を据えてAに相当する図上の点aを定め，aを通りB，Fを視準してab，afという方向線を引く．これと別に距離AB，AFを測り縮尺に従って点b，fを記す．次に平板を測点Bに移して正しく据え（標定にはbaとBAとの

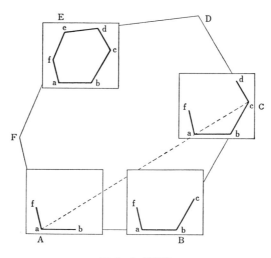

図 9・8　導線法

方向を合わせる)，点 b を通して測点 C を視準して方向線を引き，距離 BC を観測して点 c を記す．さらに点 C に移って同様な測量を行う．最後に点 E に来て点 F の図上位置 f を定めたとき，先に描いておいた点 f に合致すれば，測量中に誤差のなかったことがわかる．最初に点 A で ab，af を引くとき，同時にたとえば点 C を視準して方向線 ac を描いておくと，平板図上に点 c を測量して描いたときに，c が ac の方向線上にあるかどうかによって測量の途中で照査できる．

　距離測量は主として繊維製巻尺によるかスタジア測量などによって実施される．そして距離と方向との観測誤差が位置誤差に同程度の影響を与えるような観測の行われるのが普通であるから，閉合比が許容誤差の範囲内であれば，コンパス法則（第 6 章 5 節(3)）を適用して閉合差をなくすように図解によって調整を行う．すなわち，各測点の位置は図 9・9 のように閉合差 ε の方向に平行移動させ，その大きさは出発点からの測線延長に比例するようにすればよい．

　この方法はすべての測点に平板を据え付け得ることを必要とし，各測点上での標定が最も大切であるから据付けに時間を要するが，最後において閉合差から結果の検査ができ，しかも合理的な誤差調整方法を有することに特徴がある．したがって，精密を要しない基準点測量や境界線の測量に適用される．この方法の精度は使用器械および測量法にも関係するが，閉合比は，平坦地で 1/1,000 以下，緩傾斜地で

4. 平板による測量方法

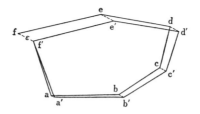

図 9・9 コンパス法則の図解

1/800〜1/600，山地または地形の複雑なところで 1/500〜1/300 であると考えればよい（本章7節(1)参照）．

(3) 放 射 法

図 9・10 のように図示されている既知点 O に平板を正しく据え，図上の点 o に針を刺す．次に点 o から，A，B，C，……の測点または地物に至る方向線を引き，測点 O からこれらの諸点までの距離を測り，所定の縮尺で図上に a, b, c, ……を描く．

放射状に測量を進め一周して最初の点にもどったとき，その点を視準することによって測量中に平板が動かなかったかどうかを照査できるだけである．ただし，AB，BC などの実長を測り，図上の長さ ab, bc などと比べて検査することができる．

この方法は，点の位置を決定する最も簡単な方法で，距離を正確に測れば比較的精密な結果を得るが，点 O から測量地域全部の見通しのできることが必要である．したがって，一般に距離が巻尺の全長以下のような小区域のときの細部測量によく用いられる．ただし，距離測量に光波測距儀を使用すれば相当広い面積の地形測量にも使用できる．

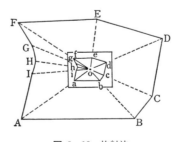

図 9・10 放射法

(4) 前方交会法

　前方交会法（第7章3節(1)）の図解法である．図9・11(a)のように2つの既知点 A, B が図上に描かれているとき，まず点 A に平板を正しく据え，C, D, …… を視準して方向線 ac, ad, …… を引く．次に点 B に平板を据えて全く同様にして方向線 bc, bd, …… を引くと，点 C, D, …… に相当する図上の点は，ac と bc, ad と bd, …… の交点として決定される．このとき方向線の交会角が 30°～150°の範囲でないと誤差が大きくなる．

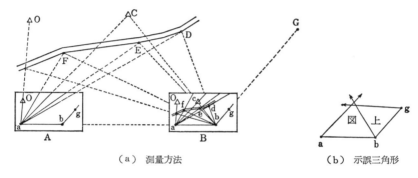

　　　　（a）測量方法　　　　　　　　　（b）示誤三角形

図 9・11　前方交会法

　図上に3個以上の既知点（たとえば A, B, G）が描かれているときには，第3の点，たとえば点 G に平板を据えて方向線を引いたとき，未知の1点に向かう3方向線が1点に会せず図9・11(b)のような小三角形ができる．これを示誤三角形と称し，測量の精粗の判断ができる．普通は示誤三角形の内接円直径は 0.4 mm 以下であり，このときには内接円の中心を正しい図上の点とみなせばよい．

　この方法は，距離測量が不要であるから障害物が多くて諸点に近接し難いとき，遠距離の点を測量するとき，他の方法による測量結果の照査などに便利である．ただし，視準点が多いと図面が混雑して間違いを起こしやすい．以上のことから細部測量に用いられるばかりでなく，既知の3点以上からの方向線の交点として決定するときには補助基準点の測量に用いられる．

(5) 後方交会法

　図解によって後方交会法（第7章3節(2)）を実行する方法であって，平板測量の特徴を生かした独特の工夫がされている．その要点は，平板上の図を地上と平行に置

くことさえできれば，2方向線の交点として未知点を定めることができるという事実を適用していることである．いずれの方法も距離測定が不用であるから，小縮尺地形図作成における補助基準点の増設によく用いられる．以下には便利な方法のみを解説する．

（a） 磁針による後方交会法（図9・12）

未知点Cにおいては2つの既知点A, Bのみしか視準できないものとする（点cは平板図に記入されていない）．もしabがABに完全に平行になるように平板を置き得たものとすれば，aを通りAを視準した方向線とbを通りBを視準した方向線との交点cは測点Cの図上の点であることは明らかである．ゆえに事前に図上に磁北が記入されていれば，点Cに平板を据え，磁針箱を用いて平板上の図を正しい方向に向ければ，abとABとは平行になる．したがって，上記のように方向線Aa, Bbを描いてその交点を求めればよい．この方法は2つの既知点のみで実行できるが，磁針のみが頼りであるから正確さは望めない．

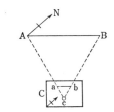

図 9・12 磁針による後方交会法

（b） 3点法：図解後方交会法

原則どおりに未知の測点に平板を据え，図上に描かれている既知の3点の方向を視準することによって未知点の位置を図解によって決定する方法である．次に示すいずれの2つの方法でも未知点が既知の3点を通る円周上にあれば解が不定となり，未知点がその円の近傍にあるときほど，また交角が過大，過小のときにも誤差の大きくなることは既述のとおりである．

1. Lehmannの方法（図9・13）：これは敏速であるが，一般に経験を必要とする．平板を未知点Dに据え（このとき図上に点dは記されていない），平板上の図を近似的に地上の方向と合わせた後（磁針箱を利用できるとよい），アリダードによって視準線Aa, Bb, Ccを引く．もし平板の標定が正しければ，3本の方向線は当然1点d

262　第9章　平板測量と地形測量

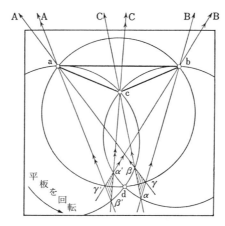

図 9・13　Lehmann の方法

に交わり，これが地上の点 D に相当するが，普通は標定に若干の誤差があるために上の3方向線は，1点に交わらずして示誤三角形 $\alpha\beta\gamma$ を生ずる．このとき次に述べる Lehmann の法則に従って三角形 $\alpha\beta\gamma$ の内または外に d の正しい位置を推定し，3方向線が推定点 d を通るように図板を向け直し，再び3方向線を引いて三角形 $\alpha'\beta'\gamma'$ を作る．こうして順次三角形を小さくして所要の点 d を求める．示誤三角形が2つでできれば，$\overline{\alpha\alpha'}$，$\overline{\beta\beta'}$，$\overline{\gamma\gamma'}$ の3線の交点として d を推定してもよい．

　Lehmann の法則は次のとおりである．"求める点 d から3方向線 Aa, Bb, Cc に至る距離は点 D から3測点 A, B, C に至る距離に比例し，かつその点 d は各測点 A, B, C に向かう方向線の同じ側にある."

　2．トレーシング=ペーパーを用いる方法（図 9・14）：これは精度は劣るが現地で

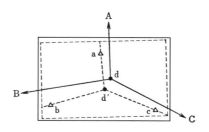

図 9・14　トレーシング=ペーパーを用いる方法

実行するのに最も簡便な方法である．まず既知の3点が描かれている図の上を透写紙で覆い，未知点Dに平板を据え，この点の鉛直線上の点dを透写紙上に記す．点dを通り既知の3点を視準して3方向線dA，dB，dCを描くと，これらの方向線は正しいものである．そこで透写紙を動かして，描いた3方向線が既存の図の既知の3点a，b，c上を通るようにすれば，そのときの点d′の位置が正しい図上の点であるから，この点を既存の図に移せばよい．

　［例9・1］　図7・8のように既知点が配置されているときに，未知点の位置を種々に変えた場合について，図9・13にならってLehmannの方法を適用したときにどのような図が得られるかを示してみよ．

5. 平板の備えるべき条件

　平板は構造が簡単で携帯に便利であるが，セオドライトのように反転することによって器械誤差を消去できることはないから，使用前に十分検査・調整を行い，不合格のものは使わないようにすべきである．こういう注意を払えば，平板の使用目的から考えて，無視し得る程度に各種の誤差の影響を小さくすることができる．以下には平板の各部分が具備すべき条件の要点のみを記すにとどめる．検査法および調整法（調整できない事項も多い）は比較的簡単であって，セオドライトの場合に記したことから明らかな事項も多いから記述を省略する．

（1）　視準板付きアリダード

　①定規縁が直線であること．②後視準板の3個の視準孔が同一直線上にあること．③後視準板の視準孔を結ぶ線および前視準板の視準糸がそれぞれアリダードの底面に直角であること．④視準面が定規縁に平行であること．⑤気泡管軸がアリダード底面に平行であること．⑥前視準板の正接目盛の0と視準孔とで作られる線が気泡管軸に平行であること．

（2）　望遠鏡付きアリダード

　①定規縁が直線であること．②気泡管軸がアリダード底面に平行であること．③望遠鏡の十字縦線が望遠鏡の水平軸と直交していること．④望遠鏡視準線と望遠鏡水平軸とが直交していること．⑤アリダード底面と水平軸とが平行であること．⑥視準面と定規縁とが平行であること．⑦視準線が水平のときに鉛直目盛が0°を指すこと．

⑧スタジア定数が正しいこと．

(3) 磁 針 箱

①磁針の磁力が強くて感度が鋭敏なこと．②磁針がほぼ水平につり合うこと．③箱の短辺に刻まれた指標を結ぶ線が箱の長辺外縁と平行であること．④磁針の両先端が箱の短辺の両指標と一致すること．

(4) そ の 他

①図板上面が平面であること．②求心器が正確であること．③三脚頭部が完全に機能を果たし，図板を正しく据えられること．

6. 平板測量の誤差（視準板付きアリダードの場合）

(1) 概　説

平板測量によって生ずる誤差は，セオドライトの場合と同様に（第5章7節参照）①器械の欠陥に基づく誤差，②不完全調整に基づく誤差，③器械の据付け不良に基づく誤差，④偶然誤差などがあり，⑤そのうえに器械の構造上の特性に基づく誤差の生じる器械がある．本節では③～⑤について述べることにするが，その結果を知れば①および②の及ぼす誤差の状態も知ることができる．

平板測量による誤差は図面上の位置誤差の大小で論ずることが多い．距離観測誤差を除外して考えると，測線に直角方向の位置誤差は方向誤差に距離を掛けたものであるから，標準の視準線長を図上で 10 cm と仮定し，方向線長 10 cm の箇所における位置誤差によって誤差の大小を比較することにする．

許容誤差の目安を考えてみる．図上に肉眼で点を記入するときの正確さの限界は 0.1～0.2 mm であるから，平板測量における各種原因による誤差が総合されたときの誤差は，図上で 0.2 mm まで許されるものと仮定することが多い．そうすれば，個別の原因に対してはこれより小さい誤差にとどめることが必要であるから，本書では個別の誤差が平板測量では図上で 0.1 mm まで許されるものと考えることにする．この限度を 0.2 mm までとしている書物もある．

(2) 構造上の特性に基づく誤差（外心誤差）

視準板付きアリダードでは，図 9・15 に示すように視準面と定規縁との間に d（約 25 mm）の偏りがある．図 9・16 の点 a を地上の点 A に相当する図上の点とし，この a から目標 B を視準したものとすれば，cB は視準線，ax は定規縁線，aB は真の

6. 平板測量の誤差（視準板付きアリダードの場合）

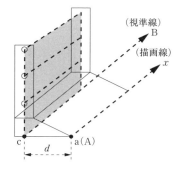
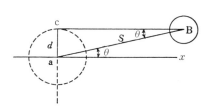

図 9・15 視準板付きアリダードの外心誤差   **図 9・16** 外心誤差

方向であって，観測視準線は常に a を中心とし d を半径とする円の接線になる．したがっていま地上の距離を S とすれば，図上の方向線 ax と真の方向とのなす角を θ とすると，θ は小さいから，

$$\theta \fallingdotseq \sin\theta = d/S$$

図面の縮尺を $1/M$，距離 S の図上距離を l とすれば，$S=Ml$ であるから，

$$\theta = \frac{d}{Ml} \tag{9・2}$$

これが定規縁の偏心 d による方向誤差であって，視準距離に逆比例する．これに基づく点 B の図上の変位を δ とすれば，

$$\delta = l\theta = \frac{d}{M} \tag{9・3}$$

$d=25$ mm としてこの δ を 0.1 mm 以下に収めるためには，

$$\frac{1}{M} < \frac{1}{250} \tag{9・4}$$

すなわち，縮尺 1:250 以下の測図では外心誤差を考慮する必要はない．この誤差を減ずるためには，視準するときにポールの左端を視準するように心掛ければ，ポールの半径（約 15 mm）に相当する分だけ影響が小さくなる．

（3） 据付け不良に基づく誤差

（a） 求心不良の影響（求心誤差）

距離 e だけ偏心して器械を設置して 2 点を視準したとき，2 つの視準線間のなす水平角の最大誤差 Δw は，式（5・11）で示されるように，2 つの視準線長が等しくて S であるとすると，$\Delta w \fallingdotseq 2e/S$ である．したがって，前と同様にして S の図上距離を l

$= S/M$ とおくと，図上の2点の相対的偏移量の最大値は，

$$\delta \fallingdotseq l \cdot \Delta w = \frac{2e}{M} \quad (9 \cdot 5)$$

ゆえに，縮尺が大きくなるほど（M が小さくなるほど）求心の不完全さが大きな誤差を及ぼすことになる．δ を 0.1 mm 以下にするためには，

$$e \leq \frac{M}{20}(\text{mm}) = \frac{M}{200}(\text{cm}) \quad (9 \cdot 6)$$

(b) 図板の傾きの影響（整準誤差）

図板が視準線に対して直角方向に傾いているときに最大の方向誤差を生ずるので，図 9・17 においてアリダードが Y 軸の方向にあり，これと直角方向に図板が θ だけ傾いているときを考える．そうすると前方視準板が鉛直から θ だけ傾くことになり，視準線の正接が n/m であるとすると，視準線と描かれる方向線との間の水平角（方向誤差）を ε で表せば，図より $a = m \tan \varepsilon = n \tan \theta$ であるから，近似的に $m\varepsilon \fallingdotseq n\theta$．ゆえに，

$$\varepsilon \fallingdotseq \frac{n}{m} \theta \quad (9 \cdot 7)$$

方向線の長さを図上で l とすると，測点の位置誤差は，

$$\delta \fallingdotseq l\varepsilon \fallingdotseq \frac{n}{m} l\theta \quad (9 \cdot 8)$$

したがって δ は図板の傾斜 θ，視準線の勾配 n/m，距離 l のいずれにも比例するが，図面縮尺には無関係である．

上記に続いて第2の目標を視準した場合には，図上2点の相対的偏移量は，2点の

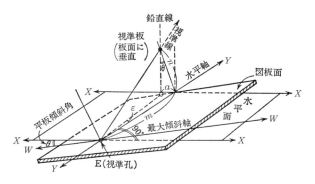

図 9・17 図板の傾きによる誤差

方向が180°異なるときに最大となる．この場合に2点に対するn/mと距離lとが同一であるとすれば，δは式(9・8)の2倍になる．$l=10$ cmの場合でも2δを0.1 mm以下とするための図板の傾きの制限は，

$$\theta \leq \frac{0.1}{2l}\frac{m}{n} = \frac{1}{2,000}\frac{m}{n} \qquad (9 \cdot 9)$$

(c) 標定不良の影響（標定誤差）

図の方向と地上の方向とが角$\Delta \alpha$だけずれた方向に標定すれば，図上距離lの点で$\delta \fallingdotseq l\Delta \alpha$だけ位置がずれる．$l=10$ cmとし，$\delta \leq 0.1$ mmとするためには，

$$\Delta \alpha \leq 0.1/l = 1/1,000 \fallingdotseq 3' \qquad (9 \cdot 10)$$

(4) 偶然誤差

(a) 視準誤差

目標を視準するときの方向誤差に偶然誤差が含まれる．その大きさは，①視準糸および視準孔の直径，視準板の間隔といった器械の性能に関するもの，②視準目標の距離・寸法・コントラストなど視準標識に関するもの，③天候，太陽と視準方向との関係，かげろうの存在など自然条件に関するものなどによって影響される．

視準糸および視準孔の直径はそれぞれ0.3～0.4 mm，0.4～0.5 mmであり，視準板の間隔が25～30 cmのときに，条件が良ければ視準方向の標準偏差は±3′程度となる．

(b) 製図誤差

方向線を描くときの誤差，長さを測って点を記入するときの誤差（地上の距離測量に伴う誤差が当然含まれるがここでは考えないことにする），図紙の伸縮による誤差などが考えられる．このうち図紙の伸縮による誤差が比較的大きく，しかも系統誤差となる性格を多分に持っているから良質の用紙を用いるべきである．

[例9・2] 次の2つの場合に際して，平板を据え付けるときに許される不完全さの限界を示せ．
1. 地形図縮尺1：5,000，視準線最大勾配40/100．
2. 地形図縮尺1：500，視準線最大勾配20/100．
(解) 図上の視準線長を10 cmとして，式(9・6)，(9・9)および(9・10)によればよい．
1. $e \leq 25$ cm， $\theta \leq 1/800 \fallingdotseq 4'$， $\Delta \alpha \fallingdotseq 3'$
2. $e \leq 2.5$ cm， $\theta \leq 1/400 \fallingdotseq 8'$， $\Delta \alpha \fallingdotseq 3'$

[例9・3] 図9・18においてA，B間の距離cを測り難いので，平板を点Cに据えて測線

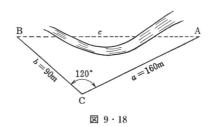

図 9・18

CB および CA の方向とそれらの距離 a および b を測量して図示のような結果を得た。地図縮尺を 1 : 500 とし，図上で c を測定したときの誤差を推定せよ。ただし方向線記入誤差 $\pm 3'$，距離測量誤差 $\pm 0.2\,\mathrm{m}\sqrt{S}$（$S$ は km で表した数），測線長の記入誤差 $\pm 0.2\,\mathrm{mm}$，測線長の図上測定誤差 $\pm 0.1\,\mathrm{mm}$，$\angle \mathrm{ACB} = 120°$ とせよ。

（解）　問題に記された誤差はすべて偶然誤差であって，標準偏差の数値が与えられているものとする。

測線長 a の測量誤差は $0.2 \times \sqrt{0.16} = \pm 0.08\,\mathrm{m}$ であって，図上では $\pm 0.16\,\mathrm{mm}$ の誤差となる。この誤差と図に記入するときの誤差とが独立に起こると考えると，図上の測線 AC の長さの誤差を σ_a とするとき，$\sigma_a^2 = 0.16^2 + 0.2^2 = 0.0656\,\mathrm{mm}^2$。同様にして $\sigma_b^2 = 0.12^2 + 0.2^2 = 0.0544\,\mathrm{mm}^2$。一方 $\angle \mathrm{ACB}$ の誤差を σ_C とするとき，$\sigma_C^2 = 2 \times (3/\rho')^2 = 1.52 \times 10^{-6}\,\mathrm{rad}^2$（$\rho' = 3,437.747(\text{分}/\mathrm{rad})$）。

距離 c は，$c = \sqrt{a^2 + b^2 - 2ab\cos C}$ として計算でき，上記の誤差が独立に起こるから，c の誤差を σ_c で表すと，

$$\sigma_c^2 = \frac{1}{a^2 + b^2 - 2ab\cos C}\{(a - b\cos C)^2 \sigma_a^2 + (b - a\cos C)^2 \sigma_b^2 + (ab\sin C)^2 \sigma_C^2\}$$

a, b を図上の寸法に直して計算すると，$\sigma_c^2 = (1/192,400)\{11,027 + 6,289 + 3,782\} = 0.110\,\mathrm{mm}^2$。$c$ の長さは図上でこれだけの分散があると考える。c を図上で測定するときにさらに $\pm 0.1\,\mathrm{mm}$ の誤差が独立に発生するから，これら両者の影響を加えた誤差を s とすると，$s^2 = 0.110 + 0.1^2 = 0.120\,\mathrm{mm}^2$。$\therefore\ s = \pm 0.346\,\mathrm{mm}$。これを地上寸法に直すと $\pm 17.3\,\mathrm{cm}$ となる。なお $\pm c$ の地上実距離は $219.32\,\mathrm{m}$ である。

7. 平板測量作業

平板測量は細部測量に適用すれば最も効果を発揮するものであり，その測量作業の方法・規模および結果の良否・精度を支配する最大の要素は，作成すべき地形図の縮尺である。精度の良い地形図を作ろうとすれば，適当な個数の基準点が配置されている必要があり，平板測量による場合には図上で 5 cm（中縮尺）〜10 cm（大縮尺）くらいの間隔に基準点が配置されているのがよいとされている。実際には必ずしも基準

点が必要な密度に配置されているとは限らず，現地の状況に応じて臨機に基準点を増設する必要がある．これらの補助基準点［図根点］の位置は平板測量によって定めることも行われる．以下には測量作業と平面位置誤差の大きさ，ならびに地形図縮尺に応じた測量方法の概要を示し，地形図作成のための平板測量の利用法については次節で述べることにする．

（1） 平板による補助基準点測量の誤差

導線法によるときは測点の位置誤差が方向誤差と距離誤差の両者の総合したものとして現れ，その大きさは測線長あるいは測線数の平方根に比例すると考えられる．導線法による場合の閉合差は，地上距離を S，辺数を n とするときに，$(1/200\sim1/1,000)\,S\sqrt{n}$，また図上では $0.2\,\text{mm}\sqrt{n}$ くらいである．

前方交会法を行うときには交会角が適切でなければならないものはもちろんであるが，方向線の方向誤差と方向線自身の長さが結果に大きな影響を与える．したがって方向線の長さは標定に使用した測線の長さ以内にとどめるのがよい．後方交会法においては，示誤三角形の内接円の直径が $0.4\,\text{mm}$ を超えれば再測すべきである．

（2） 地形図縮尺と測量方法

（a） 縮尺 $1:250\sim1:1,000$ の場合

測点のわずかな地上位置誤差も図全体の精度に非常に影響するから，平板を据える測点は導線法によって決定しておくべきである．

細部測量に際しては注意して平板を据え付け，放射法や前方交会法によって必ず地物を実測し，距離測量には繊維製巻尺を用いるのがよい．補助的にオフセット測量を行ってもよい．この場合にオフセットの長さは地上 $5\,\text{m}$ 以内に留めるべきである．電子平板を利用すれば効率がよい．ただし，縮尺 $1:1,000$ 地形図は空中写真測量で作成されることが多い．

（b） 縮尺 $1:2,500\sim1:5,000$ の場合

もっぱら空中写真測量が実施される．平板測量による場合には，補助基準点の測量には前方交会法や後方交会法が適用される．細部測量は放射法や前方交会法による．このときの距離測量はスタジア測量によってもよいが，光波測距儀を用いれば，精度と効率が向上する．平板の求心はそれほど注意する必要はなく，一部重要でない地物はスケッチしてもよい．

8. 地形測量

(1) 地形図の用途と縮尺

地形図とは，地表に存在する諸物体ならびに地表の形態を一定の縮尺と図式に従って表現したものである．地形図は地表の状態をできるだけ忠実に記述したものであるから，多目的に利用され各種の他の地図を作るための基図としても用いられる．

地形図のまとめ方には次の2種がある．

1. 地形図：定められた縮尺・図式によって図示する．
2. 数値地形図データ：地形や地物に関する地図情報を数値データ化したものである．公共測量作業規程の準則では，両者のうち数値地形図データを用いることになっている．また縮尺の代わりに，縮尺の分母数（地図情報レベルと呼ぶ）を用いて地図表現精度を表す．

地形図の縮尺によって，表現できる地形・地物の内容と精度とが異なるので，目的に応じて使用する地形図の縮尺を変える．使用目的と地図縮尺との関連の概要を表9・1に示しておく．わが国において国土地理院の統一した規格のもとに作成されている地形図は表9・2のとおりである．このうち，縮尺1：25,000地形図は国の基本図であって国土地理院が作成しており，縮尺1：2,500および1：5,000の地形図は国土基本図といわれるもので，国土地理院または地方自治体が作成している．1：500および1：1,000の地形図は公共測量においてしばしば作成されるものである．

(2) 地形測量

地形測量の目的は地形図を作成することである．そのためには，地表に存在する地物の位置と土地の三次元形状を測量しなければならない．その方法は地上測量と写真測量に大別されるが，ここでは地上測量に限定し，しかも作成する地形図縮尺としては1：1,000以上の大縮尺であることを念頭に置いて説明する．

地形図はすべてのものを線画で表現するから，表示対象物の代表的な諸点のみの位置を測量し，それらの点間の位置を補間した線で結んで地形図を完成することになる．諸点の三次元位置の測量にはトータル=ステーションかスタジア測量を利用すれば便利であり，各種の水平位置測量と水準測量の方法を組み合わせて用いてもよい．ただし，公共測量においては，平板は用いずトータル=ステーション等またはGNSS測量機を使用することになっている．作業は外業と内業とに分けられ，外業のみを本

表 9・1 縮尺別の地図利用状況

縮 尺	地形図および主題図
1:250	構造物・施設の設計,工事施工,用地測量・土地確定,地籍(宅地)
1:500	構造物・施設の設計,工事施工,都市内工事,土地造成,用地測量,道路台帳,道路・河川工事,鉄道・通信施設工事,地籍(宅地)
1:1,000	各種公共事業実施計画,農地計画,土地改良,地籍(田畑)
1:2,500	各種公共事業・農業関係事業・開発事業に関する計画,都市・通信・防災計画,河川台帳,地籍(山林)
1:5,000	各種事業の総合計画・基本計画,経済調査,都市・森林・鉱山・海岸・通信・防災計画,地籍(山林)
1:10,000	各種事業に関する調査
1:25,000	各種事業に関する事前調査,土地利用調査,防災・通信・経営計画
1:50,000	ほぼ同上

表 9・2 わが国の主要地形図

縮 尺	等高線間隔(m)	投影法	図示部分の大きさ
1:500	1	平面直角座標を用いるのがよい	図郭を横1m,縦0.75mとすることが多い
1:1,000	1		
1:2,500	2	平面直角座標	2 km×1.5 km
1:5,000	5		4 km×3 km
1:25,000	10	UTM	経度差7′30″,緯度差5′
1:50,000	20		経度差15′,緯度差10′

節で説明する.

　地形は主として等高線によって表現する.等高線は,地表を等間隔の水準面で切ったときの切断線を地図投影面に正投影したものであって,相隣る等高線間の鉛直距離を等高線間隔という.等高線の測量方法を述べていないから,本節では等高線の測量方法を主に説明する.

(3) 地形測量の外業

　地形測量の順序は第1章6節および第3章4節に記したとおりであるが,測量区域が広く,等高線描画が要求される場合には各種の測量手段が適用されるから,あらためて内容の要点を示すことにする.

　　(a) 踏　　査

　まず既製の地図類・空中写真・資料などを利用するとともに測量区域をよく巡視して,区域の地形・地物に通じ,測量の目的・地形図の縮尺・区域の広さ・期間・経費・

表 9・3 基準点の配点密度（公共測量）

地図情報レベル \ 地域	市街地	市街地近郊	山地
10,000 m² 当たりの配点数			
250	7点	6点	7点
500	6点	5点	6点
1,000	5点	4点	4点

図式など各種の事情を考慮して，適切な測量計画（使用器械・測量方法・人員など）を定め，それに好都合であってかつ見晴しのよい場所に選点を行う．平板測量作業における基準点密度のおおよその標準を前節で示したが，公共測量作業規程の準則ではトータル=ステーション等またはGNSS測量機を使用し，表9・3を標準としている．

標高を求めるためには水準点を増設する必要も生ずる．その場所は，測量区域の平均標高に近い所や主要道路脇とするのが一般的である．いずれの測点にも標識を設け，選点手簿・選点図などを作成する．

（b）　基準点測量［骨組測量］

通常は次の2つに分けて実施する．基準点に基づいて以後の細部測量が行われるから，所要の精度の得られていることを確かめておかなくてはならない．

1．水平基準点測量［平面基準点測量］：公共測量作業規程の準則ではトータル=ステーション等を用いた多角測量またはGNSS測量によることを基本にしている．地形図縮尺・精度・区域の状況に応じていろいろな測量法が適用可能である．たとえば，高精度を要さずに縮尺1：250の地形図を市街地近郊で200 m角の区域について作成する場合には，基準点測量を平板測量で実行することもできる．

地形・地物の状況，見通し不良などのために細部測量が困難であることが判明すれば補助基準点［図根点］を増設する．

2．水準測量［高低基準点測量］：直接水準測量を行うのが通例であるが，精度を要しない場合には三角水準測量やGNSS測量によることもある．三角水準測量を行う場合には少なくとも両端点からの観測値の平均を採用すべきである．

（c）　細部測量［測図］

基準点に基づいて地物および地形の詳細を測定することであり，地図作成の要求事項に十分精通して無駄のない細部測量を行うように心掛けなければならない．トータル=ステーション等を用いて数値記録を得る場合には，測点の種別，測点同士の結び方の誤りや測り忘れの防止などに留意する．数値地形図の編集等のためには電子平板

8. 地形測量　　　　　　　　　　273

を用いて現地で図示するのがよい．ここでは細部測量を平板を用いて実行する場合の要点を説明する．その場合の作業は通常次の2つに分けられる．

1. 地物測図：地物の平面位置を測定図示する．その要領は，まず主要点（独立物体・煙突・塔・大建築物など）あるいは主要線（道路・鉄道・河川など）を図上に決定する．こうすればその周囲近隣にある他の地物の方向および位置を定めるのに都合がよく，測図が容易で精密になる．主要でない地物や境界の明瞭でないものは，それ以後に目測によるスケッチを行うこともできる．

2. 地形現図：地表の起伏凹凸の状態を測定し等高線によって図示する．地域の狭いときは割合簡単であるが，相当広い場合にはまず地形の骨格をなすところの地性線の位置を測定図示し，その線上の諸点の標高を基礎にして地形を描画すべきである．ここに地性線とは，複雑な地表面をできるだけ簡単な曲面の集合と考えたとき，これら曲面の交線のことであり，一般に傾斜変換線であって，地形の骨格をなすものである．すなわち稜線（凸線）・谷線（凹線）・傾斜変換線・最大勾配線および傾斜の変換点などである．

(4) 等高線の測図

(a) 直 接 法

水準測量によって等高線の通過地点を順次現地で見出し，これらの点の水平位置を測定図示し，図示点を連ねて各等高線を描画する方法である．この方法は最も正確であるが時間と労力を著しく要するので，面積が狭くて大縮尺図の場合か，緩傾斜地で凹凸不規則な土地の測図にしか適さない．

等高線通過地点を直接現地に定めるときの使用器械によって，直接法は次の2つに分けられる．

1. レベル，セオドライト，トータル＝ステーション，またはアリダードによる場合：等高線間隔が狭くて特に精密を要するときに用いられる．まず適当な位置に器械を据え，図9・19のように視準線を水平にして水準点A（標高をH_Aとする）を後視し，h_Aを読み取って器械高$IH = H_A + h_A$を求める．次に所要の等高線標高H_1の点に標尺を立てたときに読み取るべき値$h_1 = IH - H_1$を算出し，標尺を前後左右に移動させてこの読みを与えるような位置を探し，その点を平板測量により図示していけばよい．このとき標尺には高さh_1の箇所に視準板を取り付けると好都合である．この場合の注意事項は，まず1つの等高線を終えてから順次隣接等高線の測定に進むようにすること（図9・20），地性線上の点は必ず測定しておくこと，標尺手は器手の指

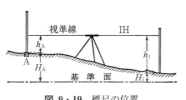
図 9・19　標尺の位置

図 9・20　等高線測図の順序

図に従って行動するのであるが，標尺手自身が経験を積んで自己の判断で順次標尺を立てる点を選んでいくことなどである．

　2.　ハンド=レベルによる場合：器手がハンド=レベルを目に当てて標高 H_A の水準点に立てた標尺を視準したときの読みが，$h_A=H_1+h-H_A$（ただし h は目の高さ）という関係にあれば，器手は標高 H_1 の点にいることになる（図 9・21）．したがって器手がハンド=レベルを目に当てながら上の読み h_A をとるように移動すれば，器手は等高線上にいることになる．

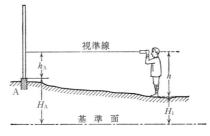
図 9・21　ハンド=レベルの位置

（b）　間　接　法

　測量区域に選んだ多数の点の標高を求めておき，それらの点間の標高を補間して等高線位置を定める方法である．測定点に基づいて現地で地貌を観察しながらその特徴を表現するのが最良であるが，熟練を要する．基本的には各点間の傾斜が一様であるように選んだ点を観測するのが理想である．等高線精度は主として点の配置ならびに位置・高さの測定精度に支配されるから，これらを図の縮尺・用述などに応じて適切に選んでおかなければならない．

　トータル=ステーション，GNSS，写真測量等によって諸点の座標値を得た場合に

は，それらの数値を用いて中間点の標高を補間して等高線位置を推定し，自動製図機によって等高線を描くことが実用されている．地表の離散点の座標値とその間の地表諸点の座標を補間するための数学モデルとを合わせて数値地形モデルという．

間接法は一般に直接法に比べて手数が少なくてすべての場合に用いられるが，特に面積が広く小縮尺図のとき，または凹凸の規則的な土地に好都合である．これには次の4つの方法があり，最初の2方法にはよく用いられている．

1. 座標点法：区域を多数の規則正しい正方形，長方形または三角形に分割し，各点の位置と地盤高を実測するか，他の観測値から補間する．この場合に各点間はなるべく一様傾斜であることが必要であるから，不規則な地形箇所では点を密にとるとか，地性線上の点をも測量しておけばよい．こうして得た点の高さを利用して図9・22のように等高線を挿入する．

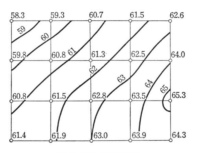

図 9・22 座標点法

2. 基準点法［地形点法］：主として地域内の地性線の位置ならびにその上の各点の標高を実測図示し（図9・23(a)），これに基づいて現地で地形を観察しながら適宜等高線を挿入する方法である（図9・23(b)）．他の方法よりも小数の観測点で地形を表現できるから，地域が広く小縮尺図の場合に極めて好都合であり，旧来の1：50,000地形図はほとんどこの方法によったものである．測量者は常に地形学・地質学の知識によって，地形の有する特徴を現地で正しく把握しながら等高線を描画しなければならない．

3. 縦断点法：地性線または指定した方向に数本の測線を出し，それに沿って地盤高と距離とを測って縦断点標高を求め，その高さを利用して等高線を挿入する（図9・24）．

4. 横断点法：まず1線に沿う縦断点の位置と標高を求め，その線上の適当な箇所

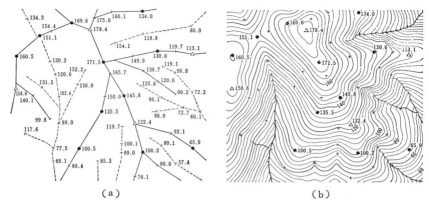

図 9・23 基準点法

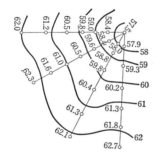

図 9・24 縦断点法(地性線利用)

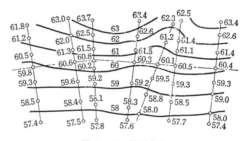

図 9・25 横断点法

から直角方向に左右の地盤高と距離とを実測して横断点の位置と標高を求め,これを用いて等高線を挿入する(図9・25).路線測量に好都合である.

(5) 等高線の誤差

(a) 等高線測量誤差の制限

　位置および標高の測量誤差が大きくなると相隣る2本の等高線が接するという事態が生じるので,これを避けるために,描かれた等高線標高の標準偏差が等高線間隔の何分の1(1/2～1/4)以下であるように規定されることが多い.したがって地形図に描画されている等高線の間隔が地形図の精度を知るための1つの指標となる.等高線のみならず地物の水平位置についても公共測量作業規程の準則において誤差の限度が定められている.数値地形図における標準的な位置精度を表9・4に示しておく.た

8. 地形測量

表 9・4 数値地形図における位置精度(公共測量)

地図情報レベル	水平位置の標準偏差	標高点の標準偏差	等高線の標準偏差
250	0.12 m 以内	0.25 m 以内	0.5 m 以内
500	0.25 m 以内	0.25 m 以内	0.5 m 以内
1,000	0.70 m 以内	0.33 m 以内	0.5 m 以内
2,500	1.75 m 以内	0.66 m 以内	1.0 m 以内
5,000	3.5 m 以内	1.66 m 以内	2.5 m 以内
10,000	7.0 m 以内	3.33 m 以内	5.0 m 以内

だし,表の値は編集・数値図化などに伴う誤差も含んだ値である.

(b) 等高線測量誤差の影響

地形図を用いて諸数量を算出したり工作物の設計案を地図に記入するときに,等高線の位置および標高の誤差が問題となる.等高線位置誤差の大きさは,測量・描画・トレース・印刷の各作成過程において発生し,そのうえ図紙の伸縮による誤差が加わるので適切な推定が困難である.注意深い管理のもとに作成された地形図であれば,図紙の伸縮を除いて地物平面位置の標準偏差は 0.3〜0.6 mm,等高線表示高さの誤差は等高線間隔の 1/2 くらいに収まっていると考えてよい.

図 9・26 に示すように,標高および平面位置の測定にそれぞれ Δ_H および Δ_S の差を生じたときに,等高線の水平位置の最大移動量 δS は,斜面の傾き θ に応じて次の値だけ生ずる.

$$\delta S = \Delta_S + \Delta_H \cot\theta \qquad (9 \cdot 11)$$

したがって,標高測量誤差は平坦地ほど少ないが,その一方で緩傾斜地では等高線位置がずれやすいものである.

上記と同じ状態のときに地形図上から標高を求めたときの最大標高差 δH は,

$$\delta H = \Delta_S \tan\theta + \Delta_H \qquad (9 \cdot 12)$$

というように緩傾斜地ほど小さい.

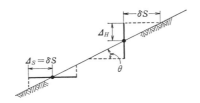

図 9・26 等高線の位置誤差

[例 9・4] 1:5,000 地形図の細部測量において，図上の平面位置誤差の最大値が 0.5 mm であるとし，標高測量における誤差の最大値は勾配に応じて表 9・5 のような値になるとする．等高線の地形図上における平面位置ならびに図から求めたときの標高の最大誤差はいくらになるか．

表 9・5

勾　配	3°	10°	15°
標高最大誤差(m)	0.3	0.5	1.0

(解)　図上 0.5 mm に相当する地上距離＝2.5 m．したがって他の原因による誤差を考えなければ表 9・6 の結果を得る．

表 9・6

勾　配	3°	10°	15°
図上の δS (mm)	1.6	1.1	0.9
地上の δH (m)	0.4	0.9	2.2

問　題

(1)　視準板付きアリダードの代わりに次のものを用いた場合には，本章 6 節で説明した誤差はどのように変わるか．(a) 望遠鏡付きアリダード．(b) 電子平板．

(2)　本章 4 節で示した各種の平板測量方法を目的によって分類せよ．

(3)　平板用アリダードに備わっている気泡管の半径は 1 m であるとする．視準線勾配が 40% のときに，図上で平面位置誤差を ±0.1 mm 以内に収めるようにこの気泡管で図板を水平に設置できるか．

(4)　平板の整準誤差 ±1′30″，目標視準に際して生ずる高低角観測誤差は，(a) 視準板付きアリダードによれば ±1/500，(b) 望遠鏡付きアリダードによれば ±1′ とする．2 点間の高低差を求めるのに，距離 100 m の場合に (a) を用いるのと，距離 300 m の場合に (b) を用いるのと，どちらの方が高低差の誤差が小さいか．

(5)　既知点 A，B，C から未知点 a の標高を求めるために，視準板付きアリダードを用いて測定した結果，表 A9・1 を得た．ただし器械高は測点から常に 1.1 m であったとする．しかしながら，作業終了後に使用したアリダードを検定するために 110 m 隔てた 2 点 P，Q 間で観測を行い，表 A9・2 の結果を得た．以上の資料を用いて点 a の標高を求めよ．ただし，標高較差 1.0 m (S_1+S_2) を超える観測値は除外せよ．ここに，S_1，S_2 は視準線長を km 単位で表した数とする（測量士）．

表 A9・1

器械点	視準点	距離(m)	勾配観測値(%)	測点標高(m)	視準高(m)
A	a	244.4	−3.9	A：121.8	B：3.2
a	B	128.4	−23.5	B：77.6	a：3.8
C	a	165.9	13.3	C：90.2	

表 A9・2

器械点	視準点	勾配観測値(%)	摘要
P	Q	0.7	器械高と視準高
Q	P	−0.5	とは常に等しい

(6) 学内の主要道路沿いに，導線法によって平均測線長 100 m，全長 1 km の単一閉多角形の測量を行うとき，視準板付きアリダードと繊維製巻尺を用い，縮尺 1:1,000 の図を描くとすれば，通常どれくらいの閉合比になると予想されるか．

(7) 地形図のどの場所においてもほぼ一定の精度を与えるためには，地形測量の方法に応じたある一定間隔の基準点が配置されていなければならない理由を考えよ．

(8) 縮尺 1:2,500，等高線間隔 2 m の地形図作成のための細部測量において，平面位置測量に際して図上で最大 0.5 mm のずれを生ずるものとする．図上で標高を測ったときの許容誤差が等高線間隔の 1/2 であるような地形図にしようとすれば，土地の傾斜 5°，10°，20° の場合に標高測量の誤差をいくら以内とすればよいか．また標高測量誤差を上記で得た値に収めたとき，各傾斜に対して等高線は図上で最大どれくらい水平にずれるか．

第10章 写真測量

　写真は被写体の大きさ・形・色などの概要がわかって非常に便利なものである．これを用いて被写体の立体的な形・位置などを正確に測定するのが狭義の写真測量である．本章では，写真を用いてこのような測定の行える原理と精密に測量を行うための基本的原則を示し，空中写真測量によって地形図を作成する作業工程の概要を説明する．現在では地形測量の大部分は空中写真測量によって実施されており，それ以外に天体表面の測量，建造物や遺跡の測量，X線写真による測定など多方面に写真測量が応用されている．一方では，写真を用いて被写体の状態や特性を探ることもできる．この分野は写真判読といわれているし，各種の電磁波の記録を用いる場合にはリモート=センシングと呼ばれていて近年著しく進歩しつつある．

1. 概　　説

(1) 写真測量とその分類

　写真測量は写真を応用して被写体に関する有益かつ信頼できる情報を得る学問である．写真測量の内容は，位置・形態などの測定を主とする分野と性質・状態などを調査することに重点を置く分野とに区別される．前者は狭義の写真測量であり，後者は写真判読といわれてきた．通常の写真フイルムに感光する光の波長域は電磁波中の極めて限られた部分であるが，近年は固体撮像素子を用いて，対象物から放射または反射する各種波長の電磁波データが容易に得られるようになったため，これらを積極的に利用して対象に関する諸種の情報を獲得する研究が進んできたので，この分野をリモート=センシング［遠隔探査］と呼ぶようになった．一般の地形図作成作業は，航空機からほぼ鉛直下向きに撮影した写真を用い，位置と地表形態の測定を主とし，写真判読に関する基本的な手法を適用して地物の種類を判断することによって実施される．

　写真測量は，目的や測定対象物などに応じて使用する機器・手法などを変えるので

表 10・1 写真測量の分類

分類の観点	名　　　　称
測 定 量	写真測量（狭義），写真判読，リモート=センシング
撮 影 位 置	地上写真測量，空中写真測量，人工衛星写真測量
撮 影 方 向	水平写真，鉛直写真，斜め写真，平行撮影，収束撮影
利用データ	アナログ写真測量，ディジタル写真測量
そ の 他	解析写真測量，数値写真測量，近接写真測量，応用写真測量

あって，それらの特徴に応じて特殊な名称で呼ばれるとともに種々の分類が行われる．表10・1はその例である．

(2)　写真測量の特徴と用途

写真測量は，非接触測定・遠隔測定・瞬時記録・全体記録・三次元計測・記録の保存性などの優れた特徴を有するので，地形測量以外にも多方面にわたって利用されている．たとえば被写体の規模に関しては，天体表面の測量や人工衛星による地球の調査・測量から電子顕微鏡写真による測定までに及んでいる．応用分野としては，構造物の変形測定，人体計測，遺跡調査，交通調査，波の観測，災害調査，環境調査，農業調査，森林調査，X線写真測量など枚挙にいとまのないくらいである．

地形測量を行う場合に，空中写真測量によって実施すれば，第9章の地上測量方法による場合と比べて次のような特徴を有することになる．

1．三次元的な形態が観察できると同時に位置の測定ができる．

2．外業に要する時間が短く，内業の量と時間が多くなる．全体としては短時間で終わる．

3．撮影・写真処理・図化などのように，作業工程を分業化しやすい．

4．セオドライトやトータル=ステーションによる測量よりは精度が悪いが，平板測量よりは精度が良い．

5．少数の基準点は地上測量によって決定しておかなければならないが，それらの基準点を用いれば地形測量に必要な程度の精度が得られ，測量成果の質が場所にかかわらず比較的均一となる．

6．撮影時における地表の状態が忠実に記録され，かつ保存できる．

7．高価な機器を必要とすることが多い．

8．中程度以上の範囲の測量においては経済的となる．一般に縮尺1：1,000程度以下の地形図作成に適する．

9．人間の近づき難い箇所でも写真に写りさえすれば測量ができる．しかし，空中

写真に写らない部分（樹木・橋・庇などの下）があり，また写真では確認できないものが存在するので，それらの場合には現地調査を必要とする．

10．杭・電柱・塀などの小直立物体または平面積の小さい物体は写真から発見するのが困難である．

以上のように空中写真測量は地上測量とかなり性質が違っていて，中規模以上，中縮尺以下の地形図作成には極めて有効な方法であるが，地上測量の助けを借りなければならない事項も多く，両測量方法の長短を相補うように利用してはじめて写真測量を適切に遂行することができる．

2. 写真による位置の決定

(1) 空中写真測量用カメラ

空中写真測量用のカメラは，収差を小さくして鮮明な画像を得るために図 10・1 のようにレンズを組み合わせた肉厚のものが用いられる．この場合，レンズを通る光線は図 10・2 のようになる．レンズにひずみがなければ，レンズの前側節点 O_1 に入射

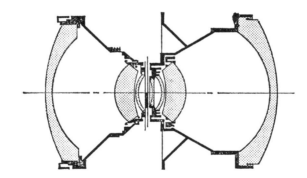

図 10・1　空中写真測量用カメラのレンズ（Carl Zeiss, Pleogon 5.6/150）

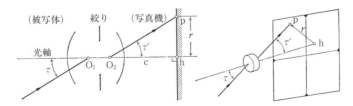

図 10・2　カメラにおける光の経路

した光は，後側節点 O_2 を通って入射光と平行な方向に射出される（図で $\tau = \tau'$）．したがってレンズの投影中心は，被写体側に対しては前側節点 O_1，画像側に対しては後側節点 O_2 となる．後側節点 O_2 から撮像面までの距離 c を画面距離とよぶ．空中写真測量用カメラでは被写体までの距離が遠いので，画面距離はレンズの焦点距離に等しいと見なしてよい．

（2） 被写体と写真との幾何学的関係

写真はレンズを通して被写体を平面に投影した像であり，ひずみのないレンズが用いられたとすると，被写体と像とは図 10・3 のようにレンズの投影中心 O を通る直線で結ばれることになる．この関係は共線条件といわれていて，写真像 m_1, n_1 あるいは m_2, n_2 と O とを結ぶ直線を引けば物体 M, N はその延長線上に存在する．写真撮影のように共線条件に従う投影法を中心投影と呼ぶ．フィルムを用いた場合，陰画（ネガフィルム）から陽画（ポジフィルム）を作成し，写真測量に必要な測定作業は陽画を用いて行う．図中の陰画面と陽画面は陰画と陽画が対応する面であり，陰画と陽画は O を中心として点対称の関係にある．

中心投影の関係からカメラは方向観測器械であって，写真を用いて物体の方向を知ることができる．その方法を陽画面を用いて図 10・4 によって説明しよう．

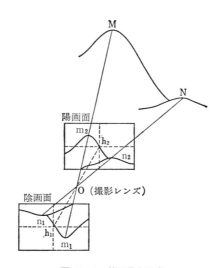

図 10・3 被写体と写真

2. 写真による位置の決定

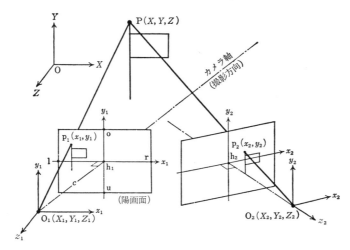

図10・4 座標系と2枚の写真による前方交会

(a) 内部標定要素

空中写真測量用カメラでは，画面の周辺や角に画面指標（図には各辺の中央にl, r, u, oと記した）を設けて写真座標軸 x, y を明示している．写真座標は画面の中心を原点とし，x 軸を飛行方向，y 軸を x 軸から反時計回りに90°の方向にとるのが一般的である．レンズの投影中心からカメラの画面に降した垂線の足を主点という．一般に主点は，写真座標の原点のごく近くにある（図では両者を一致させてhと記している）．

写真座標軸を平行移動してレンズの投影中心を原点とし，z 軸をレンズの光軸に一致させた三次元座標をカメラ座標［三次元写真座標］という．写真座標（画面上の像の位置）からカメラ座標を知るために必要な量を写真（またはカメラ）の内部標定要素という．その内容は，画面距離，写真座標軸 x, y の方向，主点位置 (x_0, y_0)，レンズのひずみ補正値などである．

写真座標を (x_p, y_p) で表すと，カメラ座標 (x, y, z) と次の関係がある．

$$\left. \begin{array}{l} x = x_p - x_0 \\ y = y_p - y_0 \\ z = -c \end{array} \right\} \quad (10 \cdot 1)$$

主点が写真座標の原点と一致するときは，$(x, y) = (x_p, y_p)$ である．

(b) 外部標定要素

　カメラ座標を被写体座標に結びつけるために必要な量を写真（またはカメラ）の外部標定要素という．その内容は，被写体座標系におけるレンズの投影中心の位置とカメラ座標軸の傾き［カメラの姿勢］である．カメラ座標の z 軸を被写体側に延長した線の方向を撮影方向という．

（c） 写真の標定要素と被写体位置の決定

　内部標定要素と外部標定要素とを合わせて写真（またはカメラ）の標定要素という．これらが既知であれば，図 10・4 において像 p_1 の写真座標から内部標定要素によってカメラ座標系における光線 O_1p_1 が定まり，次に外部標定要素によって被写体座標系 O-XYZ における光線 O_1p_1 の位置が確定する．実物は光線 O_1p_1 上に存在するはずである．このように，写真の標定要素は，写真に写った像の位置から実物の存在する線の空間位置を定めるために必要な量である．

(3) 位置決定方法──直角撮影の場合

　異なった 2 点から同一物を写した 1 対の写真があり，各写真の内部および外部標定要素がすべて既知であれば，図 10・4 のように各写真の像の写真座標からその被写体の存在する方向を示す 2 本の直線の空間位置を定めることができるから，前方交会法によって被写体の位置を決定することができる．これが写真測量の基本的原理である．写真にひずみがあり，標定要素や像の座標の観測値に誤差を伴うから，交会点の求め方や誤差の量に関する詳しい考察が必要となるが，これらの点を考慮外にして最も簡単な場合に対して被写体位置の計算式を示そう．

　図 10・5 のように O_1, O_2 の 2 点からこの 2 点を結ぶ直線と直角で同じ方向に写真を写した場合を直角撮影といい，O_1O_2 は撮影基線，$B=\overline{O_1O_2}$ を撮影基線長という．左撮影点 O_1 を原点，O_1, O_2 を結ぶ線を X 軸とし，これに直角で写真画面に平行な方向に Y 軸をとり，Z 軸は撮影方向に選ぶ．1 対の写真が同一カメラで撮影されたものとする．写真座標系 (x, y) が地上座標系 (X, Y, Z) と平行であるときには，図 10・5 において，

$$p = x_1 - x_2 \tag{10・2}$$

と置くと，次の関係が成立する．

$$\left. \begin{array}{l} \dfrac{Z}{-c} = \dfrac{X}{x_1} = \dfrac{X-B}{x_2} = \dfrac{B}{x_1-x_2} = \dfrac{B}{p} \\[2mm] \dfrac{Z}{-c} = \dfrac{Y}{y_1} = \dfrac{Y}{y_2} \end{array} \right\} \tag{10・3}$$

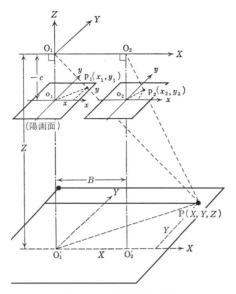

図 10・5 直角撮影と座標

$$\therefore \quad X = \frac{B}{p}x_1 = B + \frac{B}{p}x_2, \quad Y = \frac{B}{p}y_1 = \frac{B}{p}y_2, \quad Z = -\frac{cB}{p} \tag{10・4}$$

ただし，誤差があれば y_1 と y_2 とは一致しないから式(10・4)の第2式は成立しない．

これらの式において，$p = x_1 - x_2$ は重要な役割を占めている．式(10・2)の p は1対の写真における同一点の像の x 座標の差であって，横視差［x 視差］という．

(4) 距離差（高低差）と視差差

前項と同一条件の場合について撮影点からの距離と x 視差との微小変動の関係を考えてみよう．式(10・4)の最後の式において，1対の写真では c および B が変動しないから，

$$dZ = \frac{cB}{p^2}dp = \frac{Z^2}{cB}dp \tag{10・5}$$

ここで写真縮尺を m，地表の距離 $\overline{O_1'O_2'}$（撮影基線長 B）の写真上での長さを b（図10・6参照）とすると，$m = -c/Z$ であって

$$b = mB = -\frac{c}{Z}B \tag{10・6}$$

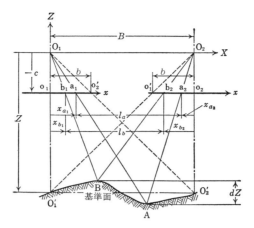

図 10・6 距離差と視差差

であるから，これを式(10・5)に代入することにより，

$$dZ = -\frac{Z}{b}dp \tag{10・7}$$

被写体全体が撮影点よりほぼ一定の距離にあるときには，上式は，

$$dZ \fallingdotseq k \cdot dp \quad (k = -Z/b : 定数) \tag{10・8}$$

と書くことができる．したがって Z が既知であれば b を測定し，かつ点ごとに dp を測ることによって点間の距離差 dZ（奥行きの差，図では高低差）を求めることができる．ここに dp を x 視差差という．

鉛直空中写真について，図 10・6 によって dp の求め方を具体的に説明しよう．2 点 A，B が O_1 および O_2 から写した 1 対の写真に写っているとき，それぞれの写真座標を測定すると，x 視差差は，

$$dp = p_b - p_a = (x_{b1} - x_{b2}) - (x_{a1} - x_{a2}) \tag{10・9}$$

として計算できる．ただし，より簡単に dp を求めるためには，図に示した間隔 l_a，l_b を測定すれば，

$$dp = -(l_b - l_a) \tag{10・10}$$

と求められる．間隔 l の測定例は，本章 4 節(3)(b)に示している．

［例 10・1］ 画面距離 152 mm の写真機で写した写真上で点の座標観測誤差が ±0.02 mm

であれば,物体の方向を計算したときの方向誤差はいくらになるか.また,同じ写真機で写した縮尺1:10,000の空中写真において$b=90$ mmであったとする.x視差差が0.02 mmまで測れるとすると,いくらの高低差まで判断できるか.

(解) 主点で最大の方向誤差を生じ,その値は$0.02/152=1.32\times10^{-4}$ rad$=\pm27''$.次に,空中写真の撮影高度は$152\times10,000=152\times10^4$ mm$=1,520$ mであるから,式(10・7)より$|dZ|=152\times10^4\div90\times0.02\fallingdotseq340$ mm.

3. 写真の位置ずれの修正

写真は既述のように物体を平面に中心投影したものであるのに対し,地形図は基準面に正射投影したものである.よって,両者の投影方法の差に応じて投影点の位置に差を生じる.たとえば,写真では被写体までの距離に応じて縮尺が異なり,平行線は平行でない直線として写る.このように空中写真に表現された形が地形図における形と相似形になっていないことが多く,この原因は大別して次の2つとなる.

(1) 撮影方向の傾きによる空中写真の位置ずれ

撮影方向が鉛直になるように努めても,飛行機の動揺によって空中写真の撮影方向に幾分の傾きができる.図10・7のように撮影方向が鉛直からνだけ傾くと,地表が水平面であっても地表上で等長の線分$\overline{AH}$,$\overline{HB}$が写真上で等長とはならない.このような撮影方向の傾きによる長さの変化とそれに伴う位置ずれを直すことを偏位修正という.かつては,偏位修正機という専用の機械を用いていたが,現在では写真がディジタル化されているので,空中写真用のソフトウェアで修正を行うことができる.

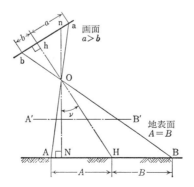

図10・7 写真の傾きによる像位置のずれ

(2) 地表の高低差による空中写真の位置ずれ

　空中写真が完全に鉛直方向に撮影されたとしても，地表面に高低差があれば撮影点から地表までの距離が異なるので，場所ごとに縮尺に差を生じるために位置がずれることになる．図10・8において基準面より ΔH だけ高い点 P は，地形図上では P_0 の位置に描かれるから写真上では p_0 に写るのが望ましいが，実際には地図上の P′ にある点の像の位置 p に写ることになる．この位置ずれの大きさを Δr，撮影高度を H とすると，図より，$\Delta r : r = \Delta R : R = \Delta H : H$

$$\therefore \ \Delta r = \frac{\Delta H}{H} r \tag{10・11}$$

　撮影点の鉛直下方の点 N を鉛直点という．写真上において鉛直点の位置は地表の高低差によってずれることないが，他の点では高低差があれば写真鉛直点 n から放射線状に点の位置がずれることになる．

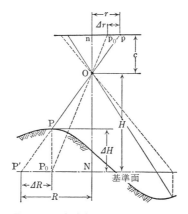

図 10・8 高低差による像位置のずれ

　この種の位置ずれの修正と前記の撮影方向の傾きの影響も補正した写真を正射写真と呼ぶ．写真をディジタル画像（本章6節(3)）にしておけば，被写体上の同一点の像の座標を1対の写真から見出す（対応点探索という）のが容易になる．その結果から，たとえば式(10・4)に示すように写真像の平面位置を計算することができるので，正射写真を作りやすくなる．これをディジタル偏位修正という．また，単一の写真であれば，数値標高データとの対応点を探索することにより，写真座標と正射投影地図座標との関係式を導き，正射写真に変換することができる．

正射写真の平面位置誤差は，一般には地形の傾斜に関係し，ディジタル写真の場合には画素（画像を構成する微小要素）の大きさによって異なる．広角写真機で写した大縮尺写真を用いたときには，写真周辺部で地物の陰となって写っていないために再現できない部分が多くなり，建物・高架橋・樹木などはそれらの表面を地表面の高さと考えて投影すると，その上面の位置ずれが目立つことになる．

（3） 集成写真と写真地図

在来の線地図の代わりに鉛直空中写真を所定の縮尺に焼き付けたものも地形図として利用される．その長所は地表の状態が克明にわかることであり，欠点は不要のものまで写っていて図が繁雑なこと，谷川・電柱などの発見し難いことである．

ほぼ鉛直に写した空中写真に対して既述のような位置ずれの修正を施し，多数の写真を継ぎ合わせて所要の区域全体を1枚の写真としたものを一般に写真図という．このときに位置ずれの修正の厳密さの程度に応じて次のような種類がある．

1. 略集成写真：位置ずれの修正を行わずに近似的に所定の縮尺とし，散在する基準点の位置が正しくなるように必要部分を張り合わせたもの．

2. 厳密集成写真：偏位修正を実施して平均標高において縮尺の正しい写真を作り，基準点位置が正しくなるように必要部分を張り合わせたもの．

3. 正射写真：高低差および傾きによる位置ずれの補正を行い，縮尺も所定の値にした写真を継ぎ合わせ，基準点位置も正しくなるようにした写真．

4. 写真地図と写真地形図：上記のような各種写真に境界線・名称・方位など所定事項を記入したものを一般に写真地図という．なお，正射写真地図に等高線と各種の注記を記入したものも作られるようになったが，これは写真地形図と称することのできるものである（図10・9）．

4. 実体視

（1） 自然実体視

われわれが肉眼で対象物を見たとき，遠近を判定し立体的な感覚が得られるのは，第1には，遠方の物体ほど小さく見え，近くの物体によって隠され，途中の空気層によってかすんで見えることなどを経験によって知っているからである．第2には，左右の眼が約65 mm離れていて，奥行のある対象物を見るとき，左右の眼の網膜上に投影される像の位置が異なっているという事実によるものである．後者に基づく遠近

図 10・9 海岸の 1:2,500 写真地形図（等高線間隔 5 m，使用写真 1:10,000，写測エンジニアリング）

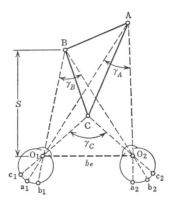

図 10・10 自然実体視

感の判断の原理と計測への利用方法を以下に示す．

図 10・10 は △ABC を眺めた状況で，A，B，C が網膜上に写る位置は左眼と右眼とで異なるために距離に応じて x 視差が生じ，遠近の判断はこの x 視差の大小によって得られる．見方を変えれば，眼に入る光を逆に延長して，両眼の視線が対象物においてなす角 γ（収束角［視差角］という）の値によって遠近を知るのである．

実際の状態では収束角がかなり小さく，眼基線長を b_e，対象物と眼基線との距離を S とするとき，x 視差の代わりに収束角を用いて距離を表すと近似的に

$$S \fallingdotseq \frac{b_e}{\gamma} \tag{10・12}$$

であるから，距離 S の点における収束角 γ と距離 S との微小変動の関係は，

$$dS \fallingdotseq -\frac{b_e}{\gamma^2}d\gamma = -\frac{S^2}{b_e}d\gamma \tag{10・13}$$

人間の眼は接近した2点において $d\gamma$ を $20'' \fallingdotseq 1\times10^{-4}$ rad くらいまで識別できる．したがって $b_e = 65$ mm とすると，距離 1 m 離れた箇所で約 1.5 mm の遠近を判定できることになり，1 km 以上遠方になれば遠近の区別が不可能となる．また $d\gamma$ が異常に大きくなると実体観を得るのが困難となる．

(2) 肉眼による人工実体視

(a) 実体モデル

人間は，対象物から両眼に入ってくる光の方向を逆に延長したときの交会点に物体の存在を認識するにすぎないから，立体的な対象物を両眼で見る代わりに，左，右の眼の位置で実物を写した写真をそれぞれ左，右の眼で見ても実物そのものを見たのと同様な効果となるはずである．たとえば，図 10・11 において八面体 D を見る代わりに，d_1，d_2 という 2 枚の写真または絵を図のような正しい関係位置に置いて眺めれば，左，右の眼に入る光線は実物を見たときと同じであるから，これらの光線の交点には実物と同一の形状・寸法の立体的な物が存在するように認識できる．これを人工実体視と称し，空間に認識できる仮空のものを実体モデル［光模像，モデル］という．

(b) 相互標定

1 対の画像の対応点の基線に直角な方向（ Y 方向）の位置ずれを縦視差［ y 視差］という．この y 視差が存在すると図 10・5 または図 10・11 において 2 本の視線の延

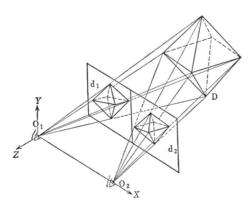

図 10・11 実物と画像との関係

長線が交わらないために実体視ができない．換言すれば，2本の対応光線が1つの面内に存在しなくなるから交点ができない．片方の画像がY方向にずれても，回転しても，Z方向に移動しても対応点間にy視差を生ずる．ところが，画像が基線方向（X方向）にずれてもy視差を生じないから実体視は可能である．したがって1対の画像が実体視できる条件は，1対の画像の相対的な位置関係がX座標を除いて正しく再現されてy視差がなくなること，換言すれば2本の対応光線が同一平面内にあることであり，この状態を作ることを相互標定を行うという．

図10・12のような画像を実体視するための要点の第1は，相互標定を行うことである．第2は，左，右の画像をそれぞれ単独に左，右の眼で見ることである．第3は，画像に眼の焦点を合わすことである．ただし，これには少し困難が伴う．その理由は，収束角の大きさに応じて眼の合焦距離を変化させるように習慣づけられているのに対し，図10・11よりわかるように，人工実体視のときには収束角が遠方にある実物を見るときと同じであるにもかかわらず焦点を合わすべき画面がずっと近くにあることによる．

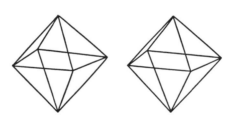

図 10・12 八面体の実体画像

（3） 実体鏡などによる人工実体視

前項のような肉眼実体視の難点を避けるように考案されたものに実体鏡があり，これを用いれば像の拡大観察も可能である．

（a） レンズ式実体鏡（図10・13）

1対の凸レンズを眼基線長に等しく隔てて配し，レンズからその焦点距離だけ離れた位置に画像を置き，レンズを通して画像を見るようにした簡単な器具である．1対の画像を左右に約65 mm離して置けば，視線の収束角は小さく，かつレンズを通って両眼に入る光線はほとんど平行光線となるから，実体視することは容易となる．

4. 実 体 視

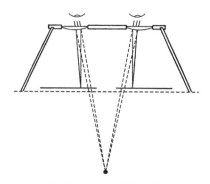

図 10・13　レンズ式実体鏡

(b)　反射式実体鏡（図10・14）

鏡およびプリズムで光を反射させて画像の間隔を 25～30 cm 離して観察できるようにし，レンズの焦点距離も光路程に合わせたものである．この長所は，大きい画像を観察でき，かつレンズから画像までの距離が長いため，視野が拡大されることである．普通はレンズの代わりに着脱自在な双眼鏡を用いることもでき，そのために観察時に適宜倍率を変更できる．ただし倍率を大きくすれば，視野が狭くなる．なおこの種の実体鏡では図 10・6 の l_a, l_b を求めるための視差測定棒を備えていて，高低差の測定が可能である（図 10・15）．

反射式実体鏡を使用するときの写真の相互標定は次のようにすればよい（図 10・15）．

1. 各写真の主点位置 o_1, o_2 を求めてその位置に印をつける．
2. 各主点位置を他の写真上に移して印をつけ，これを o_1', o_2' とする．
3. 各写真上での基線 $\overline{o_1 o_2'}$, $\overline{o_2 o_1'}$ が同一直線上にあり，かつ両写真に写っている

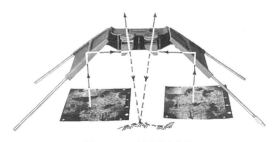

図 10・14　反射式実体鏡

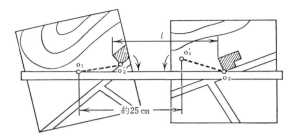

図 10・15 反射式実体鏡における相互標定

同一点の像の間の距離（たとえば $\overline{o_1 o_1'}$）が約 25 cm となるように置く．これの実行には図のように定規を用いるとよい．

4．写真の一方を固定し，写真上の基線と眼基線とが平行になるように実体鏡を設置すれば実体視ができる．実体視が困難であれば固定してない方の写真を少し動かし，正しく実体視できるようにしてからこの写真も固定する．

（c）余色実体視

1対の実体画像のうち，たとえば左の画像を赤色で，右の画像をこれの余色である青緑色で1枚の白い紙の上に重ねて印刷し，左眼は青緑，右眼は赤のフィルタをかけて観察する．このときには左眼は赤色の部分（左画像）のみが，右眼では青緑色の部分（右画像）のみが黒く見える．左，右の眼がそれぞれの画像のみを単独に見ることになるので，白黒の実体像が得られる．

印刷する代わりに，たとえば左画像は赤，右画像は青緑のフィルタを通して，1枚のスクリーン上に投影してもよい．余色実体視の欠点は白黒の画像としてのみ観察されることであって，簡易型の図化機に採用されている．

（d）偏光フィルター方式実体視

左，右の写真それぞれを互いに直交する平面偏光によって投射し，それに対応する偏光板を張った眼鏡を通して観察すればよい．この方法の長所は色彩写真の実体視ができることである．

（e）液晶シャッター方式実体視

電圧を「加える/加えない」に応じて光を「透さない/透す」という働きをする液晶を利用する．左，右それぞれの写真を交互にディスプレイに表示し，それに同期した電圧を交互に加えた液晶を張った眼鏡で観察する．

（f） 逆実体視

実体感の得られるのは左右の眼の網膜に結ぶ像が x 視差を有することによるのであり，遠近は x 視差によって判断するのであるから，左右の眼に与える x 視差差が実際の大きさと逆になるようにすれば，現実の状態とは遠近感が全く逆となる．このような実体視を逆実体視と称し，正常な実体視の場合を正実体視という．

（4） 過 高 感

人工実体視の場合，画像から人間の網膜に得られる像の縮尺ならびに x 視差の大きさを自然実体視の場合と変えられることから，次に示すような過高感が得られる．たとえば図 10・16 において O_1，O_2 を眼の位置とする．この位置で被写体 △ABC を画面距離 c のカメラで撮影し，得られた写真を眼より c の距離で観察すれば実物と相似の実体モデルが認められる．しかしながら同じ写真を距離 $c'(>c)$ の位置に置いて観察すれば，破線で示す a のように奥行の拡大された実体モデルが得られる．また眼基線よりも離れた点 O_2' で写した写真を O_2 の位置で観察すれば，実体モデルが b のように近くに形成されて（O_2' の位置で観察するよりも収束角が大きくなって）元の △ABC を観察するよりも奥行が判断しやすくなる．このように，1 対の写真の観測の仕方を変えれば，肉眼で物体を眺めるよりも奥行の誇張された実体モデルが得られるので，物体までの距離（空中写真測量においては標高）観測精度が向上する．

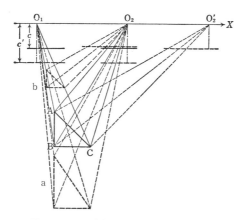

図 10・16 写真観測と実体モデルとの関係

［**例10・2**］ 1対の画像を逆実体視するための具体的方法を考えよ．
（解）（ i ） 左，右の画像を交換して眺めればよい．余色，平面偏光または液晶シャッタを利用するときには，眼鏡か投影機のいずれか一方を左右取り換えればよい．肉眼のときには，両眼の視線を極端に寄せて左眼で右図を，右眼で左図を見るようにする．（ ii ） それぞれの画像を面内で180°回転させて（上下逆にして）眺める．

5. 実体測定

（1） 直接投影による方法

写真を実体観測する代わりに，透明フィルムに焼き付けた1対の写真をカメラと同じ画面距離に置いたレンズによってスクリーン上に投影し，これを実体視すれば図10・17のように実物と相似の実体モデルが認識される．このときスクリーン上に測標［浮標］と称する小輝点を設けておき，測標がモデル表面と接する位置を探せば，そのときの測標位置がモデル表面上の点の位置となる．したがってモデル中の物体表面を測標でたどり，測標の下に鉛筆をつければ物体の平面形が描かれる．もし Z 軸が鉛直であれば，スクリーンの高さを一定にしておいて測標がモデル表面と接する点を追跡することにより等高線が描ける．

（2） 間接投影による方法

1対の写真における被写体上の同一点の像の上に1対の測標 m_1 および m_2 を置き，

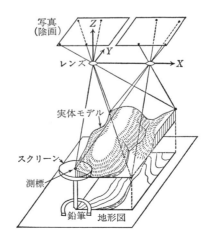

図10・17 直接投影と地形図描画

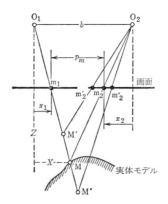

図 10・18 間接投影と測標

写真と測標とを同時に実体視する（図10・18）．こうすれば眼前に得られた実体モデルに測標 M が接しているように見え，測標の間隔すなわち x 視差を変化させれば，測標が実体モデルの表面より近づいたり遠く離れたりする感じを得ることができる．したがって，M が実体モデルの表面に接したときに m_1 および m_2 の写真座標を測定すれば，（直角撮影のときには式(10・4)より）その点の実体モデルの座標（モデル座標という）を算出することができる．Z 軸が鉛直であれば，横視差を一定に保って（m_1 と m_2 との間隔を一定に保って）1対の測標を同時に動かし，測標が実体モデルの表面と一致する点を追跡すれば等高線が得られることになる．多くの図化機はこの方法を採用している．

図10・19の写真を実体視すれば，点 M はちょうど屋根に接しているが，点 M_1 はそれよりも浮かび，M_2 は沈んで見えるのがわかるであろう．

6. 図化機とディジタル写真測量

(1) 概　説

写真から被写体の位置を求め地形図等を作成するための実用手段の開発は，実体図化機［アナログ図化機］，解析図化機，ディジタル図化機の3つの段階に分けられる．実体図化機とは，1対の写真を実体観測し，モデル表面を測標でたどることによって写真に写った諸物体の平面図と等高線とを描くことのできる精密かつ大型の光学機械である．解析図化機の段階では，フィルム写真が依然として使われたが，計算機制御

図 10・19 写真と測標の実体視（新潟震災）

によって標定要素を求めるまでの作業を自動化し，標定要素や被写体座標は数値計算で求められるようになった．最近のディジタル写真測量においては，航空カメラ自体もディジタル化し，すべての処理が計算機ソフトウェアにより行われるようになった．本節では，解析図化機とディジタル図化機について解説する．

（2） 解析図化機

（a） 実体図化機から数値処理の解析図化機へ

実体図化機は精巧に作られているにもかかわらず次のような欠点があった．①機構が複雑で写真を大きく傾けて観測できない．②光学的および機械的な機構に頼っているために誤差が入りやすい．③観測—計算—標定という工程がオンラインで行えない．④すべての操作・観測・線描画を人間が行わなければならず，作業量が多い．

以上の欠点の大部分を取り除くことのできる器械が解析図化機である．この器械は，人間が実体観測によって1対の写真の対応点の写真座標の観測値を取得し，その値を用いて数値計算によって標定要素や被写体座標を求め，そのうえ図化機に計算機制御機構を組み込んで必要な動作を自動的に実行させるようにしたものである．

（b） 解析図化機の機能

解析図化機の外観の例を図10・20に示す．その主要な機能は次のとおりである．①直角撮影から大きく外れた条件で撮影した写真，あるいは特殊な投影法による像（中心投影でないもの，たとえば走査データ）にも利用できる．②写真座標のひずみ，その他各種の補正が容易である．③あらかじめ指定した手順で写真座標を観測すれば，自動的に標定が行える．④点を離散的に観測すれば，その間を直線または曲線で

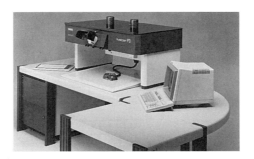

図 10・20　解析図化機（Carl Zeiss, Planicomp P3）

結んだ線画として出力できる．したがって，建物は隅角点のみを，等高線は曲線を表現できる諸点のみを測れば線画が描ける．⑤線のつなぎ方，太さ，種類などを指定できる．⑥地図記号を指定して図示できる．⑦数値地形モデル作成のためのデータ（たとえば等間隔の格子点の標高）を便利に求めることができる．⑧観測値から正しい図式に従った地形図を描くことのできるように，観測値を一定の形式のディジタル=データとして保管できる（これを数値地形図データという）．これらのデータは自動製図機やプリンタを用いて地形図として出力できる．このように，数値データの取得から地形図作成までの作業をディジタル=マッピングと呼んでいる．以上の機能を有するから，地物を真位置に正しい形に描くことが多い大縮尺地形図の作成に解析図化機が使用されてきた．

なお，数値地形図データの利用範囲は極めて広い．その理由は，①加工しやすいこと，②加工しても劣化しないこと，③必要なデータのみ利用できること，④データの変更・追加・削除の容易なこと，⑤出力図面の縮尺変更ができること，⑥地理情報システムの最も基本的なデータとして利用できること，⑦電送の容易なことなどである．

（3）ディジタル図化機

（a）ディジタル画像

絵や写真を平面に配列した微小矩形（画素という）に分割し，画素の平面座標とその属性（白黒のものでは濃淡情報，色彩のものは色情報）を数値表現したものをディジタル画像という．ディジタル画像（写真）を用いて行う測量をディジタル写真測量という．

写真に写っているシーンをどれくらい精密に測れるかという指針は，写真の大きさ

と写真上で細かく見分けられる限度（光学分解能という）との比で与えることができる．この値は，空中写真では 230 mm/0.02 mm＝11,500 くらいである．ディジタル画像の場合，光学分解能が画素の大きさ（正確には間隔）に等しいとすると，画素が 11,500×11,500 個並んでいる場合に相当する．したがって，ディジタル写真の計測性能の 1 つは画素数で知ることができる．ただし明瞭な標識であれば，次に記すように上記数値の 10 倍くらいまで細かく測定することは可能である．

写真上の点の座標の測り方について，フィルム写真とディジタル画像との違いを説明しよう．図 10・21 のように小円の中心座標を測る場合をとりあげる．フィルム写真では，図(a)のように物指しを当てて，通例は最小目盛以下の端数まで読む．ディジタル画像では，図(b)のような濃度の記録になるから端から何番目という（行，列）の値を座標値（画像座標という）とし，距離の必要な場合にはその数に画素間隔を乗ずる．図(b)のように円の中心のある画素以外の周辺画素も濃度が変わるから，その様子から円の中心位置の画像座標の端数を推定することが可能である．

ディジタル画像を取得するのに次の 2 方法が利用されている．

1. ディジタル＝カメラ：カメラの結像面に電荷結合素子（CCD）を面的あるいは直線的に配列したものである．面的に配置した型式のものはフレーム＝センサとも呼ばれ，フィルム写真機と同様に中心投影の画像が得られる．一方，直線的に配置した型式のものはライン＝センサと呼ばれ，飛行機の移動によって地表のディジタル画像を得る．公共測量に用いることができるのはフレーム＝センサのみである．

2. フィルム写真のディジタル化：すでにフィルムに写された写真を画像スキャナでディジタル化すればよい．ただし，画素数の多い（より細い）データを取得するには専用の画像スキャナを用いる．この器械によれば空中写真を 20 μm 程度の小さい

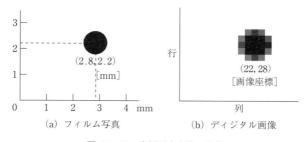

図 10・21　座標測定方法の比較

画素データに分解できる（23 cm 角の写真の全画素数は 11,500×11,500 個になる）．

(b) ディジタル図化機

ディジタル写真測量では，必然的に計算機処理に頼り，ディスプレイに取得した画像を表示して観測や判断を行うことになる．そのためのシステムをディジタル図化機と呼ぶ．その機能を支配するのは，ハードウェア以外にソフトウェアによることが大きく，高級システムはすぐれた万能のソフトウェアを備えていて，地形図作成はもちろんそれ以外の目的に利用できる出力や地理情報システムと結びつける機能を備えている．最近ではパソコンで十分処理できるようにソフトウェアが作られていて，その種類は極めて多い．

ディジタル図化機の利点は，解析図化機の備えている長所以外に，画像の加工が容易かつ正確に行えることである．したがって，次のようなことが実行しやすい．①画像と他の数値データとの重ね合わせ表示や観測済みの場所の明示など．②表示・観測・出力の縮尺の変更．③数値地形モデル作成のためのデータ取得の自動化．④正射写真および写真地形図の作成．⑤画像の多目的利用．

[**例10・3**] 被写体上に置いた標識（たとえば本章7節で述べる標定基準点）の座標測定誤差は，フィルム上では±5 μm，電荷結合素子では画素間隔の±1/5 であるとする．23 cm 角の大きさの空中写真と，それと同じ画角の画素数 5,000×5,000 のディジタル写真とを比べると，いずれが精密な測量を行えるか．

（解）与えられた誤差が写真全幅の何分の1に相当するかを調べればよい．5 μm/230 mm＝22×10^{-6}．(1/5)/5,000＝40×10^{-6}．ゆえに空中写真の方が倍ほど精密に測れる．

7. 空中写真測量——写真の標定

(1) 空中写真撮影

航空カメラの標準品は，画面が 23 cm 角の極めて大型のものであって（フィルムは幅 24 cm，長さ 60〜120 m），航空機の床をくりぬいて設置される．

測量区域全体が実体測定できるためには1対（2枚）の写真に写っている部分の集まりで全域が覆われていなければならない．できるかぎり鉛直下向きに撮影するが，航空機の揺れ，速度・航路のずれ，地上の凹凸などを考えて，重複撮影部分の余裕をとって，図 10・22 のような撮影計画を採用する．飛行方向の写真の連なりをコースと呼ぶ．写真の重複度はコース内で 60%（オーバーラップという），コース間で 30%

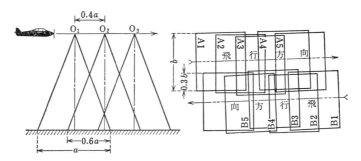

図 10・22 空中写真の撮影

（サイドラップという）とするのが標準である．

（2） 外部標定

写した空中写真から被写体（地表）の点の座標を求めることを考えよう．たとえ内部標定要素がわかっていても，各写真の外部標定要素（写した位置とカメラの姿勢）が不明のため位置測定は不可能である．写真の外部標定要素を求めることを外部標定と称し，古くから写真測量の主要問題としてとりあげられ，幾多の特徴のある方法が提案され，実行されている．重要な理由は，外部標定要素が違っていれば写真に写っている区域全体の測量結果に誤りを生じるからである（内部標定要素の違いも同様である）．

（3） 単写真の外部標定——後方交会法

外部標定を行う1つの方法は，1枚の写真ごとに空間における後方交会法を行うことである．第7章3節(2)および第9章4節(5)と同じ考え方を適用することである．

図 10・23 のように地表に水平位置および標高が既知の3点 A, B, C があり，それらの像 a, b, c が写真に写っていてかつ写真の内部標定要素がわかっているとする．カメラ座標軸 x, y, z は被写体座標軸 X, Y, Z に対して傾いており，平行にするには x, y, z 軸の回りに順次 ω, φ, κ の回転を行う必要があるとする．写真の投影中心 O_0 (X_0, Y_0, Z_0) と像 a, b, c を結ぶ直線はそれぞれ地上の点 A, B, C を通るから，写真座標 (x, y) と被写体座標 (X, Y, Z) の間には次の共線条件式が成り立つ（付録Ⅲ参照，主点は写真座標の原点と一致するとした）．

7. 空中写真測量——写真の標定

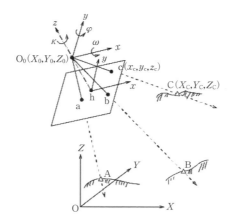

図 10・23 空間後方交会法（単写真の標定）

$$
\left.
\begin{aligned}
x &= -c\,\frac{m_{11}(X-X_0)+m_{12}(Y-Y_0)+m_{13}(Z-Z_0)}{m_{31}(X-X_0)+m_{32}(Y-Y_0)+m_{33}(Z-Z_0)} \\
y &= -c\,\frac{m_{21}(X-X_0)+m_{22}(Y-Y_0)+m_{23}(Z-Z_0)}{m_{31}(X-X_0)+m_{32}(Y-Y_0)+m_{33}(Z-Z_0)}
\end{aligned}
\right\}
\quad (10\cdot14)
$$

ただし，m_{ij} は 3 軸の回りの回転 ω, φ, κ に対応する回転行列の i, j 要素である．上式において，未知数は写真の投影中心 (X_0, Y_0, Z_0) とカメラ座標軸の回転角 ω, φ, κ の 6 個であるから，3 点以上の既知点があればこれらの外部標定要素を求めることができる．ただし上式は非線形関数であるから，解を求めるためには，第 2 章 8 節(2)で述べたように線形化する必要がある．点 A，B，C のように，外部標定要素を決めるために使用する基準点を標定基準点とよぶ．

（4） 相 互 標 定

被写体上に標定基準点がなくても，被写体側の座標に関係のない独自の座標系に基づいて 2 枚の写真の相互標定ができることを示そう．

2 枚の写真が相互標定できる（正しい実体モデルが作れる）ためには，被写体上の点を再現するための 1 対の対応光線が交わらなければならない．そこで図 10・24 のように空間に選んだ任意の座標系 O-xyz（モデル座標系という）に左写真のカメラ座標系を一致させて固定すると，対応光線を交わらせる（同一平面上に入れる）ために動かせるのは右写真のみとなる．その動きのなかで x 方向の移動は光線の交会条

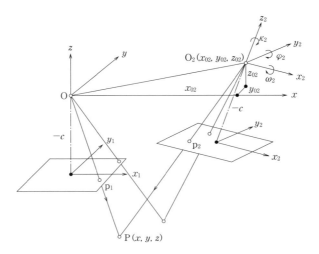

図 10・24 モデル座標系と相互標定の例

件に関係がないから，適当な値に固定し，残りの右写真を動かす要素，すなわち5つの外部標定要素 y_{02}, z_{02}, ω_2, ϕ_2, κ_2 (x_{02} は除く) をうまく定めて対応光線を同一平面内に入れればよい．そのためには"共面条件"(左写真の光線とそれに対応する右写真の光線が同一平面内にある)の中に上記5つの未知数を含ませ，任意の5点について共面条件が成立するようにすればよい．

　実行に際しては，実体モデルの周辺近くの6点以上を選び (図 10・25)，それらの点で共面条件を満足するように最小二乗法を適用して外部標定要素を定める．使用する標定要素を相互標定要素，使用する点を相互標定点という．相互標定点のうち，図10・25のように同一コースの写真の接続に用いられる点をパス=ポイントと呼び，後述のバンドル標定において異なるコース間の写真の接続に用いられる点をタイ=ポイントと呼ぶ．

　以上の要点は，2枚の写真の外部標定要素12個の中の6個を固定し，さらに撮影点間隔（撮影基線長）を任意に定め（実体モデルの大きさが定まる），残りの5個の標定要素を定めることである．6個の固定標定要素の選び方，したがって残りの5個の相互標定要素の選び方は上記に決まっているわけではなく，いろいろの特徴のある選び方ができる．

　相互標定の特徴は，標定基準点がなくても任意の座標系に基づいて2枚の写真の相

7. 空中写真測量――写真の標定

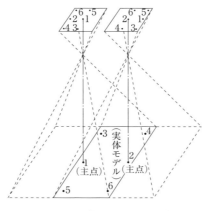

図 10・25 実体モデルと相互標定点

対的な位置関係が確定し，実物と相似な実体モデルができあがることである．実物の存在場所・向き・縮尺は不明でも，実物と相似形である実体モデル上の諸点の三次元座標の測定が可能である．

（5） 接続標定

図10・26においてすでに写真1―2が相互標定されているとき，写真3を加えて写真2―3を相互標定することを考えよう．写真2―3を前項と同様にして5つの標定要素を用いて相互標定すればよいが，今回は写真1―2がすでに当初のモデル座標系に

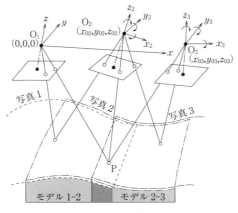

図 10・26 接続標定

固定されていて既存のモデル 1—2 の大きさが決まっているから，モデル 1—2 と 2—3 の重複部分における大きさを一致させなければならない（たとえば図の点 P において）．そのためには写真 3 の撮影点の x 座標（写真 2—3 の基線長）も決めてしまわなければならないから，写真 3 の 6 つの外部標定要素が全部決められる．この標定では既存のモデルに新しいモデルをつなぐことになるから接続標定またはモデル接続という．

さらに写真 4，写真 5……と順次モデル接続を行うと，モデル座標系 O_1-xyz のもとで全部の写真の標定要素が定まり，長大な実体モデルができあがることになる．

(6) 絶対標定

被写体側に設けた座標系での写真の外部標定要素の値，または被写体座標とモデル座標との変換関係を定めることを絶対標定［対地標定］という．

相互標定または接続標定を行った場合には，任意座標系に基づいて標定要素が得られ，被写体と相似形のモデルができたにすぎない．このモデルと被写体との関係を知るためには，正しい場所，向きならびに大きさがわからなければならない．換言すれば，絶体標定とは被写体座標系におけるモデル座標の原点位置，3 つの座標軸の回転量ならびにモデルの縮尺を知ることである．これら 7 つの量を定めるためには，少なくとも 3 つの標定基準点を設け，モデル座標からこれらの標定基準点座標を算出する変換式を作り，7 つ以上の座標値が一致しなければならないという条件から変換式に含まれる未知係数を求めればよい．

絶対標定の結果を用いれば，モデルで観測した諸点の三次元座標または対応点の写真座標からそれらの点の被写体座標を求めることができる．

(7) 空中三角測量

接続モデル数が少ないときには前項の絶対標定でよいが，長大なモデルを作った場合にはモデルのひずみ，ねじれ，曲りなどが大きくなる．このような誤差を除くためには測量区域全体にわたって標定基準点を散在させて，それらの点でモデルから計算した座標が基準点座標と一致するように，接続の終わったモデルに補正を加える（そのために写真の標定要素も変える）．その概要は図 10・27 のようであり，相互標定からこのような補正作業までを空中三角測量と呼んでいる．

空中三角測量は小数の基準点で広大な地域の測量を可能とするための極めて重要な仕事であって，測量区域の大小，地形条件，撮影条件などに応じて多くの適切な方法が実用化されている．数値計算が容易になった現在では，精緻な数値解法が行われて

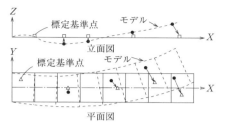

図 10・27 空中三角測量

いる．

(8) バンドル標定

前述の相互標定では，2枚の写真に写っている点の1対の対応光線ごとに光線が交わることを保証する条件を用いているのみであるから，すべての対応光線は同一点で交わるという条件を用いた方が厳密であり，また相互標定点と標定基準点の両者に適用可能となる．この条件は，被写体上の点・その像・投影中心の3点が必ず同一直線上になければならないと表現できるから，前述のように共線条件と呼ばれている．図10・26では3枚の写真に重複撮影されている部分（たとえば点P）では3本の光線が交わっているから，3本の光線が同一点を通らなければならないという3つの条件を作ることになる．図10・22を見れば，多数の写真に重複撮影されている部分が多いから，同一コースあるいは複数コースからなるブロック単位で，極めて多くの共線条件を作れることが理解できるだろう．

被写体の同一点が写っている写真全部の外部標定要素を未知数として共線条件式を作ると，一連の写真全部が条件式に関与することになって，極めて多数の標定要素（6×写真枚数）を未知数とする連立方程式となる．このような方程式の解（各写真の外部標定要素）を見出せば，2枚の写真ごとに独立して標定要素を求める方法よりも良い解が得られるから，精密測量にはしばしばこの方法が利用される．このような空中三角測量の方法をバンドル標定［バンドル調整］という．

[**例 10・4**] 反射式実体鏡を用いるときにはどれだけの相互標定要素を利用することができるか．

（解）相互標定をするとき左写真を固定したとすれば y_{02} と κ_2 のみが動かせる（x_2 は無関係）．右写真を別の台に載せれば z_{02}, ω_2, ϕ_2 も少し変えることは可能．

8. 空中写真測量作業

　空中写真測量では，写真撮影から地形図完成までの間に数多くの作業が必要であり，その間には一貫した計画性がなければならない．この計画の良否が作業能率と成果品の優劣に影響するところが大きく，適切な計画をたてるには各作業工程の知識が必要である．一般の作業工程は図 10・28 のようであり，その大要を順を追って説明する．

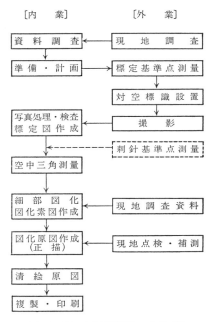

図 10・28　空中写真測量の作業工程

（1）　撮影の計画と実施

　撮影に際して決定すべき具体的事項は，飛行機の種類・カメラの種類・飛行高度・写真の重複度・飛行コースの選定などである．これらの要素は測量の目的・地形図縮尺・精度・地形・基準点配置・図化機の種類などに関連するものであるから，まず最初にこれらの点を総合的に考察し，もっとも経済的かつ能率的に全作業が完了するよ

うに,一貫した計画を樹立する必要がある.

(a) 飛行機とカメラ

飛行機は高翼で安定性のあるものが望ましく,高速の必要はない.大縮尺写真撮影のためには1,000 m以下の低空を飛ぶため,むしろ低速で安定した飛行のできるものが望まれる.

航空カメラは画面寸法23×23 cmという大型のものが普通であって,レンズは解像力がよくひずみの小さい極めて優秀なものが用いられている.表10・2は使用カメラの概要であって,広角レンズが最も一般的に用いられている.近年では,これらのフィルム航空カメラに加えて,ディジタル画像を取得することのできるディジタル航空カメラが広く用いられている(図10・29).

表 10・2 航空カメラ

名 称	焦点距離 (mm)	画 角 (度)	画面寸法 (mm)
超広角	88	120	230×230
広 角	152	93	〃
普通角	210	63	〃
長焦点	300	57	〃

図 10・29 空中写真撮影用ディジタル=カメラ DMC Iie(ライカジオシステムズ)

(b) 縮尺と高度

要求される地図の縮尺に応じて,必要な写真縮尺が決定される.そのために実体図化機を用いて多くの測定実験が行われた結果,だいたい次のような標準によればよいことになっている.

$$M_B = k\sqrt{M_K}, \qquad k = 200 \sim 300 \qquad (10・15)$$

ここに,M_B,M_K はそれぞれ写真縮尺と地形図縮尺の分母数であり,低精度の機器を用いて高精度の結果を要求されるときにはkの値を小さくすればよい.

カメラに使用するレンズは広角の方が基線比(撮影基線長/高度)が大きくなるので標高精度がよくなるが,急傾斜地・市街地などでは,高所が重複部に写らなかった

表 10・3 フィルム空中写真の縮尺と地図情報レベル（公共測量）

地図情報レベル	写真縮尺
500	1:3,000〜1:4,000
1,000	1:6,000〜1:8,000
2,500	1:10,000〜1:12,500
5,000	1:20,000〜1:25,000
10,000	1:30,000

表 10・4 ディジタル空中写真の地上画素寸法と地図情報レベル（公共測量）

地図情報レベル	地上画素寸法（式中の B：基線長, H：対地高度）
500	$90\,\text{mm} \times 2 \times B[\text{m}] \div H[\text{m}] \sim 120\,\text{mm} \times 2 \times B[\text{m}] \div H[\text{m}]$
1,000	$180\,\text{mm} \times 2 \times B[\text{m}] \div H[\text{m}] \sim 240\,\text{mm} \times 2 \times B[\text{m}] \div H[\text{m}]$
2,500	$300\,\text{mm} \times 2 \times B[\text{m}] \div H[\text{m}] \sim 375\,\text{mm} \times 2 \times B[\text{m}] \div H[\text{m}]$
5,000	$600\,\text{mm} \times 2 \times B[\text{m}] \div H[\text{m}] \sim 750\,\text{mm} \times 2 \times B[\text{m}] \div H[\text{m}]$
10,000	$900\,\text{mm} \times 2 \times B[\text{m}] \div H[\text{m}]$

り，物体に隠れて写らない部分が増加するなどの欠点を生じる．

写真縮尺分母数 M_B（写真縮尺 $m_B = 1/M_B$ である）が決まれば，用いるカメラの画面距離 c によって対地撮影高度は，次式で求められる．

$$H = c/m_B = cM_B = kc\sqrt{M_K} \tag{10・16}$$

一方では撮影高度が高くなるほど，標高の測定精度が落ちるから，正確に描きうる等高線間隔 Δh と対地撮影高度 H とは関連性がある．この関係は近似的に，

$$H = C \cdot \Delta h \tag{10・17}$$

という比例関係によって表され，係数 C のことを C-factor と呼んでいる．C-factor はカメラ・図化機・地形・撮影条件・重複度などによって異なる．

地図の縮尺に応じて描くべき等高線間隔が決まるから，式(10・16) および (10・17) を考慮に入れて適当な撮影高度を決定すればよい．公共測量作業規程の準則では，フィルム航空カメラを用いる場合の写真縮尺と地図情報レベルの関係は表 10・3 を標準としており，表中の写真縮尺から撮影高度を求めることができる．また，ディジタル航空カメラで撮影する場合のディジタル画像の地上画素寸法と地図情報レベルの関係は，表 10・4 を標準としている．

（c）撮　　影

撮影前には既製の地図に撮影コース・撮影位置などを記入した撮影計画図を作って十分計画を練り，所定の写真重複度を的確に保つようにする．飛行機が風に流されるとき（これを偏流という）には，画面の 1 辺が実際の飛行機進行方向に平行となるよ

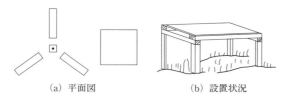

(a) 平面図　　　　(b) 設置状況

図 10・30 対空標識の例

うにカメラを回転させなければならない．なお撮影に適する好天の日は，1か月に数日くらいしかないものと心得ておくべきであり，太陽高度が30°以上のときに撮影するのが望ましい．

（2）標定基準点の設置と測量

（a）標定基準点の選定と対空標識の設置

撮影前に撮影計画図によって標定基準点を選定し，この位置に対空標識を置いて画像上で確認できるようにする．対空標識は周囲と識別の容易な色（普通は白色）とし，その形は正方形・3枚羽根その他のものを用いる（図10・30）．大きさは，写真上で十分確認できてしかも小さいものでなければならない．正方形標識の場合には，縮尺にもよるがカメラに写る像の大きさが1辺0.05 mm程度のものが用いられる．

（b）標定基準点測量

既設の三角点・水準点のみでは標定基準点が不足し，相当広範囲にわたって散在させた新規の標定基準点の測量をしなければならないことが多い．しかも，図化開始前に標定基準点の位置と標高とを明らかにする必要がある．標定基準点測量の誤差は地形図描画誤差よりはるかに小さくすべきである．たとえば公共測量においては表10・5のような値が示されている．

（3）写真処理および検査

（a）写　真　処　理

撮影済みのフィルムは，自動現像→自動乾燥→密着写真作成→密着透明陽画フィルム［ダイアポジティブ］作成という手順で処理され，続いて次項の検査が行われる．その後必要に応じて引伸し写真・偏位修正写真などが作製される．ディジタル処理を行う場合は，光学分解能10 μm以内，位置決め精度2 μm以内の空中写真用スキャナで数値化する．

ディジタル航空カメラで撮影した場合には，データ入力製置→電子計算機→適当な

表10・5 標定基準点の標準偏差(公共測量)

地図情報レベル	水平位置	標高
500	±0.1m 以内	±0.1m 以内
1,000	±0.1	±0.1
2,500	±0.2	±0.2
5,000	±0.2	±0.2
10,000	±0.5	±0.3

縮尺のハード=コピー作成というように，ほぼ実時間で次項の検査に進むことができる．その後必要に応じて引き伸ばし，偏位修正などのハード=コピーを作ることができる．

（b）写真の検査

陰画に密着して作成した陽画を用い，既製地図上に各写真の主点および撮影区域を記入した標定図（図10・31）を作る．これから重複度を調べ，計画どおりに撮影されたかどうかを検査する．高度がほとんど一定し（±5%以内），かつ写真の傾きが小さく，飛行機の偏流による回転角も小さいことを確かめる必要がある．

さらに写された画像が図化作業に適するかどうかを判定しなければならない．その要点は次のとおりである．①撮影から最終の処理に至る間に不都合がないこと．②画像にぼけがなく，濃淡が適切なこと．③雲・霧などによってさえぎられたり，太陽光の反射によってハレーションを生じていないこと．④フィルムでは処理中に粒子が荒されていないこと．ディジタル画像では画素が大きすぎず，データが適正に処理・格

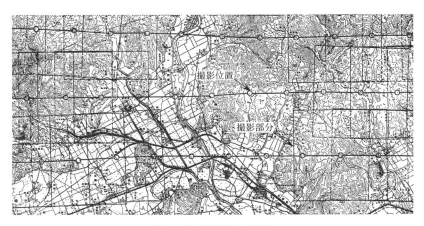

図10・31 空中写真の標定図

納されていること．

　（c）　現地刺針と刺針基準点

　実作業においては，撮影前に標定基準点選定ならびに標識設置が困難であったり，撮影後写真を見てから絶対標定のために必要な位置に標定基準点を設ける必要の生じることがある．このためには現地において写真を実体視しながら新規の標定基準点の写真上の対応箇所に刺針して基準点を表示する．これを現地刺針という．刺針とは写真上に観測点を明示することであり，フィルムには小さい針孔をつける．刺針作業は熟練を要する仕事であり，精度を向上させるためには，詳細な注意が必要である．

（4）　空中三角測量と図化

　（a）　空中三角測量

　空中三角測量作業において重要なことは，標定基準点および相互標定点（パス=ポイントとタイ=ポイント）の選定である．これらの点は関連写真上において同じように鮮明に確認できなければならないし，被写体上の同一点が確実に刺針されなければならない．パス=ポイントの配置は，主点とそれに加えて撮影基線に直角な両方向に各1点で合計3点以上とする．タイ=ポイントは，隣接コースが重複している部分で1モデルに1点を標準とし，直線上に並ばないようジグザグに配置する．選定された標定基準点や相互標定点の写真座標を測定し，コースごとまたは複数コースからなるブロックを単位としてバンドル標定により，これらの点の水平位置および標高を求める．

　空中三角測量は，最近ではディジタル図化機を用いて解析的に実行されることが多い．その主要理由は次のとおりである．

　1．撮影条件に制約が少ない（傾きの大きな写真でも実行できる）．

　2．高精度が期待できる．その理由は，レンズによる像のひずみや接続標定によりできたモデルのひずみの補正が容易なこと，多数の相互標定点と標定基準点を利用できること，バンドル調整も容易に行えることなどである．

　3．作業が容易で労働負担が少なく，所要時間も短縮できる．

　空中三角測量のモデル数が多くなると誤差も大きくなるので，1コースのみの場合はモデル数を約15にとどめるべきであるとされている．空中三角測量から得られる成果は，モデルごとの6点以上の相互標定点および標定基準点の地上座標と各写真の標定要素とである．

　（b）　図　　化

　解析図化機やディジタル図化機を用いて実体モデルを構築し，地形や地物の座標値

を求めるとともに，それらの属性を知って地形図を作成する作業を図化という．図化の順序・方法は一般的に次のようである．

1. まず平面図形を描く．現地調査資料があれば十分参照し，地類・崩土・露岩なども判定して描いておく．判断の困難な地物もできるだけ描画しておき疑わしいことを付記しておく．その他は平板測量の場合と同様である．

2. 次に等高線を描画する．樹木などで覆われていればその高さを減じたものを地表としなければならない．地形の判定困難な場合も等高線を一応描いておいて疑わしいことを付記する．主要点の標高を測定してその数値を記入しておく．これらの点を標高点という．

3. 地形表現の方法は，上記の等高線に加えて格子点の標高データ（ラスタ＝データとよぶ）で表す数値地形（標高）モデルがある．数値地形モデルのデータは，所定の格子点の標高値を数値図化機により読み取るか，あるいは等高線から計算処理により求める．

4. 図化機で描かれたものを図化素図という．これは図式・記号などはまだ完全なものになっていない．図化素図では水系は青色，等高線は茶色などのように色分けすると図面が見やすくなる．

（5）　現地調査，補測および補描

写真測量の欠点は，①写真に写らない地物・地形が描けないことと，②地物の質・種類など（建物・樹種・地質・岩質など）が判定困難なことである．①については現地で写真ならびに図化素図と見比べ，脱落箇所を補測して地図を完成しなければならない．②については写真判読の学問が進んできたが，なお現地で調査・確認を要する事項が多く残されている．調査事項は，標定基準点，地類，樹木の種類・高さ，河川・湖沼・水路，道路・鉄道，橋・トンネル・送電線・建築物・暗渠・水門などの構造物，行政界，地名などである．

（6）　空中写真測量の誤差

写真測量は上記のように多数の工程を経ているから，それぞれの段階における作業方法や使用機械および計算機ソフトウェアによって誤差がかなり異なる．写真測量の計画・実施や成果の利用などのためには，通常どの程度の誤差にとどまるかを知っておく必要がある．一方では，許容誤差は目的・経費・期間などと密接な関連を有するから，空中写真測量による地形図の誤差の例を示そう．

地形図の誤差は，規程に合致する標準的な機器の使用と作業管理を行えば，地形図

9. 地上写真測量と近接写真測量

表 10・6 空中写真測量における地形図誤差の許容範囲（公共測量）

地図情報レベル	水平位置の誤差	標高の誤差
500	0.15 m	0.2 m
1,000	0.3	0.3
2,500	0.75	0.5
5,000	1.5	1
10,000	3	1.5

表 10・7 地形図の描画位置の標準偏差
（図上における値を mm で表す．ただし標高点および等高線は地表における値を m で表す）

地形図縮尺	道路	鉄道	河川	植生界	家屋	標高点	等高線
1：5,000	0.37	0.37	0.41	0.48	0.42	0.85	0.94
1：2,5000	0.20	0.23	0.25	0.24	0.26	1.88	1.90

（杉本政教：基本図および国土基本図の請負作業検査結果の報告，国土地理院時報，38集，pp.10-16, 1969）

縮尺に応じてほぼ決まるものである．たとえば標定基準点等では表10・6に示すような誤差の制限値以下に収まるのが普通である．

地表諸点の描画位置誤差は表10・6の値を超えるはずである．たとえば，写真で明瞭に識別できる地物上の諸点について，同一写真を用いて，すでに図化された原図とあらためて厳密に観測した値との差を誤差として示したものが表10・7である．

［例10・5］ 作成すべき地形図縮尺と対地撮影高度との関係を式(10・16)を用いて図示せよ．次に画面距離152 mmのカメラを用いて撮影するとして，表10・3より対地撮影高度を求めて同図に記入せよ．

9. 地上写真測量と近接写真測量

　地上写真測量は，撮影方向が水平に近いため土地の起伏や建物・樹木などにより写真に写らない部分が多く，かつ被写体の遠近差が大きいので写真像の縮尺に大差を生じる欠点がある．このようなことと大縮尺地図も空中写真測量で描けるようになったことにより，地形図作製はほとんど空中写真測量によっているが，特殊な場合には地上写真測量が活用されている．

　地上写真測量の利点は，①撮影が簡便で，小区域の測量には経費が安いこと．②大縮尺の地形図が描けること．③撮影位置ならびに方向をあらかじめ指定でき，しかも

いつでもそれを再現できること，④鉛直に近い斜面がよく写ること，⑤天候の影響を受けるのが少ないこと，⑥標高測定精度がよいことなどである．

地上写真測量が有効に利用される他の分野は近接写真測量である．たとえば，工業計測・実験測定・生体測定・運動測定・遺跡調査・事故調査など，比較的近くの小さい物体の測定に活用されているのみならず，連続撮影によって移動物体や運動物体の測定にも利用されている．

（1） 機　器──カメラ

従来，近接写真測量には高性能の計測用カメラ［メトリック=カメラ］と図化機を必要とした．これらのカメラは，被写体までの距離に応じて焦点を合わせるために適宜画面距離を変えられるようにしていた．しかし近年では，ディジタル=カメラの性能が向上し，近接写真測量用の解析ソフトウェアが開発されているので，これらを用いて地上および近接写真測量が行われるようになった．

地上測量のために外部標定要素を明確にしようとすれば，セオドライトの望遠鏡の代わりにカメラを設置すればよい．撮影位置およびカメラの姿勢が全部定められる．このような器械を写真経緯儀［フォトセオドライト］と称する．これらは遠距離用（15〜∞ m）であるが，近距離用としてステレオカメラと称するものがある（図 10・32）．これは1対のカメラを棒の両端に固定して直角撮影となるようにし，両カメラのシャッタが同期するようにしたもので，基線長は 0.2〜2.0 m である．直角撮影という条件以外の外部標定要素は測定できないものが多い．

図 10・32　ステレオカメラ（基線長 2 m，Galileo）

（2）　地上写真測量作業

実体測定できる範囲は，実体測定の容易さと精度との観点から，撮影基線長の4〜20 倍くらい（最悪の場合でも 3〜30 倍）の距離にとどめる必要のあることを心得て撮影計画を立てるべきである（図 10・33）．なお，ステレオカメラを用いないとき

9. 地上写真測量と近接写真測量

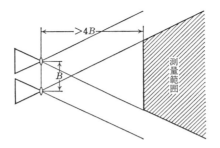

図 10・33　地上写真測量の範囲

には次の諸点もよく心得ておくべきである．①なるべく直角撮影とし，特に高精度の要求されるときには収束撮影とする．②2撮影点間の標高差（Y座標の差）をなるべく小さくする．③山頂・山腹などの見通しのよい場所に撮影点を選ぶ．④1対の写真の撮影時刻が大きく異なると影の位置に差を生じ，実体視の際にまぎらわしくなって精度低下の原因となる．

　カメラの内部標定要素および撮影時に測定した外部標定要素には誤差があると考えるべきであるから，標定基準点を設ける必要がある．その配置は1モデルのみのときには近距離に1点，遠距離に3点くらいとすればよく，実体モデル数が増せば基準点数を増加させ，空中三角測量も実施すればよい．

(3) 近接写真測量作業

　近くにある物体または小さい物体を写真測量する場合は，近接写真測量という語が用いられる．被写体や目的が千差万別であるから，前項と同様の原則を守れない場合

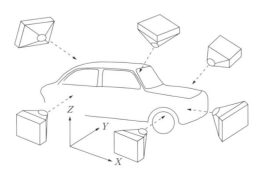

図 10・34　近接写真測量の例

が多い．たとえば，自動車の外形を測ろうとすれば，図 10・34 のように自動車を取り囲むように上下・左右・前後から撮影しなければならない．このような場合の最重要事項は，必要部分全体が必ず容易に実体測定のできる写真を写すためのカメラの位置と方向を決めることであり，次にはモデル数を減らすように心掛けなければならない．さらに基準点の個数と配置にも十分な考察が必要である．

問　題

（1）地形測量を平板測量で行う場合と，空中写真測量で行う場合とについて，得失を詳しく比較検討せよ．

（2）［例 10・1］における写真測量の方向観測誤差をセオドライトによる観測誤差と比べてみよ．同じ例で，標高誤差と撮影高度の比を求めよ．

（3）反射式実体鏡を用いて正しく写真を標定し，視差測定棒によって点 A（標高 65.5 m）および B（標高 122.4 m）の間隔を測定したところ，それぞれ 13.80 mm, 17.24 mm という値を得た（指差測定棒の目盛は，図 10・6 における間隔 l_a が広くなるほど減ずるように刻まれている）．(a) 標高 100 m の等高線を描くには視差測定棒の目盛をいくらにすればよいか．(b) 写真上で基線長を測れば 91 mm であった．この写真の撮影高度はいくらか．

（4）画面距離 15 cm，画面寸法 23 cm のカメラで水平の地表を鉛直撮影したとき，撮影方向が画面の 1 辺に平行な軸のまわりに角 ν だけ傾いたとする．このとき画面に写る地表の形を求めよ．

（5）問題(4)と同じカメラを用い高さ 1,000 m から鉛直に撮影したとき，画面のちょうど隅角に写っている建物の下面から上面までの位置ずれが 7.8 mm であったとする．この建物の高さはいくらか．

（6）問題(4)と同じカメラを用いて高度 1,200 m から測量用の空中写真を撮影するとき，10 km×4 km の区域を撮影するのに最少何枚の写真を写さなければならないか．

（7）表 A10・1 に示す 3 種のカメラで写した重複度 60%，縮尺 1：10,000 の 1 対の空中写真がある．これを図化機によって測定するときの x 視差差の測定誤差を写真上で ±0.01 mm とする．(a) 高低差の測定誤差はいくらになるか．(b) 1 対の写真の撮影高度が 1,500 m であるとき，高低差の誤差および実体測定のできる部分の地上面積はいくらになるか．

表 A10・1

カメラ	画面距離(cm)	画面寸法(cm)
a	30	23×23
b	21	18×18
c	15	23×23

（8）画面距離 60 mm，基線長 1.2 m のステレオカメラを用いて写真測量を行うとき，写真座標の観測誤差は x，y 座標ともに ±0.01 mm，x 視差差の観測誤差も ±0.01 mm とし，他

に誤差の原因はないものとする．(a) $Z=5\sim50$ m における X 座標と Z 座標の誤差の大きさを図に示せ．(b) 一方のカメラの撮影方向が図 10・4 あるいは 10・5 における Y 軸のまわりに $1'$ だけ回転していたとすれば，座標計算値にどのような誤差を生ずるかを考えよ．

(9) 問題(7)および(8)の結果より，空中写真測量において標高測定精度を向上させるためには写角の大きいカメラを用いた方がよいこと，標高と平面位置との測定誤差を比べると前者の方が大きくなることなどについて詳しく考察せよ．

(10) 標高 0～500 m の地域において，基準面標高を 200 m とし縮尺 1：10,000 の空中写真を撮影する場合に問題(4)と同じカメラを用いるとする．(a) 最高標高の場所で 55% のオーバーラップを確保したいとすれば，基準面でのオーバーラップをいくらに計画しなければならないか．(b) この場合の標高差測定の許容標準偏差を ± 0.4 m としたときには，写真上での x 視差差の許容誤差はいくらになるか．

(11) 家の周辺，学校全体などの地形図を空中写真測量によって作るとき，どのようなものを現地で調査および補測する必要があるかを具体的に考えよ．

付　録

付録 I．ベクトルによるスカラー関数の偏微分

n 項列ベクトル $\boldsymbol{x}=(x_1, x_2, \cdots, x_n)^T$ によるスカラー関数 $f(\boldsymbol{x})$ の偏微分を次のように定める．

$$\frac{\partial f}{\partial \boldsymbol{x}}=\left(\frac{\partial f}{\partial x_1}, \frac{\partial f}{\partial x_2}, \cdots, \frac{\partial f}{\partial x_n}\right)^T \tag{I・1}$$

即ち，$\boldsymbol{x}$ の要素で逐次偏微分したものを要素とする n 項列ベクトルが生成される．以下に，本書で使用する公式を導く．

1．$\boldsymbol{x}$ の線形関数の場合

定数ベクトルを $\boldsymbol{a}=(a_1, a_2, \cdots, a_n)^T$ として

$$f(\boldsymbol{x})=\boldsymbol{a}^T\boldsymbol{x}=a_1x_1+a_2x_2+\cdots a_nx_n \tag{I・2}$$

の場合，その偏微分は次のようになる．

$$\frac{\partial f}{\partial \boldsymbol{x}}=(a_1, a_2, \cdots a_n)^T=\boldsymbol{a} \tag{I・3}$$

2．対角行列で定まる二次形式の場合

式 (2・91) 中の重み行列 $\boldsymbol{P}$ を用いて，

$$f(\boldsymbol{x})=\boldsymbol{x}^T\boldsymbol{P}\boldsymbol{x}=\sum_{i=1}^{n} p_i x_i^2 \tag{I・4}$$

の場合，その偏微分は次のようになる．

$$\begin{aligned}\frac{\partial f}{\partial x_i}&=2p_i x_i \\ \therefore \quad \frac{\partial f}{\partial \boldsymbol{x}}&=2\boldsymbol{P}\boldsymbol{x}\end{aligned} \tag{I・5}$$

3．重み付き残差二乗和の場合

式 (2・90)〜(2・92) で表される重み付き残差の二乗和の場合，式 (2・92) は次のように書くことができる．

$$f(\boldsymbol{z})=\sum_{i=1}^{n} p_i v_i^2=\sum_{i=1}^{n} p_i\left(l_i-\sum_{k=1}^{m} a_{ik}z_k\right)^2 \tag{I・6}$$

z_j で偏微分すると

$$\frac{\partial f}{\partial z_j}=-2\sum_{i=1}^{n} a_{ij}p_i\left(l_i-\sum_{k=1}^{m} a_{ik}z_k\right) \tag{I・7}$$

したがって，次のようになる．

$$\frac{\partial f}{\partial \boldsymbol{z}}=-2\boldsymbol{A}^T\boldsymbol{P}(\boldsymbol{l}-\boldsymbol{A}\boldsymbol{z}) \tag{I・8}$$

付録 II．重み付き残差二乗和の期待値

1．独立間接観測の場合

観測方程式 (2・88) より，未知量の真値 $\boldsymbol{Z}=(Z_1, Z_2, \cdots, Z_m)^T$ と観測値の真値 $\boldsymbol{X}=(X_1, X_2, \cdots, X_n)^T$ の間に次の関係が成り立つ．

$$\boldsymbol{A}\boldsymbol{Z}=\boldsymbol{X} \tag{II・1}$$

上式と残差方程式 (2・90) より，次式が得られる．

$$\boldsymbol{v}=\boldsymbol{l}-\boldsymbol{X}-\boldsymbol{A}(\boldsymbol{z}-\boldsymbol{Z}) \tag{II・2}$$

式 (II・2) において，$\boldsymbol{l}-\boldsymbol{X}=\boldsymbol{\varepsilon}$ は誤差であり，$(\boldsymbol{z}-\boldsymbol{Z})$ は式 (2・95) より，

$$\boldsymbol{z}-\boldsymbol{Z}=(\boldsymbol{A}^T\boldsymbol{P}\boldsymbol{A})^{-1}\boldsymbol{A}^T\boldsymbol{P}\boldsymbol{\varepsilon} \tag{II・3}$$

と書けるから，次のように残差と誤差の関係式が得られる．
$$v=\{I_n-A(A^\mathrm{T}PA)^{-1}A^\mathrm{T}P\}\varepsilon \tag{II・4}$$
ただし，I_n は n 次の単位行列である．式(II・4)を用いて，重み付き残差二乗和を表すと次のようになる．
$$\left.\begin{array}{l} v^\mathrm{T}Pv=\varepsilon^\mathrm{T}U\varepsilon \\ U=P-PA(A^\mathrm{T}PA)^{-1}A^\mathrm{T}P \end{array}\right\} \tag{II・5}$$
式(II・5)の期待値をとると，観測値は互いに独立であるから，次式が得られる．
$$E[v^\mathrm{T}Pv]=\sum_{i=1}^n u_{ii}\sigma_i^2=\sigma_0^2\sum_{i=1}^n u_{ii}/p_i \quad (\because\ p_i=\sigma_0^2/\sigma_i^2) \tag{II・6}$$
ただし，u_{ii} は n 次正方行列 U の対角要素，σ_i^2, σ_0^2 はそれぞれ重み p_i と重み 1 の分散である．上式中の $\sum u_{ii}/p_i$ の項は，次のように残差の自由度，すなわち「独立な観測個数 n − 未知数の個数 m」に等しくなる．
$$\left.\begin{array}{l} \sum u_{ii}/p_i = Tr(P^{-1}U) \\ \quad = Tr(I_n) - Tr(A(A^\mathrm{T}PA)^{-1}A^\mathrm{T}P) \\ \quad = Tr(I_n) - Tr(A^\mathrm{T}PA(A^\mathrm{T}PA)^{-1}) \quad \because\ Tr(\underset{n\times m}{C}\underset{m\times n}{D})=Tr(\underset{m\times n}{D}\underset{n\times m}{C}) \\ \quad = Tr(I_n) - Tr(I_m) \\ \quad = n-m \end{array}\right\} \tag{II・7}$$
ただし，Tr は行列の固有和，I_m は m 次の単位行列を表す．式(II・6), (II・7)より，次式が成り立つ．
$$E[v^\mathrm{T}Pv]=(n-m)\sigma_0^2 \tag{II・8}$$

2. 条件付き独立直接観測の場合

観測値の真値 $X=(X_1, X_2, \cdots, X_n)^\mathrm{T}$ は条件方程式(2・114)を満たすから，
$$b_0+BX=o \tag{II・9}$$
が成り立つ．観測値 $l=X+\varepsilon$ (ε は誤差)を式(2・117)に代入し，式(II・9)を用いると，閉合差は次のように表される．
$$w=-\{b_0+B(X+\varepsilon)\}=-B\varepsilon \tag{II・10}$$
上式を式(2・123)に代入すると，次のように残差と誤差の関係式が得られる．
$$v=P^{-1}B^\mathrm{T}(BP^{-1}B^\mathrm{T})^{-1}B\varepsilon \tag{II・11}$$
上式を用いて，重み付き残差二乗和を表すと次のようになる．
$$\left.\begin{array}{l} v^\mathrm{T}Pv=\varepsilon^\mathrm{T}U\varepsilon \\ U=B^\mathrm{T}(BP^{-1}B^\mathrm{T})^{-1}B \end{array}\right\} \tag{II・12}$$
式(II・12)の期待値をとると，観測値は互いに独立であるから，次式が得られる．
$$E[v^\mathrm{T}Pv]=\sum_{i=1}^n u_{ii}\sigma_i^2=\sigma_0^2\sum_{i=1}^n u_{ii}/p_i \tag{II・13}$$
ただし，u_{ii} は n 次正方行列 U の対角要素である．以下，独立間接観測の場合と同様にして，$\sum u_{ii}/p_i$ の項が残差の自由度，すなわち「条件の個数 r」に等しくなることが導かれる．
$$\left.\begin{array}{l} \sum u_{ii}/p_i = Tr(P^{-1}U) \\ \quad = Tr\{P^{-1}B^\mathrm{T}(BP^{-1}B^\mathrm{T})^{-1}B\} \\ \quad = Tr\{BP^{-1}B^\mathrm{T}(BP^{-1}B^\mathrm{T})^{-1}\} \quad \because\ Tr(\underset{n\times r}{C}\underset{r\times n}{D})=Tr(\underset{r\times n}{D}\underset{n\times r}{C}) \\ \quad = Tr(I_r) \\ \quad = r \end{array}\right\} \tag{II・14}$$

ただし，I_r は r 次の単位行列を表す．式(II・13),(II・14) より，次式が成り立つ

$$E[\boldsymbol{v}^{\mathrm{T}}\boldsymbol{P}\boldsymbol{v}] = r\sigma_0^2 \tag{II・15}$$

付録III．共線条件式

図 10・23 のようにカメラ座標系 $O_0\text{-}xyz$ と被写体座標系 $O\text{-}XYZ$ が定義されているものとする．カメラ座標軸と被写体座標軸が平行である場合には，地上の点の被写体座標 (X,Y,Z) とカメラ座標 (x,y,z) の間には次の関係が成り立つ．

$$\begin{pmatrix} x \\ y \\ z \end{pmatrix} = K \begin{pmatrix} X-X_0 \\ Y-Y_0 \\ Z-Z_0 \end{pmatrix} \tag{III・1}$$

ただし，$K=z/(Z-Z_0)$ である．

カメラ座標系が被写体座標系に平行でない場合，図 III・1(a)〜(c) のようにカメラ座標系を x,y,z 軸の回りに順次 ω, φ, κ 回転し，被写体座標系に平行な座標系 $O_0\text{-}x'y'z'$ に変換する．各段階で回転前後の座標間に次のような関係が成り立つ．

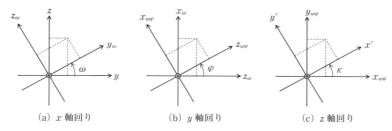

(a) x 軸回り　　(b) y 軸回り　　(c) z 軸回り

図 III・1 座標軸の回転

1. x 軸の回りに ω 回転

$$\begin{pmatrix} x \\ y \\ z \end{pmatrix} = \begin{pmatrix} 1 & 0 & 0 \\ 0 & \cos\omega & -\sin\omega \\ 0 & \sin\omega & \cos\omega \end{pmatrix} \begin{pmatrix} x_\omega \\ y_\omega \\ z_\omega \end{pmatrix} = \boldsymbol{M}_\omega \begin{pmatrix} x_\omega \\ y_\omega \\ z_\omega \end{pmatrix} \tag{III・2}$$

2. y 軸の回りに φ 回転，

$$\begin{pmatrix} x_\omega \\ y_\omega \\ z_\omega \end{pmatrix} = \begin{pmatrix} \cos\varphi & 0 & \sin\varphi \\ 0 & 1 & 0 \\ -\sin\varphi & 0 & \cos\varphi \end{pmatrix} \begin{pmatrix} x_{\omega\varphi} \\ y_{\omega\varphi} \\ z_{\omega\varphi} \end{pmatrix} = \boldsymbol{M}_\varphi \begin{pmatrix} x_{\omega\varphi} \\ y_{\omega\varphi} \\ z_{\omega\varphi} \end{pmatrix} \tag{III・3}$$

3. z 軸の回りに κ 回転，

$$\begin{pmatrix} x_{\omega\varphi} \\ y_{\omega\varphi} \\ z_{\omega\varphi} \end{pmatrix} = \begin{pmatrix} \cos\kappa & -\sin\kappa & 0 \\ \sin\kappa & \cos\kappa & 0 \\ 0 & 0 & 1 \end{pmatrix} \begin{pmatrix} x' \\ y' \\ z' \end{pmatrix} = \boldsymbol{M}_\kappa \begin{pmatrix} x' \\ y' \\ z' \end{pmatrix} \tag{III・4}$$

ここで，$\boldsymbol{M}_\omega, \boldsymbol{M}_\varphi, \boldsymbol{M}_\kappa$ はそれぞれ ω, φ, κ の回転に対応する回転行列である．

式 (III・2)〜(III・4) より，ω, φ, κ の回転を行う前後の座標間に次の関係が成り立つ．

$$\begin{pmatrix} x \\ y \\ z \end{pmatrix} = \boldsymbol{M}_\omega \boldsymbol{M}_\varphi \boldsymbol{M}_\kappa \begin{pmatrix} x' \\ y' \\ z' \end{pmatrix} = \boldsymbol{M} \begin{pmatrix} x' \\ y' \\ z' \end{pmatrix} \tag{III・5}$$

ただし，$M = M_\omega M_\varphi M_\kappa$ である．座標軸を回転した後のカメラ座標系 $O_0\text{-}x'y'z'$ は被写体座標系 $O\text{-}XYZ$ に平行であるから式(Ⅲ・1)を満たす．

$$\begin{pmatrix} x' \\ y' \\ z' \end{pmatrix} = K \begin{pmatrix} X - X_0 \\ Y - Y_0 \\ Z - Z_0 \end{pmatrix} \qquad (\text{Ⅲ}\cdot 6)$$

式(Ⅲ・5)と(Ⅲ・6)より，元のカメラ座標 (x, y, z) と被写体座標 (X, Y, Z) の間には次の関係が成り立つ．

$$\begin{pmatrix} x \\ y \\ z \end{pmatrix} = K M \begin{pmatrix} X - X_0 \\ Y - Y_0 \\ Z - Z_0 \end{pmatrix} \qquad (\text{Ⅲ}\cdot 7)$$

上式の第3行を使って K を消去し，$z = -c$（c は画面距離）と置き換えると，次の共線条件式が得られる．

$$\left. \begin{aligned} x &= -c \frac{m_{11}(X-X_0) + m_{12}(Y-Y_0) + m_{13}(Z-Z_0)}{m_{31}(X-X_0) + m_{32}(Y-Y_0) + m_{33}(Z-Z_0)} \\ y &= -c \frac{m_{21}(X-X_0) + m_{22}(Y-Y_0) + m_{23}(Z-Z_0)}{m_{31}(X-X_0) + m_{32}(Y-Y_0) + m_{33}(Z-Z_0)} \end{aligned} \right\} \qquad (\text{Ⅲ}\cdot 8)$$

ただし，m_{ij} は回転行列 M の i, j 要素である．

付　表

付表1　標準正規分布の確率密度 $p_\xi(\xi) = \dfrac{1}{\sqrt{2\pi}} \exp\left(-\dfrac{\xi^2}{2}\right)$

ξ	$p_\xi(\xi)$	ξ	$p_\xi(\xi)$	ξ	$p_\xi(\xi)$	ξ	$p_\xi(\xi)$	ξ	$p_\xi(\xi)$	ξ	$p_\xi(\xi)$
0.0	0.399	0.5	0.352	1.0	0.242	1.5	0.130	2.0	0.0540	2.5	0.0175
0.1	0.397	0.6	0.333	1.1	0.218	1.6	0.111	2.1	0.0440	2.6	0.0136
0.2	0.391	0.7	0.312	1.2	0.194	1.7	0.094	2.2	0.0355	2.7	0.0104
0.3	0.381	0.8	0.290	1.3	0.171	1.8	0.079	2.3	0.0283	2.8	0.0079
0.4	0.368	0.9	0.266	1.4	0.150	1.9	0.066	2.4	0.0224	2.9	0.0060

付表2　標準正規分布の積分 $\displaystyle\int_0^\xi p_\xi(\xi)d\xi$,　$p_\xi(\xi) = \dfrac{1}{\sqrt{2\pi}} \exp\left(-\dfrac{\xi^2}{2}\right)$

ξ	0.00	0.01	0.02	0.03	0.04	0.05	0.06	0.07	0.08	0.09
0.0	.00000	.00399	.00798	.01197	.01595	.01994	.02392	.02790	.03188	.03586
1	03983	04380	04776	05172	05567	05962	06356	06750	07142	07535
2	07926	08317	08706	09095	09484	09871	10257	10642	11026	11409
3	11791	12172	12552	12930	13307	13683	14058	14431	14803	15173
4	15542	15910	16276	16640	17003	17365	17724	18082	18439	18793
5	19146	19497	19847	20194	20540	20884	21226	21566	21904	22241
6	22575	22907	23237	23565	23891	24215	24537	24857	25175	25490
7	25804	26115	26424	26731	27035	27337	27637	27935	28231	28524
8	28815	29103	29389	29673	29955	30234	30511	30785	31057	31327
9	31594	31859	32121	32381	32639	32894	33147	33398	33646	33891
1.0	34135	34375	34614	34850	35083	35314	35543	35769	35993	36214
1	36433	36650	36864	37076	37286	37493	37698	37900	38100	38298
2	38493	38686	38877	39065	39251	39435	39617	39796	39973	40148
3	40320	40490	40658	40824	40988	41149	41309	41466	41621	41774
4	41924	42073	42220	42364	42507	42647	42786	42922	43056	43189
5	43319	43448	43574	43699	43822	43943	44062	44179	44295	44408
6	44520	44630	44738	44845	44950	45053	45154	45254	45352	45449
7	45543	45637	45728	45819	45907	45994	46080	46164	46246	46327
8	46407	46485	46562	46638	46712	46784	46856	46926	46995	47062
9	47128	47193	47257	47320	47381	47441	47500	47558	47615	47670
2.0	47725	47778	47831	47882	47933	47982	48030	48077	48124	48169
1	48214	48257	48300	48341	48382	48422	48461	48500	48537	48574
2	48610	48645	48679	48713	48745	48778	48809	48840	48870	48899
3	48928	48956	48983	49010	49036	49061	49086	49111	49134	49158
4	49180	49202	49224	49245	49266	49286	49305	49324	49343	49361
5	49379	49396	49413	49430	49446	49461	49477	49492	49506	49520
6	49534	49547	49560	49573	49586	49598	49609	49621	49632	49643
7	49653	49664	49674	49683	49693	49702	49711	49720	49728	49737
8	49745	49752	49760	49767	49774	49781	49788	49795	49801	49807
9	49813	49819	49825	49831	49836	49841	49846	49851	49856	49861

問　題　解　答

第1章

（1）　10.002 km．したがって，フランスが18世紀の終わりに行った測量がほぼ正しかったことになる．

（2）　重力の2つの等ポテンシャル面間の距離は，赤道付近の方が極付近よりも大きいはずである．したがって同一標高面ではない．

（3）　約32秒．約47 mm．

（4）と（5）　不変

（7）　(a) 31, 31. (b) 31, 25. (c) 31, 13〔単位：m〕

（8）　東京は東経約140°（表1・4参照）であるから，始線より東へ約320°．$320°/6°=53.3\cdots$．ゆえにzone番号は54．

（9）　図1・7および図1・9を参照すると，劔岳においては子午線収差が正の値であるから，計算値より大．

（10）　両地点とも図1・9の第Ⅴ系内にあるから誤差は1/10,000以内である．Y座標が-50 kmと$+70$ kmくらいの範囲であるから，距離計算値は正しい値より小さい（両地点の縮尺係数は1より小さい）．

第2章

（4）　$C=60°00'10''$という値を除いて計算するのがよかろう（本来は再測して観測値を追加する）．$a=24.9850$ m± 0.0013 m, $b=16.0070$ m± 0.0015 m, $C=60°00'30.0''\pm 2.3''$, $c=\sqrt{a^2+b^2-2ab\cos C}$ であるから $c=21.9235$ m± 0.0011 m, 面積 $F=(1/2)ab\sin C$ より，$F=173.191$ m$^2\pm 0.019$ m^2．

（6）　$s_0=\pm 22.75$ m．これが母標準偏差であると考えると6回以上．

（7）　出現確率が0.99までの観測値は除かない．この確率は，図2・2における誤差0から大小両側に0.495の確率の範囲である．その限界の誤差の大きさは巻末付表2より，2.58倍．

（8）　149.9839 m± 0.0077 m．

（9）　Bの第2回，第6回の観測値を除外しない場合．$x_A=5°10'20''\pm 4.5''$, $x_B=5°10'27''\pm 7.5''$．この程度ではA, Bのいずれか一方を棄て難い（例えば分散および平均値に差がないという仮説を有意水準5%で検定すれば，有意でない）．上記の結果から重みつき平均をとり，式(2・85)を適用すると，$x=5°10'21.9''\pm 3.1''$．ただし，式(2・74)に直接誤差伝播の法則を適用すると，誤差は$\pm 3.9''$となる．12個の観測値を同一精度の観測と考えて算術平均をとると，$x=5°10'24.2''\pm 4.7''$．

（10）　$V=5,310.3$ cm$^3\pm 15.1$ cm^3．3回．

（11）　体積3%，面積2%．

（12）　残差方程式：$v_i=ax_i-y_i$．最確値：$a=\sum x_iy_i/\sum x_i^2$．a_iの算術平均$=\sum(y_i/x_i)/n$ ゆ

えに $x_i=$ 一定，$y_i=$ 一定のときには両者が一致．また y の重みが $1/x^2$ に比例すると仮定すれば両者が一致．

(13) 正規方程式：$3\alpha_1+2\alpha_2=l_1+l_3-l_4+360°$
$\qquad\qquad\qquad 2\alpha_1+3\alpha_2=l_2+l_3-l_4+360°$

解：$\alpha_1=(1/5)(3l_1-2l_2+l_3-l_4+360°)$, $\alpha_2=(1/5)(-2l_1+3l_2+l_3-l_4+360°)$, $\alpha_3=\alpha_1+\alpha_2=(1/5)(l_1+l_2+2l_3-2l_4+2\times360°)$, $\alpha_4=360°-\alpha_1-\alpha_2=(1/5)(-l_1-l_2-2l_3+2l_4+3\times360°)$.
以上は［例 2・14］の結果と一致する．標準偏差の計算は省略．

(14) $l_0(1+\alpha t)=l$ において $l_0=\tilde{l}_0+\delta l$, $\alpha=\tilde{\alpha}+\delta\alpha$ とおいて線形化し，$a_i\delta l+b_i\delta\alpha=\tilde{l}_i$ の形に直す．$\tilde{l}_0=1,000$ mm, $\tilde{\alpha}=1.7\times10^{-5}$ とすると正規方程式は，$5.005\delta l+15.01\times10^4\delta\alpha=0.1801$, $15.01\times10^4\delta l+55\times10^8\delta\alpha=5,700$．これを解いて $\delta l=0.027$ mm, $\delta\alpha=0.030\times10^{-5}$ ℃$^{-1}$ を得る．観測誤差は $s_0=\sqrt{\sum v^2/(5-2)}=\pm0.038$ mm. 最確値の誤差を求めるために正規方程式の右辺を観測値 $\tilde{l}_i$ の関数のままで表すと，

$$\begin{pmatrix}5.005 & 15.01\times10^4 \\ 15.01\times10^4 & 55\times10^8\end{pmatrix}\begin{pmatrix}\delta l \\ \delta\alpha\end{pmatrix}=\begin{pmatrix}1.000\tilde{l}_1+1.000\tilde{l}_2+1.001\tilde{l}_3+1.001\tilde{l}_4+1.001\tilde{l}_5 \\ 1\times10^4\tilde{l}_1+2\times10^4\tilde{l}_2+3\times10^4\tilde{l}_3+4\times10^4\tilde{l}_4+5\times10^4\tilde{l}_5\end{pmatrix}$$

$$\therefore\begin{pmatrix}\delta l \\ \delta\alpha\end{pmatrix}=\begin{pmatrix}0.8\tilde{l}_1 & + & 0.5\tilde{l}_2 & +0.2\tilde{l}_3 & - & 0.1\tilde{l}_4 & - & 0.4\tilde{l}_5 \\ -0.2\times10^{-4}\tilde{l}_1 & -0.1\times10^{-4}\tilde{l}_2 & + & 0 & +0.1\times10^{-4}\tilde{l}_4 & +0.2\times10^{-4}\tilde{l}_5 & & \end{pmatrix}$$

したがって次の値を得る．$s_l=\pm0.040$ mm, $s_\alpha=\pm0.12\times10^{-5}$ ℃$^{-1}$.

(15) 4つの角の和が $360°$ という条件が成立するから，［例 2・13］の結果がそのまま利用できる．$1''$ の重みを1として解くと，$v_{12}=v_{23}=-3.8''$, $v_{34}=v_{41}=-0.2''$．重み1の観測の誤差 $s_0=\pm1.37''$（これが事後誤差である）．$\theta_{12}=65°11'56''\pm4.0''$, $\theta_{23}=66°24'19''\pm4.0''$, $\theta_{34}=87°2'24''\pm1.4''$, $\theta_{41}=141°21'21''\pm1.4''$.

(16) 条件式：$\varphi=v_1+v_2-v_3+w=0$, $w=-(l_1+l_2-l_3)$．$\Sigma v^2-2\lambda\varphi\Rightarrow$ 最小より，$v_1=v_2=-v_3=\lambda$．正規方程式：$3\lambda+w=0$ より，$\lambda=-(1/3)w$．残差：$v_1=v_2=-v_3=(1/3)(l_1+l_2-l_3)$．ゆえに，$\alpha_1=l_1-v_1=(1/3)(2l_1-l_2+l_3)$, $\alpha_2=(1/3)(-l_1+2l_2+l_3)$, $\alpha_3=(1/3)(l_1+l_2+2l_3)$．以上より $s_0=\sqrt{\sum v^2/1}=\sqrt{3\lambda^2/1}=|w|/\sqrt{3}$. $s_{\alpha_1}=s_{\alpha_2}=s_{\alpha_3}=\sqrt{2/3}s_0$.

(17) 観測方程式：$\sqrt{(x-x_i)^2+(y-y_i)^2}=S_i$. $x=\tilde{x}+\Delta x$, $y=\tilde{y}+\Delta y$ とおいて線形に直し，$\tilde{x}$, $\tilde{y}$ に所定の値を用いると，次の残差方程式を得る．

$\qquad v_1=0.236\Delta x-0.972\Delta y-0.001$, $\qquad v_2=0.905\Delta x-0.426\Delta y-0.059$
$\qquad v_3=-0.232\Delta x+0.973\Delta y+0.029$, $\qquad v_4=-0.956\Delta x+0.292\Delta y-0.002$

これより正規方程式は次のようになる．

$$\begin{pmatrix}1.842 & -1.120 \\ -1.120 & 2.158\end{pmatrix}\begin{pmatrix}\Delta x \\ \Delta y\end{pmatrix}=\begin{pmatrix}-0.236\tilde{l}_1-0.905\tilde{l}_2+0.232\tilde{l}_3+0.956\tilde{l}_4 \\ 0.972\tilde{l}_1+0.426\tilde{l}_2-0.973\tilde{l}_3-0.292\tilde{l}_4\end{pmatrix}$$

これから次の解を得る．$\Delta x=0.024$ m, $\Delta y=-0.012$ m,
$\qquad s_0=\pm0.034$ m, $s_x=\pm0.030$ m, $s_y=\pm0.028$ m.

(18) 温度上昇式を線形にすると，
$$\theta=\tilde{\theta}_0\{1-\exp(-\tilde{m}t)\}+\{1-\exp(-\tilde{m}t)\}\Delta\theta+\tilde{\theta}_0 t\exp(-\tilde{m}t)\Delta m.$$
$\tilde{\theta}_0=30$℃, $\tilde{m}=0.6$ day^{-1} とすると，観測方程式：
$\qquad 0.6988\Delta\theta+18.072\Delta m=0.0358$, $\qquad 0.9093\Delta\theta+10.866\Delta m=0.1215$
$\qquad 0.9850\Delta\theta+3.149\Delta m=-0.2501$, $\qquad 0.9998\Delta\theta+0.0944\Delta m=-0.1933$

正規方程式：$\quad 3.285\Delta\theta+25.72\Delta m=-0.3041$
$\qquad\qquad\qquad 25.72\Delta\theta+455.03\Delta m=1.1638$

これより $\Delta\theta=-0.20$, $\Delta m=0.014$, ゆえに, $\theta_0=29.80℃$, $m=0.614\,\mathrm{day}^{-1}$.
(標準偏差の計算は省略)

第3章
(1) 巻尺を8回継ぎ足している.系統誤差は,[目盛補正]+[温度補正] $=2.4+4.7=7.1\,\mathrm{mm}$. 温度の変動誤差の影響 ε_t は,50mについて $\varepsilon_t=\pm0.585\,\mathrm{mm}$. 目盛読取誤差を ε_l と記すと,全長の偶然誤差は $\sqrt{8(\varepsilon_t^2+\varepsilon_l^2)}=3.3\,\mathrm{mm}$. ゆえに,$400.018\,\mathrm{m}\pm3.3\,\mathrm{mm}$.
(3) 50m観測の重みを1とすると,37.14m観測の重みは1.35.式(2・50)より $s_0=\pm0.79\,\mathrm{mm}$. 式(2・52)より各区間平均値の標準偏差は,50mについて $s_\mu=\pm0.56\,\mathrm{mm}$, 全長の分散 $s^2=3s_\mu^2+s_\mu^2/1.35$ ∴ $s=\pm1.1\,\mathrm{mm}$.
(4) 高低差45.77m.距離は平均標高で224.825mであるから,基準海面上では224.763m.
(5) 器械およびプリズムの求心誤差は1~2mmくらい.測角目標のとらえ方,器械高,プリズム高などの誤差は数mm以内.角は正,反観測を行い,それぞれについて2回以上の距離測定を行う.
(6) 相対誤差の最大値$=0.93\times10^{-6}$, 気圧 $\Delta P=3.1\,\mathrm{hPa}$, 温度 $\Delta t=0.93℃$.
(7) 距離に無関係な原因:器械定数誤差,器械と反射プリズムの求心誤差(器械と反射プリズムの高さ測定誤差も原因になる).距離に比例する原因:気象要素測定誤差,光の変調周波数誤差.
(9) [例3.1]参照.
(10) (a) 比較基線場での20℃における巻尺目盛$=50.0004+1.17\times10^{-5}\times4\times50=50.00274\,\mathrm{m}$. 目盛補正[尺定数]$=-1.54\,\mathrm{mm}$. (b) 尺定数による補正$=-1.54\times220.77/50=-6.8\,\mathrm{mm}$. 温度補正$=1.17\times10^{-5}\times10\times220.770=25.8\,\mathrm{mm}$. 距離$=220.789\,\mathrm{m}$.
(c) 尺定数の影響$=6.2\,\mathrm{mm}$. 温度の影響$=11.7\,\mathrm{mm}$. 距離目盛$=200.018\,\mathrm{mm}$.
(11) 表B3・1の値を得るから面積計算値の最大値と最小値との差は,1級で$7.0\,\mathrm{m}^2$, 2級で$10.4\,\mathrm{m}^2$.

表 B3・1 目盛の許容限界(mm)

級	20m巻尺	160mについて	200mについて
1	$-2.2\sim2.2$	$-17.6\sim17.6$	$-22.0\sim22.0$
2	$-3.25\sim3.25$	$-26.0\sim26.0$	$-32.5\sim32.5$

(12) 10組の複観測値であると考えると,20mを測ったときの最確値の誤差は$\pm1.43\,\mathrm{mm}$. 200m測ったときの観測値は41mm大きいから,1m当たり$-41/200\,\mathrm{mm}$の補正が必要.300m測ったときの正しい距離は299.9385m.誤差は$1.43\times\sqrt{15}=\pm5.5\,\mathrm{mm}$.

第4章
(1) 視準線の狂い(調整不完全),焦準動作に伴う視準線の振れ,大気による光の屈折などが系統誤差になりやすい.標尺目盛が違っていれば高低差に比例して誤差が増大する.なお,影響は小さいが,地球の曲率,高さによる空気の温度・湿度の違いなども系統誤差となる.
(2) 補正できるものは,表4・5より視準線の狂い,焦準動作に伴う視準線の振れ,地球の曲率,大気による光の屈折.

(3) 距離1kmの重みを1とし，重みが距離に反比例すると仮定する．(a) 式(2・50)より，1km当り1観測の標準偏差：$s_0=\sqrt{1/2m}\sqrt{\Sigma(d_i^2/S_i)}=\pm 2.9$ mm．(b) 往復距離は$2S_i$であるから，各路線の重みは$1/(2S_i)$であり，$w_i=d_i$であるから，[2・13]の式(g)より，路線ごとに，$s_{0i}=|d_i|/\sqrt{2S_i}$．s_{0i}の全路線の二乗平均をとると，$s_0=\sqrt{1/2m}\sqrt{\Sigma(d_i^2/S_i)}$．すなわち(a)と一致する．
(4) 重みは距離に反比例すると考える．1km当りの重みを1とすると，$\Sigma(1/p_i)=\Sigma S_i=10$．[例2・13]を参照すると，表B4・1が得られる．閉合差$w=-32.5$mmであり，区間（路線）ごとの観測標高差の平均値，残差を示してある．$s_0=\pm 10.3$mm．[例2・13]の式(h)および(j)は区間（路線）標高差ごとの値である．測点標高の最確値を求めるには，式(4・15)と(4・17)より$H_i=H_A+\sum_{j=1}^{i}h_j+w\sum_{j=1}^{i}S_j/\sum_{i=1}^{i}S_i$によらなければならない．式(4・19)から推定できるように，測点標高の最確値の標準偏差を求めようとすれば，式(4・19)中のiを基準点から当該測点までの距離とし，nを路線全長とすればよい．こうして求めた標高の最確値も表示してある．

表 B4・1

路線番号	観測標高差の平均 (m)	残差 (mm)	基点からの距離 (mm)	測点標高の最確値 (m)	測点標高の標準偏差 (mm)
1	6.9155	6.5	2.0	6.909	13
2	1.1575	3.9	3.2	8.603	15
3	−2.7460	6.2	5.1	5.310	16
4	0.7735	3.6	6.2	6.080	16
5	−5.2525	4.9	7.7	0.823	14
6	0.4720	2.6	8.5	1.292	12
7	−1.2875	4.9	10.0	0（出発点）	0

(5) 独立な条件式は4つ，再測路線は No.7．
(6) (i) 1区間ごとの補正$=(\cos 3°-1)2.5$ m$=-3.4$ mm．10区間では-34 mm．(ii) 奇数区間の補正は上記に同じ．偶数区間の補正は$-(\cos 3°-1)0.5$ m$=0.7$ mm．全区間に対する補正は$-(3.4-0.7)\times 5=-14$ mm．(iii) $(2.5\text{m}-0.5\text{m})(\cos 3°-1)\times 10=-27$ mm．(i)より小さい．(iv) (iii)に同じ．
(7) (i) 1区間の補正量-2 mm．全長で-20 mmの補正．(ii) 奇数区間は-2 mm，偶数区間は$+2$ mm．全区間では補正0．
(8) (i)と(iv)の消去は標尺間隔の中央にレベルを置く．(ii)の中の零点不正の消去は図4・32(b)の方法による．なお，この方法によれば(ii)の目盛間隔の不正や(iii)の癖の消去に少しは役立つ．
(9) (b), (c), (d), (f)
(10) 図示の角を正の値とする．$\overline{Oa}=a\tan\beta_1$，$\overline{Ob}=b\tan\beta_2$，$\overline{CP}-\overline{Oa}=(\overline{OC}+a)\times\tan\beta_3$，$\overline{CP}-\overline{Ob}=(\overline{OC}-b)\times\tan\beta_4$．最後の2式より$\overline{CP}$を消去すると，$\overline{OC}=(\overline{Oa}-\overline{Ob}+a\tan\beta_3+b\tan\beta_4)/(-\tan\beta_3+\tan\beta_4)$．高低差$\overline{CP}$は第3または第4式より求まる．
(11) 観測標高および重みは表B4・2のとおりである．

表 B4・2

点	観測標高 (m)	重み	残差 (m)
A	311.191	1.0	0.433
B	310.664	1.6	−0.095
C	310.703	5.1	−0.055

問題解答   333

重みつき平均をとり，誤差は式(2・85)によると，310.758 m±0.119 m.
第5章
（1） 鉛直軸誤差 $v=20''$ の影響により $15''$，視準線誤差 $c=10''$ の影響により $1''$.
（2） 式(5・27)より角 α の変化は，$d\alpha = \left\{\dfrac{\sin(\alpha'+\varphi)}{S_1} - \dfrac{\sin\varphi}{S_2}\right\}de + e\left\{\dfrac{\cos(\alpha'+\varphi)}{S_1} - \dfrac{\cos\varphi}{S_2}\right\}d\varphi$. $S_1=S_2=S$ とすると，角 α の変化の最大値，すなわち[角誤差の最大値] $=(2/S)de+(2e/S)d\varphi$. 各項を $0.5''$ に収めようとすると $de, d\varphi$ は表B5・1のようになる．

表 B5・1

S(m)	e(m)	de(mm)	$d\varphi$(秒)	de の観測	$d\varphi$ の観測
100	0.1	0.12	250	0.1 mm まで	4分まで
100	1	0.12	25	0.1 mm まで	20秒まで
1,000	0.1	1.2	2,500	1 mm まで	40分まで
1,000	1	1.2	250	1 mm まで	4分まで

（4） 夾長および高低角は正，反の値を平均したものを用いることにする．$\overline{12}=61.42$，$\overline{23}=55.44$，$\overline{34}=60.42$，$\overline{45}=49.38$，$H_2=22.74$，$H_3=23.48$，$H_4=25.62$，$H_5=28.04$（単位は m）．高度定数 $=65''$.
（7）（a）反転したときに $13'$ ほどずれているから，視準線と水平軸とが直交していない．
（b）消去される．（c）$\angle BAC=69°00'15''$，$\angle CAD=52°9'55''$.
（9） 打った杭より角が小さくなる方向に 10 mm だけ真横の位置が正しい．
（10） 求心誤差と器高誤差はその大きさ自身が未知点座標誤差となるから，1～2 mm くらいを目標とする．距離誤差は 3 mm 程度，水平角・鉛直角誤差はともに 3 mm/100 m $=3\times10^5$ rad $=6''$ を目標とする．かなり高精度の測量である．
（11）（a），（c），（e）求心を変えれば含まれる．
第6章
（2） 角の閉合差 $=-1'40''$. 点 A を原点とし AE を X 軸に選ぶと表B6・1を得る．閉合差 $=0.060$ mm. 測線全長は 593.21 m であって，閉合比 $=1/9,900$，$\overline{AD}=238.808$ m. AD の方向角は $34°31'58''$，AE の方向角は $0°00'13''$. ゆえに $\angle EAD=34°31'45''$.

表 B6・1

測線	調整方向角	計算値(m)		補正(mm)		調整後(m)	
		緯距	経距	緯距	経距	緯距	経距
AB	70°05'40''	44.091	121.763	−10	−9	44.081	121.754
BC	28°09'40''	73.351	39.266	−6	−5	73.345	39.261
CD	342°05'20''	79.310	−25.634	−6	−6	79.304	−25.640
DE	253°09'40''	−40.967	−135.356	−11	−9	−40.978	−135.365
EA	180°	−155.470	0	−12	−10	−155.752	−0.010
合計		$-w_x=0.045$	$-w_y=0.039$				

（4） 右回りに角を測ったとすれば図B6・1のようなトラバースとなる．No.1 の角閉合差は $2'40''$. 点 A を原点とし $\overline{AB}$ の方向角を $90°$ として，角の調整後の経緯距計算値は表

B6・2のとおり．緯距の閉合差のみが異常に大きいから $\overline{BC}$ または $\overline{DA}$ が誤りと推定．

No.2 の角閉合差は $1°29'40''$ という異常値だから，まず第1に角に誤りがあると推定．とにかく No.1 と同じ座標軸を選び，角の調整後に経緯距計算を行った結果が表 B6・2 である．図 B6・1 のような状況であるから，∠A または ∠C が誤りと推定される．

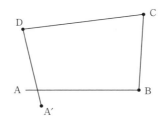

図 B6・1

表 B6・2

測線	トラバース No.1			トラバース No.2		
	方向角	緯距(m)	経距(m)	方向角	緯距(m)	経距(m)
AB	90°00′00″	0	235.59	90°00′00″	0	200.61
BC	329°34′40″	165.15	−96.98	6°40′15″	161.09	19.84
CD	238°14′40″	−85.89	−138.77	274°14′50″	16.35	−220.11
DA	179°58′40″	−87.16	0.03	179°49′05″	−180.91	3.73
合計		$-w_x=-7.90$	$-w_y=-0.13$		$-w_x=-3.47$	$-w_y=3.07$

（5）（a）σ_T, $\sqrt{n}S\sigma_T$.

（b）観測角を A_i, i 番目の測線の方向角を T_i とすると，$T_i=A_1+A_2+\cdots+A_i+$[定数] であるから，n 番目の測線の方向角誤差 $=\sqrt{n}\sigma_A$.

n 番目の測点の横ずれは，$y_n=\sum_{i=1}^{n}S_i\sin T_i=S_1\sin A_1+S_2\sin(A_1+A_2+$定数$)+\cdots+S_n\sin(A_1+A_2+\cdots+A_n+$定数$)$ であるから，S_i および A_i の誤差が一定のときは，$\sigma_{yn}^2=\{\cos A_1+\cos(A_1+A_2+$定数$)+\cdots+\cos(A_1+A_2+\cdots+A_n+$定数$)\}^2\sigma_A^2S^2+\{\cos(A_1+A_2+$定数$)+\cos(A_1+A_2+A_3+$定数$)+\cdots+\cos(A_1+A_2+\cdots+A_n+$定数$)\}^2\sigma_A^2S^2+\cdots+\{\cos(A_n+$定数$)\}^2\sigma_A^2S^2$．ここで，測線がほぼ一直線であるから，上式（ ）中の角はいずれも $180°$ に近いから，次のようになる．$\sigma_{yn}^2=\{n^2+(n-1)^2+\cdots+1^2\}\sigma_A^2S^2=\{n(n+1)\times(2n+1)/6\}\sigma_A^2S^2$．ゆえに，$\sigma_{yn}=\sqrt{n(n+1)(2n+1)/6}S\sigma_A$．以上において σ_S は関係がないとしてよい．

（7）閉合差：$w=0.19$ m．[例 2・13] の式(f)のように w を重みに反比例（分散に比例）して配分する．$H_B=24.498$, $H_C=29.435$, $H_D=23.283$, $H_E=30.593$（単位 m）．

（8）調整計算結果を表 B6・3 および表 B6・4 に示す．角および測線長の最確値が観測値から変わった大きさを表 B6・5 に示す．トランシット法則によれば，距離の変化のみによって調整されている様子がわかる．問題よりも閉合差の大きい例を作って，調整結果を図示すれば，2種の調整法の特徴が良く理解できるから，ぜひ試みられたい（[例 6・3] 参照）．

表 B6・3　コンパス法則による調整

測線	緯距(m) (+)	緯距(m) (−)	経距(m) (+)	経距(m) (−)	調整値(m) 緯距	調整値(m) 経距	合緯距 (m)	合経距 (m)
AB	0		100		−0.05	99.95	−0.05	99.95
BC	100		0		99.95	−0.05	99.90	99.90
CD	0			99.80	−0.05	−99.85	99.85	0.05
DE		99.80	0		−99.85	−0.05	0	0

$w_{\Delta x} = w_{\Delta y} = -0.20$ m

表 B6・4　トランシット法則による調整

測線	緯距(m) (+)	緯距(m) (−)	経距(m) (+)	経距(m) (−)	調整値(m) 緯距	調整値(m) 経距	合緯距 (m)	合経距 (m)
AB	0		100		0	99.90	0	99.90
BC	100		0		99.90	0	99.90	99.90
CD	0			99.80	0	−99.90	99.90	0
DE		99.80	0		−99.90	0	0	0

$w_{\Delta x} = w_{\Delta y} = -0.20$ m

表 B6・5　観測値の変化

角	(a)	(b)	測線	(a)	(b)
∠ABC	−3°26″	0	AB	−0.05 m	−0.10 m
∠BCD	0	0	BC	−0.05 m	−0.10 m
∠CDA	3°26″	0	CD	0.05 m	0.10 m
∠DAB	0	0	DA	0.05 m	0.10 m

(a)はコンパス法則，(b)はトランシット法則による

第7章

（1）　$\sin \angle \mathrm{ABP} = (e/\overline{\mathrm{AB}}) \sin \angle \mathrm{APB}$ より，$\angle \mathrm{ABP} = 5'25''$．$\sin \angle \mathrm{AP_1P} = (e/\overline{\mathrm{AP_1}}) \sin \angle \mathrm{APP_1}$ より，$\angle \mathrm{AP_1P} = 30'47''$．ゆえに，$\angle \mathrm{BAP_1} = \alpha - \angle \mathrm{ABP} - \angle \mathrm{AP_1P} = 125°48'58''$．$\overrightarrow{\mathrm{AP_1}}$ の方向角 $= \overrightarrow{\mathrm{AB}}$ の方向角 $+ \angle \mathrm{BAP_1} = 155°04'26''$，$\overrightarrow{\mathrm{P_1P_2}}$ の方向角 $= \overrightarrow{\mathrm{AP_1}}$ の方向角 $+ \angle \mathrm{AP_1P} + \alpha_1 - 180° = 136°05'38''$．$x = -506.03$ m，$y = 235.17$ m．

（2）　角誤差の大きくなる事項から順に記す．①記帳や計算の誤り．②視準標の見間違い．③器械または視準標の求心の誤り（測線が短いから求心誤差の影響が大きい）．④上盤気泡管軸が鉛直軸と直交していない，または整準を怠った．⑤器械の移動．

（3）　$B = 180° - 2A$ だから，$\cot B = -\cot 2A = -(1/2)(\cot A - \tan A)$．ゆえに，$\cot^2 A + \cot^2 B + \cot A \cot B = (1/4)(3\cot^2 A + \tan^2 A)$．$\cot A = x$ とおくと，上式 $= (1/4)\{3x^2 + 1/x^2\} = (1/4)(\sqrt{3} x - 1/x)^2 + \sqrt{3}/2$．ゆえに $x^2 = \cot^2 A = 1/\sqrt{3}$ のとき極小．すなわち，$A = 52°46'$ のときに極小で，極小値は $\sqrt{3}/2 = 0.866$．ただし相対誤差は極小でない．

（4）　各測線の方向角と測線長を計算すると表 B7・1 を得る．これから多角測量のように経緯距計算によって次の結果を得る．B(72.654, 41.947)，C(−43.485, 53.730)，D(46.162, 136.671)，E(−60.293, 117.764)，F(16.783, 183.744)，G(−93.383, 187.597)（単位 m）．

表 B7・1

測線	方向角	距離(m)
AB	30°00′00″	83.894
BD	195°37′30″	98.359
DF	211°58′07″	55.489
FG	267°59′48″	110.234
GE	−64°38′46″	77.276
EC	−75°17′34″	66.203
CA	−51°00′57″	69.122

（5） 角②．
（6） 残差を表B7・2に示しておく．解法が厳密なほど残差二乗和が小さいのが普通．

表 B7・2

解法		(a)	v	(b)	(c)
角番号	1	−14.49″	−9.13″	−13.04″	−13.99″
	2	−6.80	−9.13″	−7.03	−4.27
	3	−0.41	1.13″	−2.47	−3.73
	4	5.70	1.13″	2.30	5.99
	5	12.43	17.88″	13.74	13.02
	6	20.28	17.88″	19.87	22.74
	7	3.62	7.63″	7.29	2.77
	8	14.68	7.63″	15.29	12.49
$\sum v^2$		1,083		1,121	1,114

（7） (a) 測点条件式1，内角条件式3，辺長条件式1ができる．(b)および(c)の問いに対する残差を表B7・3に示しておく．(c)の結果は辺長条件 sin① sin③ sin⑤＝sin② sin④ sin⑥を用いたものであるが，各三角形の内角条件を乱す．内角条件を満足させようとすると，角⑦〜⑨には(c)欄括弧の値を残差として与えなければならない．そうすると測点条件が2″だけ乱されることになるが，再調整は行わないことにする．

表 B7・3

角	(b)の残差			(c)の残差	残差合計
	内角調整	測点調整	合計		
①	−20″	3″	−17″	−2″	−19″
②	−20	3	−17	0	−17
③	0	3	3	−1	2
④	0	3	3	2	5
⑤	−20	3	−17	−3	−20
⑥	−20	3	−17	6	−11
⑦	−20	−7	−27	(2)	−25
⑧	0	−7	−7	(−1)	−8
⑨	−20	−7	−27	(−3)	−30

（8） 条件式の個数を表B7・4に示す．辺長条件式作成のための辺長計算の順序の例を

次に記しておく．(a) $\overline{AB} \to \overline{AC} \to \overline{AD} \to \overline{AB}$．(b) 測点 A のまわりの辺長，測点 B のまわりの辺長，および一方の基線から他の基線まで．(c) $\overline{AB} \to \overline{BC} \to \overline{CD} \to \overline{DA} \to \overline{AB}$．

表 B7・4 条件式の個数（図 A7・3）

図　形	(a)	(b)	(c)
条件式総数	4	15	1
内角条件式数	2	10	0
辺長条件式数	1	3	1
測点条件式数	1	2	0

(9)　1 辺の長さを $l_1=l_2=l_3=l$ とする．また，単位距離当りの誤差を σ_0 で表し，距離 l の誤差は $l\sigma_0$ と仮定する．(a) $s=(1/2)(l_1+l_2+l_3)$ とおくと，$F=\{s(s-l_1)(s-l_2)(s-l_3)\}^{1/2}$．たとえば，$\partial F/\partial l_1 = (1/2)F^{-1/2} \cdot (1/2)\{(s-l_1)(s-l_2)(s-l_3) - s(s-l_2)(s-l_3) + s(s-l_1)(s-l_3) + s(s-l_1)(s-l_2)\} = (1/2)\{(3/16)l^4\}^{-1/2} \cdot (1/2)(l^3/2) = l/(2\sqrt{3})$．$\sigma_F^2 = (\partial F/\partial l_1)^2 \sigma_1^2 + (\partial F/\partial l_2)^2 \sigma_2^2 + (\partial F/\partial l_3)^2 \sigma_3^2 = 3 \cdot (\partial F/\partial l_1)^2 (l\sigma_0)^2 = (1/2)^2 l^4 \sigma_0^2$．
(b) $F=(1/2)l_1 h$，ここに高さ $h=(\sqrt{3}/2)l_2$．$\sigma_F^2 = (1/2)^2\{h^2 \sigma_{l_1}^2 + l_1^2 \sigma_h^2\} = (1/2)^2\{(\sqrt{3}/2)^2 l_2^2 (l_1 \sigma_0)^2 + (\sqrt{3}/2)^2 l_1^2 (l_2 \sigma_0)^2\} = (1/2)^2(3/2)l^4 \sigma_0^2$．ゆえに (a) の方が誤差が小さい．

第 8 章

（1）　(a), (d), (f), (g), (i), (j)
（2）　GNSS とトータル゠ステーションとのいずれを用いる方がよいかどうかも検討せよ．
（4）　（以下のいずれの方法を採用しても，仕様によっては直接水準測量によって水準点を設ける必要がある）（ⅰ）GNSS 測量．キネマティック法を用いればよい．（ⅱ）トータル゠ステーション等による多角測量が適用可能．ただし，水平角観測時に片方の視準標は無人になる．
（5）　表 8・6 には許容環閉合差が局所地平座標系で示されているから，測量網に含まれている既知点によって測量地域の経緯度の概略値を知り，その後に地心直交座標から局所地平座標への変換式（公共測量作業規程の準則「付録 6：計算式集」参照）

$$\begin{pmatrix} \Delta N \\ \Delta E \\ \Delta U \end{pmatrix} = \begin{pmatrix} -\sin\varphi\cos\lambda & -\sin\varphi\sin\lambda & \cos\varphi \\ -\sin\lambda & \cos\lambda & 0 \\ \cos\varphi\cos\lambda & \cos\varphi\sin\lambda & \sin\varphi \end{pmatrix} \begin{pmatrix} \Delta X \\ \Delta Y \\ \Delta Z \end{pmatrix}$$

によって座標変換を行えばよい．たとえば，富士山付近であれば，$\varphi=35°20'$，$\lambda=138°40'$ であるから，上式を用いて次の値を得る．南北（ΔN）方向成分 23.2 mm，東西（ΔE）方向成分 -48.0 mm（超過），高さ（ΔU）方向成分 -14.1 mm．

第 9 章

（1）　(a) 外心誤差がなくなる．視準誤差が小さくなる．(b) 外心誤差なし．図板の傾きが整準不良に対応する．視準誤差は非常に小さくなる．製図誤差はほぼなくなる．
（2）　主として用いる方法を記す（トータル゠ステーションの使用を考えていない）．基準点測量……導線法，前方交会法，後方交会法．補助基準点測量……前方交会法，後方交会法．細部測量（等高線描画も含む）……1. 放射法（スタジア測量も可），2. 前方交会法．
（3）　［例 9・2］と同様に式（9・9）より，$\theta \leq 1/800$ であればよい．この傾きに対応する気泡の移動は 1.25 mm であるから，十分な感度を有するとはいえなく，限度である．
（4）　整準誤差も視準誤差も独立に生じる偶然誤差と考えると，高低差誤差は，(a)

$\pm 2.05 \times 10^{-3}$ rad$\times 100$ m$=0.21$ m．（b） $\pm 0.52 \times 10^{-3}$ rad$\times 300$ m$=0.16$ m．
（5） 表A9・2より-0.1%の勾配補正が必要．その結果，（ⅰ）点Aより求めた点aの標高$=-244.4 \times 0.04 + 121.8 + 1.1 - 3.8 = 109.3$ m．（ⅱ）点Bを用いて求めた標高$=110.0$ m，（ⅲ）点Cより求めた標高$=109.4$ m．（ⅱ）を除いた平均より109.35 m．
（6） 平坦地で$1/1,000$であれば良好な測量であろう．
（8） 式（9・12）において，$\Delta_S = 0.5$ mm$\times 2,500 = 1.25$ m，$\delta H = 1$ m とすれば許容標高誤差Δ_Hが求まる．また等高線の水平位置ずれを求めるには式（9・11）によればよい．結果を表B9・1に示す．

表 B9・1

傾斜	Δ_H (m)	δS(地上) (m)	δS(地図上) (mm)
5°	0.891	10.18	4.07
10°	0.780	4.42	1.77
20°	0.545	1.50	0.60

第10章

（2） 工事用に用いるセオドライトの最小目盛は$5''\sim 20''$．ただ1回だけの視準による方向誤差は，この値の$1\sim 0.5$倍くらいと考えればよかろう．そうすると，［例10・1］の誤差は数倍大きい．［標高誤差］／［撮影高度］$=0.34/1,520 = 1/4,470$．標高誤差は撮影高度の5,000分の1程度である．
（3）（a） 式（10・8）において，$dZ = 56.9$ m に対して $dp = 3.44$ mm だから，定数 $k = 16,541$ となる．標高100 mの場所は点Aより$dZ = 34.5$ mの点であるから，点Aより視差は，$dp = 2.09$だけ大きい．ゆえに15.89 mm．（b） 式（10・8）において$k = Z/b$だから，約$1,500$ m．
（4） 回転した軸に直角の方向から見た図B10・1において，撮影高度をh，$\theta = \tan^{-1}(11.5/15)$とする．地表の形は台形であって，高さ$l_1 + l_2 = h\{\tan(\theta - \nu) + \tan(\theta + \nu)\}$．上底$=2L \times (d/D) = 2h\sin\theta/\cos(\theta - \nu)$．下底$=2h\sin\theta/\cos(\theta + \nu)$．

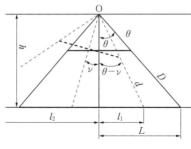

図 B10・1

（5） 画面の中心から隔角までの距離は162.6 mm．建物までの距離は154.8 mm．式（10・11）より高さ約50 m．
（6） $15 \times 3 = 45$ 枚．

(7) 表 B10・1 参照.

表 B10・1

問題	9(a)			9(b)				
カメラ	Z(m)	b(mm)	高低差誤差 (m)	Z/b	高低差誤差 (m)	縮尺	重複部距離 (km)	実体視面積 (km²)
a	3,000	92	±0.33	16,304	±0.16	1/5,000	0.690	0.79
b	2,100	72	±0.29	20,833	±0.21	1/7,143	0.711	0.99
c	1,500	92	±0.16	16,304	±0.16	1/10,000	1.380	3.17

注) 広角で画面の大きいカメラを用いるほど高低差誤差は小さくなる.

(8) (b) 一方のカメラから地物へ向かうすべての方向線が1′だけずれるから,そのときに前方交会法で位置を決めたときに算出される誤差とほぼ類似の誤差を生じる.

(10) (a) 対地撮影高度 1,500 m. 最高地点では対地撮影高度 1,200 m. このときに撮影基線長 828 m としなければならない. これより基準面でのオーバーラップは 64%. (b) 基準面での基線の写真上での長さは $b=82.8$ mm だから,x 視差の許容標準偏差 $\sigma_P = ±0.022$ mm. 最低面では $b=73.1$ mm だから $\sigma_P = ±0.017$ mm.

参　考　書　籍

（1）　森　　忠次：測量学 1　基礎編（2001），測量学 2　応用編（2002），丸善
（2）　岡田　　清（監修），森　　忠次（編著）：測量学［第 2 版］（2014），東京電機大学出版局
（3）　丸安隆和：大学課程測量 (1), (2)　第 2 版（1991），オーム社
（4）　中村英夫，清水英範：測量学（2000），技報堂
（5）　長谷川昌弘，川端良和（編著）：改訂新版基礎測量学（2010），電気書院
（6）　大嶋太市：測量学［基礎編］増補版（2009），共立出版
（7）　田島　　稔，小牧和雄：最小二乗法と測量平均の基礎（2001），東洋書店
（8）　日本測量協会：公共測量作業規程の準則　解説と運用（2012）
（9）　日本測量協会：測量実務ハンドブック（2003）
（10）　日本測量協会：測量関係法令集（2015）
（11）　土屋　　淳，辻　　宏道：GNSS 測量の基礎（2012），日本測量協会
（12）　J. Anderson, and E. Mikhail：*Surveying : Theory and Practice*（1997），McGraw-Hill
（13）　B. Kavanagh, and T. Mastin：*Surveying : Principles & Applications*（2012），Pearson
（14）　E. M. Mikhail, and F. Ackerman：*Observations and Least Squares*（1983），University Press of America
（15）　B. Hofmann-Wellenhof, H. Lichtenegger, and E. Wasle：*GNSS-Global Navigation Satellite Systems : GPS, GLONASS, Galileo and more*（2007），Springer
（16）　P. R. Wolf, B. A. DeWitt, and B. E. Wilkinson：*Elements of Photogrammetry with Application in GIS*（2014），McGraw-Hill

索　引

アルファベット

Bessel 1841　5
BM　17
Bowditch 法則　190
BS　112
C/A（Coarse Acuisition）コード　233
Cassini の解法　206
C-factor　312
cofactor　37
cofactor 行列　37, 54, 62
DGPS　230, 236, 238
DOP　237
FS　112
Gauß-Krüger 投影法　10
GDOP　237
GNSS　229
GNSS 測量　14, 229
GNSS 測量機　246
　1 級──　246
　2 級──　246
GPS　5, 229
GPS 信号　232
GPS 測量　229
GRS 80　5
HDOP　238
HI　112
IERS　6
IGS　233
IH　112
IP　112
ITRF　6
IUGG　5
Lagrange の未定乗数　61
Lehmann の方法　261
LLR　6
OTF 法　241
P（Precision）コード　233
PCV　247
PDOP　237

Pothenot の解法　205
RTK 法　244
SLR　6
TDOP　238
TP　112
UTM 座標系　11, 91
VDOP　238
VLBI　6
WGS 84　5
x 視差　287
x 視差差　288
Y コード　233
y 視差　293, 294

ア

アブソリュート方式　141
アリダード　253
アルマナック＝データ　246
アンテナ位相中心　235
アンテナ＝オフセット　246
アンテナ交換法　241
アンテナ底面高　246
緯距　184
位相疑似距離　234
位相差　239
一重位相差　239
一般近似法　219, 221
緯度　7
インクリメンタル方式　140
インバール製巻尺　72
液晶シャッター方式実体視　296
エポック　240
遠隔探査　281
円形気泡管　105
円形水準器　100, 105
鉛直角　133
鉛直軸　135, 155
鉛直軸誤差　159
鉛直線偏差　5
鉛直点　290

索　引

鉛直目盛自動補正機構　150
横断測量　115
オーバーラップ　303
オフセット　81
オフセット法　81
重み　36
重み1の分散　36, 54, 62
重み行列　37
重み係数　37
重み付き残差二乗和　47, 53, 54, 61, 62
重みつき平均　49
温度補正　78

カ

外焦式望遠鏡　103
外心誤差　162, 264
解析図化機　299, 300
外部標定　304
外部標定要素　286, 304
角観測法　147
較差　40
確度　42
過高感　297
画素　301
画像座標　302
加定数　170
下部運動　138
カメラ座標　285
画面距離　284
画面指標　285
簡易調整法　189
干渉測位　230, 238
間接観測　29
間接観測法　244
間接距離測量　70, 93
間接水準測量　95
間接投影　298
観測差　163, 164
観測方程式　47, 52
器械高　112
器械高式記帳法　116
器械定数　85
棄却　43
器差　77
気差　129
疑似距離　234
基準点　15, 21, 22, 199

基準点測量　15, 21, 22, 272
基準とする分散　36
気象補正　88
疑似乱数コード　233
帰心計算　88
基線　198
基線比　311
基線ベクトル　238
期待値　31
キネマティック法　243
気泡管　100, 105, 138, 139
気泡管感度　105
気泡管軸　105
気泡管レベル　100
基本測量　3
逆実体視　297
球差　128
求心　138, 142, 256
求心器　255
求心誤差　158, 265
求心装置　138
球面過剰　3
仰角　133
鏡矩　80
共線条件　284, 309
共線条件式　304, 325
夾長　169
共分散　35, 37
共面条件　306
距離　69
距離角　220
距離測量　69
キルビメータ　92
近接写真測量　318, 319
近接写真測量作業　319
杭打ち調整法　110
偶然誤差　30
空中三角測量　308
空中写真測量　14, 303, 310
屈折係数　91, 128
クリノメータ　99
経緯儀　135
経緯度原点　7
経距　184
傾斜補正　79
経度　6
系統誤差　30
傾読式レベル　100, 108

結合多角方式　178
検基線　202
現地刺針　315
験潮場　8
原点方位角　7
厳密調整法　189
厳密法　217, 220
合緯距　184
交会法　203
光学求心装置　138
光学距離計　92
光学分解能　302
光学マイクロメータ　139, 140
公共測量　3
公共測量作業規程の準則　7
航空カメラ　303, 311
合経距　184
後験的誤差　52
交互水準測量　125
後視　112
鋼製巻尺　72
拘束条件　24, 25
高速スタティック法　243
後側節点　284
高低角　87, 89, 95, 133
高低差　9
高度角　133
高度定数　151
光波測距儀　82, 84
後方交会法　205, 260, 304
航法メッセージ　233
国際横メルカトル座標系　11
国土基本図　11, 270
誤差　30
誤差伝播の法則　35, 39, 48, 50, 54, 63
コース　303
国家基準点　3, 15
固定ねじ　105
弧度　134
コード疑似距離　234
コード目盛標尺　97, 98
コリメーション　126
コンパス法則　189
コンペンセータ　101

サ

最確値　46

サイクルスリップ　241
最小二乗法　46
サイドラップ　304
細部測量　23, 82, 272
錯誤　30
下げ振り　138, 255
撮影基線　286
撮影基線長　286
座標調整法　121, 123, 124, 149, 188
三角区分法　81
三角鎖　199
三角水準測量　95, 127
三角測量　14, 197, 198
三角点　3, 15, 17, 199
三角網　15, 199
三脚　106, 253
残差　47, 61
残差の自由度　48, 62, 324
残差方程式　47, 52, 53, 60
残差方程式法　123, 124, 188
三点法　205
三辺測量　14, 81, 224
ジオイド　4
ジオイド高　8
時角　168
四角形鎖　200
事後誤差　52
示誤三角形　260
子午線曲率半径　79
子午線収差　11
視差角　92, 292
視差測定棒　295
視準軸誤差　160
視準線　103, 155
視準板付きアリダード　253
視準標　135
視準標付き標尺　97
刺針　315
事前誤差　52
実体鏡　294
実体視　291
実体図化機　299
実体モデル　293
自動補正機構　139
自動補正装置　101, 102
自動レベル　100, 108, 110
始読　144
自読標尺　97

索　引

指標台　76
締付けねじ　105, 135
ジャイロ=セオドライト　166
斜距離　69, 85, 90
尺定数　77
写真経緯儀　318
写真座標　285
写真座標軸　285
写真測量　281
写真地形図　291
写真地図　291
写真の標定要素　286
写真判読　281
縦横距法　81
十字線　103, 104, 138
集成写真　291
収束角　92, 292
縦断測量　114
自由度　54
終読　144
縮尺係数　11, 91
主点　285
準拠楕円体　6
条件付き観測　30
条件付き独立直接観測　59, 60
条件方程式　60
条件方程式法　122, 124, 188
昇降式記帳法　115
照査基線　202
照査線　81
乗定数　170
上盤　135
上盤気泡管　135, 138
上盤気泡管軸　154
上部運動　138
人工実体視　293, 294
水準原点　9
水準線　112
水準測量　95
水準測量網　121
水準点　3, 17, 114
水準面　112
水準路線　17
水平角　133
水平軸　135, 155
水平軸誤差　161
水平自動補正装置　101
水平線　112

水平面　112
数値地形図データ　270, 301
数値地形モデル　275, 316
数値地図　15
図化　315
図化機　299
図化素図　316
図形条件　211, 212
図形調整法　121, 122, 124, 148, 188
図形の強さ　200, 210
図根点　269
スタジア線　104, 138, 169
スタジア測量　93, 169, 170, 257
スタジア定数　170
スタティック法　242
ステレオカメラ　318
ストップ=アンド=ゴー法　243
図板　252
正位　142
正規分布　31
正規方程式　53, 61
正射写真　290
整準　106, 142, 256
整準誤差　162, 266
整準装置　106, 135, 138
整準台　138
整準ねじ　106
整数値バイアス　234
精度　42, 45
精密暦　233
セオドライト　135
世界測地系　7
赤緯　168
セッション　246
接続標定　307, 308
絶対値方式　141
絶対標定　308
繊維製巻尺　71
先験的誤差　52
前視　112
前側節点　283
選点手簿　180
前方交会法　204, 260
相互標定　293, 294, 305
相互標定点　306
相互標定要素　306
相対誤差　23, 42
相対測位　230

347

造標　　180, 202
測線　　81
測地学　　2
測地原子　　8
測地成果2000　　15
測地成果2011　　15
測地線　　70
測点条件　　211, 212
測標　　298
測量士　　3
測量士補　　3
測量法　　3, 14

タ

ダイアポジティブ　　313
対応点探索　　290
対回　　142
対空標識　　313
対地標定　　308
タイ=ポイント　　306
対流圏遅延　　235
楕円体高　　6, 7
楕円補正　　96, 97
多角測量　　14, 177
縦視差　　293
たるみ補正　　78
単位多角形　　178
単一閉多角形　　179
単鎖系　　200
単軸型　　137
単軸型ディジタル=セオドライト　　135
短縮スタティック法　　243
単測法　　143
単独測位　　230, 235
単列三角鎖　　200, 219
単路線方式　　178
地球楕円体　　5
地形図　　270
地形測量　　270
地上写真測量　　317
地心直交座標系　　6
地図情報レベル　　270
地図投影　　9
地性線　　273
中間点　　73
中心投影　　284
張力補正　　78

直接観測　　29
直接観測法　　244
直接距離測量　　70
直接水準測量　　95, 112
直接投影　　298
直角器　　80
直角撮影　　286
地理情報システム　　15
対回　　142
定誤差　　30
ディジタル画像　　301
ディジタル=カメラ　　302
ディジタル航空カメラ　　311
ディジタル写真測量　　301
ディジタル図化機　　299, 301, 303
ディジタル平板　　255
ディジタル偏位修正　　290
ディジタル=マッピング　　301
ディジタル=レベル　　102
遙増方式　　140
ディファレンシャル測位　　230, 236, 238
転鏡　　142
電子基準点　　18
電子平板　　255
電子レベル　　102
天頂　　167
天頂角　　133
天の極　　167
電離層遅延　　235
投影中心　　284
東京湾平均海面　　8
等高線　　271
等高線間隔　　271
踏査　　22, 179
導線法　　257
渡海水準測量　　125
特別近似法　　219, 222
独立　　35
独立間接観測　　52, 59
独立観測　　30
独立直接観測　　47
トータル=ステーション　　85
トラバース　　177
トラバース測量　　177
トランシット　　135
トランシット法則　　191

ナ

内角条件　212
内焦式望遠鏡　103
内部標定要素　285
南中時　168
二重位相差　240
日本測地系　7
ネットワーク型 RTK 法　244
ノンプリズム=モード　85

ハ

バイアス決定比　247
倍角差　163, 164
倍角法　144
パス=ポイント　306
バーニア方式　139
パラメータ　31
反位　142
反射式実体鏡　295
反射プリズム　87
搬送波 L1　232
搬送波 L2　232
バンドル調整　309
バンドル標定　309
ハンド=レベル　98
反復法　144
比較基線場　71, 86
比高　9
被写体座標　286
被写体座標系　286
左回りの角　185
微動ねじ　105, 135, 138
標高　8, 17
標高点　316
標高補正　79
標尺　97, 107
標尺台　97
標準正規分布　32
標準偏差　31
標定　256
標定基準点　305
標定誤差　267
標定要素　286
標本標準偏差　32, 33
標本分散　32

標本平均値　33
ピン　74
フィックス解　241
フィルム航空カメラ　311
フォトセオドライト　318
俯角　133
不確定円　205
俯仰ねじ法　127
複観測　40
複軸型　137
複軸型セオドライト　135
伏角　133
浮標　298
不偏推定値　33
不偏分散　33
プリズム　85, 86
プリズム定数　86
フレーム=センサ　302
フロート解　241
分解能　103
分散　35, 37
分散共分散行列　37
閉合差　26, 61
閉合多角方式　178
閉合比　187, 188
平板　251, 252
平板測量　14, 251
平面測量　2
平面測量学　2
平面直角座標　11
平面直角座標系　10, 11, 14, 91
偏位修正　289
偏光フィルター方式実体視　296
偏心角　165
偏心距離　88, 165
偏心誤差　153, 158
偏心補正　88, 165
辺長条件　212
偏流　312
方位角　133
望遠鏡　103, 135, 138
望遠鏡付きアリダード　254
方向角　133, 220
方向角の取り付け観測　178
方向法　145
放射法　259
放送暦　233
卯酉線曲率半径　79

母集団　33
補助基準点　269
母数　31
母分散　31
母平均値　31
ボール　73

有効数字　45
尤度関数　46
横軸等角円筒図法　10
横視差　287
余剰観測　25, 212
余色実体視　296

マ

埋標　180, 202
巻尺　71
マルチパス　230, 235
右回りの角　183, 185
未定乗数法　60
目盛盤　135, 139
目盛補正　77
目盛読取り装置　139
モデル座標　299
モデル座標系　305
モデル接続　308
もりかえ点　112

ラ

ライン=センサ　302
ラスタ=データ　316
リアルタイム=キネマティック法　244
リモート=センシング　281
両差　128, 129
輪程計　92
累積誤差　30
レーザ距離計　93
レベル　95, 99, 108
レンズ式実体鏡　294
路線　121
六角形鎖　200

ヤ

野帳　82, 115

ワ

ワイド=レーン　246

■校閲者

森　忠次（もり　ちゅうじ）
　京都大学工学部土木工学科卒業（1952）
　京都大学工学部助教授（1956）
　岡山大学工学部教授（1974）
　福山大学工学部教授（1994）
　岡山大学名誉教授（1994）
　工学博士

■著　者

田村正行（たむら　まさゆき）
　東京大学大学院工学系研究科計数工学専攻修士課程修了（1976）
　国立環境研究所上席研究官（2001）
　京都大学大学院工学研究科教授（2004）
　京都大学名誉教授（2016）
　工学博士

須﨑純一（すさき　じゅんいち）
　東京大学大学院工学系研究科社会基盤工学専攻博士課程修了（2000）
　東京情報大学総合情報学部講師（2001）
　東京大学生産技術研究所講師（2004）
　京都大学大学院工学研究科社会基盤工学専攻准教授（2007）
　博士（工学）

新版 測量学

　　　　　　　平成 28 年 9 月 30 日　発　　　行
　　　　　　　令和 5 年 12 月 25 日　第 5 刷発行

校閲者　　森　　　忠　次
著　者　　田　村　正　行
　　　　　須　崎　純　一

発行者　　池　田　和　博

発行所　　丸善出版株式会社
　　　　　〒101-0051 東京都千代田区神田神保町二丁目17番
　　　　　編集：電話 (03) 3512-3264 ／ FAX (03) 3512-3272
　　　　　営業：電話 (03) 3512-3256 ／ FAX (03) 3512-3270
　　　　　https://www.maruzen-publishing.co.jp

© Chuji Mori, Masayuki Tamura, Junichi Susaki, 2016

組版印刷・中央印刷株式会社／製本・株式会社 松岳社

ISBN 978-4-621-08748-0 C 3051　　　　Printed in Japan

JCOPY 〈(一社)出版者著作権管理機構 委託出版物〉

本書の無断複写は著作権法上での例外を除き禁じられています。複写される場合は、そのつど事前に、(一社)出版者著作権管理機構(電話 03-5244-5088, FAX 03-5244-5089, e-mail：info@jcopy.or.jp)の許諾を得てください。